질환과 영양

질환과 영양

이기영 · 박종춘 · 김남호 · 정익주 · 김현수
조동혁 · 정상영 · 송태복 · 김영옥 저

전남대학교출판부

머리말

우리가 먹는 것들은 모두 우리 몸에 영향을 미친다. 이들 음식물을 구성하는 화학성분을 영양소라고 하는데, 이들은 우리의 몸을 구성하는 성분이고, 또한 우리가 활동을 하는 에너지이며 또한 체내 세포들이 활동하는 것을 조절하는 물질이다. 이들 영양소를 체내에 공급하는 것이 영양이다. 이들 영양소로 규정된 것들은 부족하면 부족증이 생기고 과하면 과한 증상들이 나타나 영양질환을 일으킨다. 과거에는 영양소가 부족한 영양질환이 많았으나 요즈음에는 영양소가 넘치는 영양질환들이 더 많은 편이다. 한편 영양질환이 아닌 일반적인 질환들도 우리가 섭취하는 영양소의 영향을 받아 질환이 더 나아지기도 하고 더 악화되기도 한다. 또한 일반적인 질환을 유발하는 인자가 되기도 하고 이를 억제하는 인자가 되기도 한다. 그러므로 질환과 영양은 언제나 같이 간다고 하겠다. 따라서 이들 영양소의 균형적인 섭취가 우리의 건강을 촉진한다. 또한 우리 몸의 상태에 따라 요구하는 영양소의 양이 달라진다.

이 책의 구성은 제1편에 영양소의 생체 내에서의 역할을, 제2편에 영양평가를, 제3편에 생애주기에 따른 영양을, 제4편으로 여러 질환에 따른 영양을, 마지막으로 5편에는 일반적인 입으로 먹을 수 없을 때의 영양공급으로 구성하였다. 영양소의 체내에서의 역할은 기존의 5대 영양소인 탄수화물, 지질, 단백질, 비타민, 무기질 뿐만 아니라 새로 그 역할이 강조되어지는 핵산, 섬유소, 물 및 식물 화합물도 각각의 장으로 편성하였다. 생애주기에 따른 영양은 영유아 및 청소년기의 영양, 임신과 수유에 따른 영양과 노인에서의 영양으로 구성하였다. 여러 질환에 따른 영양은 비만, 당뇨 및 고지혈증, 심혈관질환, 신장질환, 소화기 및 간질환, 암환자에서의 영양 및 패혈증, 화상 및 외과질환의 영양으로 구성하였다.

출판을 도와주신 전남대학교와 출판부에 감사의 말씀을 전하고, 앞으로 더 알찬내용으로 수정하고 증보할 것을 다짐한다.

2010년 12월

저자 대표

목차

PART 01 영양소의 역할

PART 01

영양소의 역 할

PART 01

영양소의 역할

PART 01 영양소의 역할

PART 02 영양 평가 및 판정

PART 03 생애주기의 영양

PART 03 생애주기의 영 향

PART 04 여러 질환에서의 영양

PART 04
여러 질환에서의 영양

PART 04

여러 질환에서의 영양

PART 05 영양지원

PART 01
영양소의 역할

영양학 서론

제 1 장

1. 영양학의 정의

사람은 생명을 유지, 성장, 발육, 생식 및 질환으로부터의 회복, 및 일상생활을 하기 위하여 외부로부터 여러 가지 물질을 섭취하고 체내에서 이를 이용하고 있다. 이러한 일련의 과정을 영양(nutrition)이라고 하고, 외부에서 섭취하는 여러 가지 물질을 영양소(nutrients)라고 한다. 이들 영양소는 식품을 통하여 섭취되고 있다.

이 학문을 체득함으로서 일상적인 건강을 유지하고, 영양소의 부족과 과량에 의하여 일어나는 영양질환으로부터의 예방과 치료는 물론이지만, 다른 원인에 의해 일어나는 질환의 예방과, 다른 질환에 의해 초래된 신체 상태로부터 빨리 치료될 수 있도록 도와주며, 또한 신체의 발달과 노화에 따른 건강의 유지 및 특수한 조건에서의 일을 잘 행할 수 있도록 하는 것이다. 사람의 몸을 건강하게 유지하는 데 필요하고 적절한 처치를 잘하기 위해서 영양학을 잘 이해하여야 한다. 영양학은 영양소의 체내에서의 대사와 이들의 역할을 잘 알고, 이들의 과부족에 의해 일어나는 체내에서의 생태병리적 변동을 아는 것이 필요할 뿐만 아니라, 이외에도 영양소가 함유된 식품의 구성을 잘 아는 식품학, 식품의 조리와, 섭취, 이를 소화, 흡수하는 내분비학 및 소화기학과, 인체의 발달과 노화에 의한 생리학적인 변화에 따른 영양소의 요구 변화와 여러 질환 특히 대사성 증후군의 이해가 필요하고, 각각의 상화에 맞는 적절한 영양학적 처리를 하는 것이 중요하다.

2. 영양소의 종류

이러한 영양소는 물질의 구성에 따라 유기화합물과 무기물로 나누어지는데, 유기화합물에는 탄수화물, 지질, 단백질, 비타민, 섬유질, 핵산, 식물화합물(phytochemical)이 있고, 무기물에는 물과 무기질이 있다.

섬유질은 탄수화물이 대부분이지만 이는 장내에서 소화 흡수가 되지 않음으로서 체내에서의 작용은 없으나, 장내에서 여러 장액의 분비와 장의 운동을 촉진하고, 물을 함유함으로서 변비의 예방과 치료, 대장암의 발생을 억제하는 작용이 밝혀짐으로서 영양소로 점차 인정되고 있다.

물은 우리 몸의 구성의 60-70%를 차지하는 꼭 필요한 물질이지만, 체내에서 여러 영양소의 산화과정에서 만들어지고, 또한 식품에는 약 60-70% 함유하고 있어 손쉽게 섭취가 됨으로서 예전에는 영양소로 취급되지 않다가, 최근에는 가뭄과 오염으로 마실 수 있는 물이 감소함으로서, 물의 경제적인 가치가 올라가면서 영양소로 취급되고 있다. 우리가 살아가는데 꼭 필요한 공기나 햇볕이 지금은 영양소가 아니지만, 공기가 오염되고, 오존층이 파괴되면 이들 공급이 제한되면 경제적인 가치가 올라가 이들도 영양소로 취급될 날이 올 것으로 생각된다.

식물화합물은 식물에 있는 여러 유기화합물로서 이들의 생체 내에서의 작용이 비타민처럼 필수적이지 않아 아직 영양소로서 적극 인식되고 있지는 않다. 그러나 이들의 항산화작용, 항염증작용 등, 건강을 증진하는 작용이 밝혀짐으로서 영양소로 간주되어 가고 있다.

핵산은 거의 모든 식품에 들어있는 화합물이고 또한 이들이 생체 내에서 이용되고 있으나, 이들이 생체 내에서 충분히 만들어 짐으로서 이들의 부족증이 보고되지 않음으로서 이는 영양소로 취급되지 않고 있으나, 급격한 성장, 큰 수술, 항암치료, 소모성 질환에서 핵산은 단백질의 보충작용을 하므로 이를 준필수영양소로 주장한다.

열량(calorie)은 우리가 살아가는 데 필수적인 에너지인데 이 에너지를 내는 영양소는 탄수화물, 지질과 단백질이다. 즉 이들이 대사되면서 만드는 화학적 에너지를 사용하는데 이 열량의 총합도 중요하나, 이들 열량영양소의 섭취 비율과 이들의 사용 방식을 아는 것이 중요하게 되었다.

3. 필수영양소

영양소가 우리 몸에서 만들어지지 못하든지, 만들어지더라도 건강을 유지하는데 필요한 양을 만들지 못하여 식품으로 반드시 섭취하여야 할 영양소를 필수 영양소(essential nutrients)라고 한다. 여기에는 필수 아미노산, 필수 지방산, 비타민, 미네랄이 있다.

필수 아미노산에는 이소라이신(isoleucine), 류신(leucine), 라이신(lysine), 메티오닌(methionine), 페닐알라닌(phenylalanine), 트레오닌(threonine), 트립토판(tryptophan), 발린(valine)의 8가지이나, 어린이에서는 아지닌(arginine)과 히스티딘(histidine)이 첨가되어 10가지이다.

필수 지방산으로 오메가-3지방산인 알파-리놀렌(α-linonenic acid; ALA)와 오메가-6지방산인 리놀레(linoleic acid) 2가지이다. 이들은 처음 필수영양소로 알려질 때 비타민F라고 불리었으나, 이들의 체내에서의 작용이 지방산으로도 작용하므로 비타민으로부터 분리하여 필수지방산으로 분류하게 되었다.

비타민으로는 수용성 비타민 10가지와 지용성 비타민 4가지이다. 수용성 비타민 10가지에는 티아민, 리보플라민, 나이아신, 피리독신, 엽산, 코발라민, 판토테닌산, 비오틴, 리포산과 아스코르빈산이다. 지용성 비타민 4개는 레티놀(비타민 A), 칼시페롤(비타민 D), 토코페롤(비타민 E), 나프토퀴노이드(비타민 K)이다.

무기질에는 16종이 알려져 있다. 이것들은 소디움, 포타슘, 칼슘, 마그네슘, 철, 아연, 망간, 동, 몰리브덴, 닉켈, 코발트, 염소, 인, 황, 셀레늄, 요드이다.

지금까지 전통적으로 필수 영양소로 알려지지 않은 것이지만 실질적으로 필수영양소는 에너지원, 포도당, 물이지만 이들은 우리가 일반적인 식품에 충분히 섭취함으로 영양학적으로 필수영양소로 분류하지는 않는다.

4. 영양소의 작용

각종 영양소는 체내에 섭취되어 그 생리적인 작용이 다르며, 이들의 체내에서의 작용에 따라 나누면 다음과 같다.

1) 에너지원으로 작용하는 것(열량소): 탄수화물, 지질, 단백질
2) 생체구성에 작용하는 것(구성소): 탄수화물, 지질, 단백질, 무기질, 물, 핵산
3) 생체 내 대사 작용을 조절하는 것(조절소): 비타민, 무기질

에너지가 있어야 생명체는 살아간다. 즉 우리 몸을 구성하고 있는 세포들이 살아가는데 물질의 운반, 이동, 운동, 물질의 합성에 에너지가 필요하고, 음식물의 소화 운반에도 필요하고, 우리들이 운동하는데도 에너지가 필요하다. 이들이 사용하는 에너지는 ATP라는 화학에너지를 사용한다. 이 ATP를 만들어 낼 수 있는 화합물들이 에너지원이 되는데 여기에는 탄수화물, 지질과 단백질이다.

우리 몸을 구성하고 있는 대부분의 성분은 물이 제일 많고 그 다음은 단백질, 무기질, 지질, 탄수화물, 핵산이다.

비타민과, 무기질은 소량으로도 여러 생체에서 일어나는 반응들을 조절하는 역할을 한다.

이러한 체내에서의 역할에 따라 영양소의 요구량이 달라진다. 에너지원과 생체구성요소에 해당하는 영양소는 많은 양이 요구되므로 하루에 그람(g)단위 이상 섭취해야 하는 탄수화물, 지질, 단백질 등은 대량 영양소(macro-nutrients)이고, 조절소에 해당하는 비타민, 무기질은 하루에 밀리그람(mg)단위 이하로 요구되는 미량 영양소(micro-nutrients)가 된다.

5. 영양소의 필요량

사람이 영양소의 부족을 일으키지 않고, 건강하게 매일의 일을 하며, 어린이에서는 충분한 발육을 하는데 매일 얼마의 영양소가 필요한가를 정하는 것이 필요하다. 이런 영양섭취 기준은 다음과 같다. 그동안 알려진 평균 필요량(Estimated Average Requirement, EAR)에 2배의 표준편차를 더한 량을 영양권장량(recommended dietary allowance, RDA)으로 정하고 있다. 영양소를 과량 취했을 때도 그 과잉증상이 나오지 않는 최고량이 상한섭취량(Tolerable Upper Intake Level, UL)이고, 보통 영양권장량과 상한섭취량 사이를 충분 섭취량(Adequate Intake, AI)이다. 나라마다 영양권장량을 정하여 이에 따라 영양을 섭취하는 기준으로 널리 알리고 있다. 영양 권장량 중 열량만은 평균필요량을 영양권장량으로 정한다. 이는 필요량보다 많게 하면 비만이 발생하기 때문이다.

각 개인에 있어서 영양소의 과부족은 영양소의 공급과 수요에 따라 달라지게 된다. 영양소의 공급은 섭취량, 소화 흡수량, 실제 이용량이 되며 또한 생체 내에서의 생성량도 고려해야 한다. 수요량의 변화는 신체의 필요량, 분해량, 배설량에 따라 달라지는 것이다. 영양 요구량의 변화는 성별, 나이에 따라 변하지만 또한 여러 질환상태와 약물에 의해서도 변한다.

또한 영양소의 요구가 영양소의 부족을 예방하는 양은 평균필요량(EAR)이나 이를 치료하는 양은 상한섭취량(UL)이니 이의 양의 차이는 10배에서 100배에 이른다(그림 1-1).

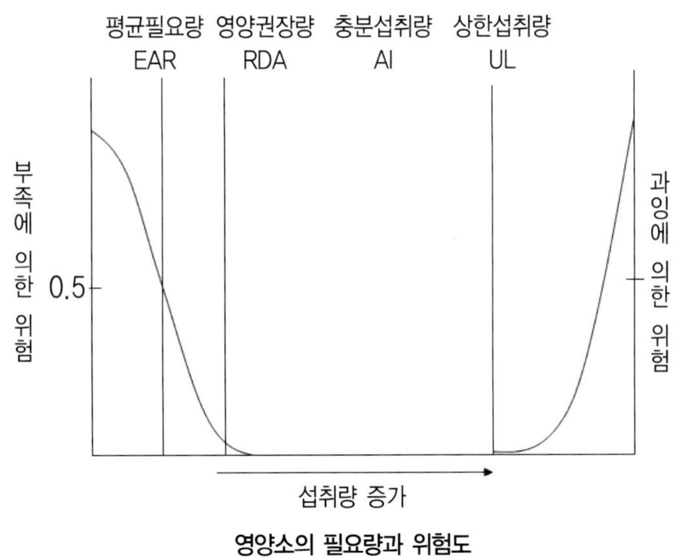

그림 1-1. 영양소의 필요량과 위험도

6. 영양 질환

신체가 요구하는 영양소를 제대로 공급하지 못하면 이의 부족증을 가져오고, 영양소가 요구량보다 훨씬 많으면 이의 독성이 일어난다.

음식과 약의 작용이 다른 것은 음식은 이의 요구가 정상적인 활동에서도 필요한 것이지만 또 한 가지는 음식은 부족증이 오는 량과 독성이 오는 량의 범위가 아주 커서 일상적인 상태에서 이의 급성질환이 없고 오랜 시간에 걸쳐 일어나는 만성적인 질환이다. 그러므로 잘못된 식습관을 가지고 일어나는 질환의 발생을 잘 알아차리지 못하고, 또한 알아차린 이후에도 이를 고치기가 쉽지 않은 어려움이 있다. 그러므로 어떻게 해야 건강에 좋은 영양을 취할 것인가를 잘 알아서 미리미리 질환을 예방하고, 질환이 걸린 이후에는 이를 치료하는데 더욱 효과적인 영양을 취해야 할 것이다.

7. 식품과 음식물

천연적이거나 인공적인 물질로서, 영양소를 한 가지 이상 가지고 있으면서 독성이 없는 것을 우리가 먹거나 요리하는 재료를 식품(food)이라고 한다. 물은 한 가지 물질로서 식품이지만 대부분의 식품은 물을 포함하여 여러 가지 영양소를 함유하고 있다. 그러나 이들 식품 중에 한 가지만 가지고는 영양의 목적을 달성하기 어렵다. 가장 완전하다고 보는 모유도 일정 기간이 지나면 영양소의 부족을 가져오는 불완전식품이 된다.

그러므로 여러 가지 식품을 배합하여 섭취하는 것이 좋은 방법이다. 또한 천연식품 자체로는 맛이 좋지 않고 소화, 흡수가 잘되지 않는 것이 있어 이를 요리, 가공하여 맛있고, 소화 흡수가 잘되게 하는 것을 요리(cooking)라고 하고, 이 과정을 거쳐 먹을 수 있게 한 것을 음식물이라고 하나 영양학에서 별 구별 없이 쓰고 있다.

8. 식품의 종류

영양소가 들어 있는 우리가 섭취하는 식품은 그 유래가 동물성 식품, 식물성 식품으로 대별된다. 동물을 주로 먹고 사는 육식동물과 식물을 먹고사는 초식동물이 있고 동물성 식품과 식물성 식품을 동시에 섭취하는 잡식성 동물이 있는데, 사람은 잡식성 동물이지만, 고릴라가 초식성 동물임을 보았을 때 초식성 동물에서 잡식으로 발전해 왔다. 그러나 지역적, 유전적, 문화적, 종교적인 여러 이유로 각각의 개인에 있어서는 식품의 섭취에 있어 제한이 있다, 이누이트족은 지역적인 이유로 동물성 식품만을 섭취하고, 종교적인 이유로 힌두교인은 소고기를 먹지 않고, 이슬람인은 돼지고기를 먹지 않으며, 문화적인 이유로 프랑스 등 서구인은 개고기를 먹지 않고, 한국 사람은 말고기를 먹지 않는다. 건강의 이유로 육식(meat)을 제한하는 사람들이 있고, 또한 여러 가지 이유로 채식주의가 일어나, 완전 채식주의(veganism), 계란 채식주의(ovo-vegitarianism), 우유 채식주의(lacto-vegitarianism), 계란, 우유 채식주의(lacto-ovo vegitarianism) 등 여러 단계의 채식주의자들이 나오고 있다.

이들 식품에 따라 영양소의 함량이 많이 달라지게 됨으로 각자가 먹는 식품에 따라 주의해야 할 영양학적인 문제점들이 있다.

우리나라에서는 김치, 된장, 간장, 젓갈 등의 식품은 발효식품인데, 이는 일본의 낫토, 중국의 취푸와 서양에서 발달한 요구르트, 치즈 등과 마찬가지로, 원래의 식품이 갖는 영양소와 이들의 대사 영양물과 함께 미생물들이 식품에 첨가됨으로서 영양학적으로 더 좋은 식품을 얻게 되었다. 이러한 미생물을 프로바이오틱(probiotics)이라고 하고 이러한 미생물이 잘 살 수 있도록 하는 먹이인 수용성 섬유소를 프리바이오틱(prebiotics)라고 하여 건강을 촉진하는 새로운 개념으로 발전하게 되었다.

탄수화물

제 2 장

1. 탄수화물의 정의

탄수화물(carbohydrate)은 $(CH_2O)n$의 구조식을 갖는 화합물로 탄소가 물분자를 함유하는 형태를 지니며 이들로부터 유도된 화합물들을 말한다. 이들은 기본적으로 식물이 광합성으로 만든 쌀, 보리, 밀, 옥수수, 감자, 고구마 등 전분이 저장된 형태로 많이 구할 수 있으므로 제일 값이 싼 형태의 에너지원이다.

2. 탄수화물의 종류

탄수화물의 기본 형태를 갖는 단당류와 이들이 두개 연결된 이당류, 그리고 이들이 많이 연결된 다당류로 나눈다.

단당류에는 육탄당인 포도당, 과당과 갈락토스가 이에 속한다.

이당류에는 설탕, 맥아당, 유당이 거론된다.

다당류에는 전분, 당원 및 섬유소가 있다.

(1) 단당류

단당류는 탄소수에 따라 삼탄당, 사탄당, 오탄당, 육탄당으로 나눌 수 있다.

또한 알데히드 형태와 케톤 형태의 두가지 형태를 갖는다. 이들의 입체이성체가 있으나 생물체에서 이용되는 형태는 모두 D형이다. 이들 단당류는 그 자체로 소장 상피세포에서 그대로 흡수되는 형태이고 체내에서 세포내로 이동되어 사용되는 형태이다. 또한 이당류와 함께 혀의 맛 감지 세포에서 단맛을 느끼게 하는 물질이다.

포도당(glucose): 이는 덱스트로스(dextrose)로도 불리며, 6탄당이고 알데히드 형인 알도글루코스(aldoglucose)이다. 이는 전분의 기본구조이며 우리 생체 내에서 에너지원으로 사용되는 기본 탄수화물이다. 이는 소장 상피세포에서 나트륨-포도당 공수송체(Na^+-glucose symporter)에 의하여 흡수된다.

갈락토스(galactose): 포도당과 마찬가지인 6탄당이며 알데히드 형이다. 젖에 들어있는 젖당(lactose)의 구성체이다. 체내에서 사용될 때는 포도당으로 변환되어야 하는데 이에 관련된 galactokinase 효소의 변이가 있으면 갈락토스혈증(galactosemia)을 일으키며, 백내장을 촉진한다. 이는 포도당과 마찬가지로 소장 상피세포에서 나트륨-포도당 공수송체에 의하여 흡수된다.

과당(fructose): 6탄당이며 케톤형이다. 벌꿀이나 과일, 고구마 등에서 단독으로 또는 포도당과 결합된 설탕의 형태로 존재한다. 소장 상피세포의 과당만 운반하는 GLUT-5에 의하여 흡수된다. 과당을 아주 많이 먹거나, 흡수운반체가 없어, 흡수가 잘 되지 않으면 대장에서 숙주 세균들이 유기산을 발생하여 배가 더부룩하며, 방귀가 나오고, 물기가 많은 변이 나오거나 설사가 있는 등 흡수불량증이 생긴다.

(2) 단당류 유도체

여러 단당류가 알데히드나 케톤인데 이들이 환원되어 알코올이 된 것들이다. 이들은 열량이 2.6 Cal/g으로 다른 당보다 훨씬 낮으나 단맛은 버금 간다.

솔비톨(Sorbitol): 포도당의 환원형이다. 자두, 사과, 배에 많이 있다. 2.6 Cal/g으로 설탕보다 적으나 단맛이 비슷하므로 다이어트 식품이나, 무설탕 껌, 젤리, 기침약, 가글액, 치약 등에 첨가제로 사용한다. 음식으로 섭취하지 않더라도 고혈당인 경우 aldose reductase경로를 따라 생성되는데 이들은 망막세포나 신경세포에 손상을 초래할 수 있다. 과량의 섭취는 과민성 대장 증상을 유발한다.

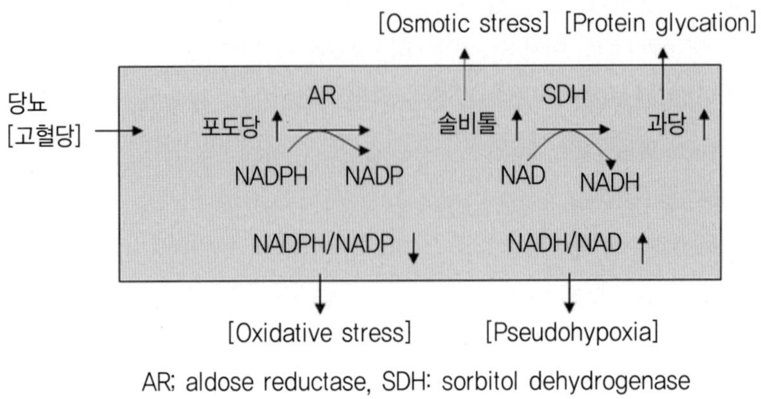

그림 2-1. 폴리올의 대사와 영향

만니톨(mannitol): 물푸레나무의 일종인 만나(manna) 나무에서 추출한 육탄당알콜이다. 단맛이 있어 사탕이나 껌에 첨가한다. 의학적으로는 두부손상이 있을 때, 강력한 이뇨제로 사용한다.

자이리톨(xylitol): 오탄당인 크실로오스(xylose)가 환원된 형이다. 처음 자작나무 수피에서 정제되었으나 옥수수대 등에서 추출하고, 딸기류, 버섯에도 많이 들어있다. 세균에 의해 분해되지 않으므로 충치를 예방하는 껌의 첨가제로 사용하고 있다. 솔비톨이나 만니톨보다 장관자극이 덜하며, 그 독성이 미미하다.

(3) 이당류

이당류는 단당류 2개가 당결합을 하고 있는 형태이다. 이들은 소장 상피세포에 있는 이당류 소화효소에 의하여 단당류로 가수분해된 다음에 흡수된다.

맥아당(maltose): 맥아당은 엿당이라고도 하며, 맥아가 발효되어 생성된 당인데, 포도당 2개가 α-1,4 당결합을 하고 있는 이당류이다.

설탕(sucrose): 설탕은 자당이라고도 하며, 사탕수수나 사탕무 또는 단풍나무 수액에서 추출되는 당인데, 포도당과 과당이 결합된 이탄당이다. 설탕은 단맛이 강하므로 단맛을 내는데 사용한다. 과당의 단맛이 설탕보다 1.7배 강하나, 포도당의 단맛은 설탕의 3/4쯤 된다. 같은 이당류인 맥아당은 1/3, 유당은 1/6 정도로 단맛이 적다.

유당(lactose): 유당은 젖당이라고도 하며, 모유나 우유에 포함된 것으로 포도당과 갈락토스가 결합된 2탄당이다. 유당을 가수분해하는 유당분해효소(lactase)가 동양 성인에는 발현되지 않아 흡수되지 못하는 경우가 생기는데 이때는 우유를 먹으면 설사가 동반되는 유당불내성(lactose intolerance)을 나타내게 된다.

표 2-1. 설탕을 기준으로 한 각 당의 당도

당의 종류	상대적 당도
락토스	17
갈락토스	32
말토스	33
포도당	74
꿀	93
설탕	100
과당	173

(4) 다당류

다당류는 단당류가 여러 개 당결합을 하고 있는 형태인데, 식물성 다당류를 전분(starch), 동물성 다당류를 당원(glycogen)으로 부른다.

전분(starch): 식물이 에너지를 보존하기 위하여 만든 수십만의 포도당이 긴(α-1,4)당결합과, 주변(α-1,6)당결합을 하는 고분자 화합물이다. 주로 긴 당결합만 하는 것을 아밀로스(amylose)라고 하고, 측쇄결합이 많은 것을 아밀로펙틴(amylopectin)이라고 하는데, 전분에는 1:3 정도의 비율로 들어있다. 이들은 물에 녹지 않고 흰색의 고체 알갱이를 이룬다. 이러한 측쇄당결합은 전분보다 당원에서 더 많고, 전분을 물에 넣어 잘 끓이면 알갱이가 파괴되어 전분에 물이 잘 들어가면 측쇄부분이 더 잘 노출되어 끈적끈적하게 호화된다. 전분의 아밀로스 부분이 많이 가수분해되어 측쇄가 많이 있어 끈적끈적한 성상을 갖는 전분의 분해산물을 호정(dextrin)이라고 한다.

당원(glycogen): 동물이 체내에서 에너지를 보존하기 위하여 포도당을 다시 α-1,4결합과 α-1,6결합으로 만들어진 다당류이다. 사람에서는 간과 근육에서만 만들어져 저장된다. 간에 있는 당원은 100 g정도 이고 이는 혈중 포도당을 유지하는데 주로 사용된다. 근육에 저장된 당원은 300 g 정도이고 이는 근육이 수축할 때 사용된다. 특히 무산소운동(anaerobic exercise) 때 사용되는 에너지원은 모두 당원이다.

섬유소(cellulose): 다당류 중에 포도당이 β-1,4 결합을 하는 다당류를 섬유소라 한다. 이 섬유소의 β-1,4결합을 가수분해하는 효소인 섬유소분해효소(cellulase)를 사람은 가지고 있지 못하여 이는 소화, 흡수되지 못하는 섬유소로서 작용한다. 그러나 초식동물 중 소나 염소처럼 되새김하는 동물은 이를 에너지원으로 이용한다. 이들의 장내 세균이 섬유소분해효소(cellulase)를 만들어 내어 섬유소를 소화하여 생산된 포도당을 흡수한다.

3. 탄수화물의 주요 기능

(1) 에너지원

에너지가 필요할 때 즉시 쓰기 좋은 에너지원이다. 또한 포도당만을 에너지원으로 쓰는 조직이 있다. 주 에너지원으로 쓰이므로 단백이 에너지원으로 쓰임을 예방한다. 산소가 계속 공급되고, 에너지가 계속 쓰일 때는 지방산화가 계속 잘 일어나도록 시트르산회로의 구성성분을 공급하여 케토산증(ketoacidosis)을 예방한다.

(2) 신체 구성성분

세포막의 당단백, 지단백을 구성한다. 또한 세포간 교질의 점액다당질 형성에 참여한다.

침 등 분비물의 분비 점액다당질의 구성한다. 이들 점액다당질에는 다음과 같은 것들이 있다. 하이알우론산(hyaluronic acid), 콘드로이틴 황산염(chondroitin sulfate), 더마탄황산염(dermatan sulfate), 케라탄황산염(keratan sulfate), 헤파린(heparin) 등이다.

4. 포도당의 대사

포도당은 생체 내에서 여러 대사로를 통하여 ATP의 에너지를 생산하는 것이 주 역할이다. 또한 당원이나 지방으로 변환되어 저장 에너지로 된다. 또한

NADPH의 환원력을 생산하고, 세포내 다른 생산물을 합성하며, 탄수화물을 만들어 세포 구성물이 된다.

(1) 해당로(glycolysis)

세포내에 들어온 포도당이 에너지를 생산하거나, 지방의 합성 등 사용되는데 거치는 1차적인 대사로이다. 운동을 하는데 산소가 보급되지 않은 상태에서는 해당로로 아주 적은 양의 ATP를 생산한다. 산소가 공급되면 시트르산회로를 지나면서 탄산가스와 물을 생산하면서 많은 양의 ATP를 생산한다. 당원으로 저장된 에너지를 넘게 되면 나머지 포도당은 해당로를 거쳐 생산된 아세틸-조효소A(acetyl-CoA)로부터 지방산을 합성하여 지방으로 변환되어 지방세포에 저장된다.

(2) 오탄당인산회로(pentose phosphate pathway)

포도당으로부터 리보스(ribose)를 만들어 핵산의 전구물질이 되고, 이때 생성되는 NADPH는 세포내 환원력의 원천이 되어 물질의 합성의 에너지원이고, 또한 산화로부터 이를 환원하는 항산화력의 원천이 된다.

(3) 시트르산회로(citrate cycle)

포도당의 해당로에 의해 생산된 피부르산(pyrubate)이나, 지방의 베타산화(β-oxidation)에 의해 생산된 acetyl-CoA나 아미노산의 탈아미노반응으로 생성된 물질들이 이 회로를 돌면서 에너지를 생산하거나, 다른 물질들의 전구물질이 되는 대사로이다. 이 과정에서 생산되는 NADH는 산화적인산화반응으로 ATP를 생산한다.

(4) 당원합성(glycogenesis)

간과 근육에서 포도당은 당원합성로를 거쳐 당원의 형태로 저장된다.

(5) 당신생반응(gluconeogenesis)

근육에서 해당로를 통해 생산된 젖산(lactate)이나, 당원성 아미노산(glycogenic amino acid)로부터 생산된 산물들로부터 포도당을 만드는 대사로이다. 급격한 운동 후나, 기아, 단식 등으로 포도당의 부족으로 에너지원으로 단백이 사용될 때 활성화된다.

(6) 당원분해반응(glycogenolysis)

근육에 있는 당원은 당원분해반응으로 근육에서는 해당로를 거쳐 ATP를 생산하여 운동에너지로 사용된다. 간에 있는 당원은 당원분해반응으로 포도당을 생산하여 혈중 포도당을 유지하는데 사용된다.

5. 탄수화물의 소화와 흡수

탄수화물은 포도당 등 단당류로 된 것은 십이지장에서 즉시 흡수된다. 말토스, 설탕 등 이당류는 소장의 상피세포에 있는 말타제(maltase), 수크라제(sucrase) 등 이당류 소화효소에 의하여 단당류로 가수분해된 다음에 흡수된다. 전분은 침에 있는 아밀라제(amylase)에 의하여 일부 가수분해되나 대부분은 췌장에서 분비되는 아밀라제와 측쇄제거효소에 의하여 말토스로 가수분해되고, 장상피세포에 있는 말타제의 작용을 받은 다음 흡수된다. 그런데 전분이 잘 소화되기 위해서는 전분알갱이가 잘 깨져야하고, 또한 소화효소가 잘 작용할 수 있는 알파전분으로 있어야 한다.

(1) 탄수화물지수(glycemic index; GI)

음식물에 따라서 탄수화물의 양과 양태가 달리 있어 혈중 포도당을 높이는 정도가 다르다. 이를 가늠하기 위해 식후 2시간 동안 혈중 포도당을 올리는 정도를 포도당(50 g)을 100으로 기준하여 측정한 값을 당지수(glycemic index; GI)

표 2-2. 당지수에 따른 식품의 분류

정도 분류	당지수 범위	식 품
저당지수	〈55	과일, 채소(예외 감자, 수박), 콩, 유제품, 기름
중당지수	56-69	통곡식, 고구마
고당지수	〉70	쌀밥, 흰빵, 감자, 수박, 포도당(100)

라 하고, 또한 인슐린의 분비정도를 인슐린지수(insulin index)라고 한다. 이는 식품이 당지수가 낮을수록 일정하게 혈당을 유지하는데 유리하고, 인슐린의 요구량도 낮추는 효과가 있다.

(2) 탄수화물부하(glycemic load)

식품의 탄수화물지수에 탄수화물의 양을 곱하여 탄수화물부하라는 기준을 만들어 당뇨의 치료 및 예방에 사용한다.

표 2-3. 식품에 따른 당 부하

식품	당지수(GI)	탄수화물(중량비)	당 부하
쌀밥	64	24%	15.4
바겟 식빵	95	50%	48.0
옥수수	52	48%	25.0
감자	50	19%	9.3
바나나	52	20%	10.0
당근	47	7.5%	3.5
수박	72	5%	3.6

6. 혈중 포도당의 조절

혈중 포도당은 공복혈당(fasting blood sugar; FBS)은 70-110 mg/dL이고, 보통은 80-110 mg/dL에 있으며, 식후에도 140 mg/dL를 넘지 않는다.

혈중 포도당의 조절은 예민하게 잘 조절된다. 이에 관련된 것은 첫 번째 탄수화물의 섭취량이며, 또한 이들 탄수화물의 조성, 즉 이들의 소화 흡수되는 속도와 관련된다. 또한 혈중 포도당을 조절하는 호르몬들의 작용이다. 혈중 포도당을 높이는 호르몬은 글루카곤(glucagon), 에피네프린(epinephrine)과 코티솔(cortisol), 성장호르몬(growth hormone)이다. 이들은 당원분해로(glycogenolysis), 당신생로(gluconeogensis) 등을 통하여 간으로부터 포도당을 만들어 공급한다. 혈중 포도당을 내리는 호르몬은 인슐린으로 혈중 포도당을 조직으로 운반하고, 이를 당원생성로(glycogenesis), 해당로(glycolysis), 지방합성(lipogenesis)

등을 통하여 소모한다. 또한 운동 등 에너지를 사용하는 경우는 에너지의 사용과 이를 원활하게 하기 위한 호르몬의 합동작용에 의하여 혈중 포도당이 조절된다.

7. 탄수화물 영양이상

(1) 저혈당증(hypoglycemia)

일시적인 저혈당은 과음을 한 후, 인슐린 주사 후에 올 수 있고, 지속적인 저혈당은 인슐린종(insulinoma), 부신피질부전, 뇌하수체부전 등으로 온다. 이의 증상은 땀이 나고, 불안, 떨림, 빈맥 등의 교감신경증과 배고프고, 구토, 메스꺼움, 두통의 증상과 더 나아가서 피로, 힘없음, 정신이 멍해지고, 마비가 오고 마지막에는 혼수가 온다. 치료는 당의 빠른 섭취이다.

(2) 고혈당증(hyperglycemia)

일시적인 고혈당은 180 mg/dL이며 극심한 스트레스에서 오나 증상이 나타나지 않는다. 지속적인 고혈당은 당뇨병에서 일어나나 혈당이 125 mg/dL에서도 조직의 병변이 시작된다. 증상은 당뇨병의 특징인 다뇨(polyuria), 갈증(polydypsia), 다식(polyphagia)이며, 피곤하며, 체중이 감소하는 것은 포도당이 이용되지 못하여 일어나는 증상이다. 이외에도 병의 진행과 함께 여러 증상들이 수반된다. 고혈당이 오래 지속되는 정도는 혈중 혈색소가 당화가 일어나 생긴 당화혈색소(HbA1c)의 양을 측정함으로서 알 수 있다.

(3) 탄수화물의 부족

에너지 부족에서 탄수화물만 부족한 경우는 거의 없다. 이는 기아, 단식, 거식증, 위장관 수술, 암 말기 등으로 에너지의 섭취가 어려울 때는 탄수화물과 함께 단백질 섭취도 어렵기 때문이다. 비만환자에서 애트킨스 식이(Atkins diet)를 하는 경우, 총열량을 줄이면서 탄수화물을 제한하고 단백은 유지하는 식사를 한다. 이러면 에너지원으로 주로 지방과 아미노산을 사용하므로 혈중 포도당이 떨어지며, 케톤혈증이 되고, 칼슘의 소실이 많다. 그러므로 포도당이 필수영양소로 지정은 되지 않았으나 대사로의 원활한 활동을 위해서도 필수적인 영양소이다.

(4) 탄수화물 과잉

탄수화물 과잉은 혈중 포도당을 올리고, 인슐린의 요구량을 높인다. 과량의 에너지는 지방으로 전환되어 축적되어 비만을 가져온다. 이에 따른 당뇨병의 위험이 따르고, 고지혈증, 고혈압, 동맥경화증이 유발되는 대사증후군을 야기한다.

8. 주정(alcohol)

주정 즉, 술은 포도당이 효모에 의하여 분해되어 에탄올(ethanol)이 된 것을 말한다. 이는 체내에서 간에 있는 알콜가수분해효소(alcohol dehydrogenase)와 시토크롬(cytochrome) p450에 의해 아세트알데히드(acetaldehyde)와 초산(acetic acid)로 바뀌어지며 acetyl-CoA가 되어 시트로산 회로로 들어가는 에너지원으로 사용되는데 7 Cal/g의 고 에너지원이다. 사람들이 이를 에너지원으로도 사용하나 이들의 약리작용으로 GABA 수용체에 작용하고, 대뇌 피질의 억제로 사용하는 기호 식품으로 이용하여 이를 일반적인 탄수화물과는 달리 취급하고 있다. 대사산물의 하나인 아세트알데히드는 반응성이 강한 독으로 간경변(liver cirrhosis), 간암을 유발하며, 술중독을 유발한다. 알콜은 마시자마자 분해되기 시작하여 acetyl-CoA로 되어 지방으로 전환되어 혈중 중성

표 2-4. 알콜 농도에 따른 증상

혈중알콜 (% v/v)	증 상
0.05%	기분 좋음, 말이 많아짐, 긴장 완화
0.1%	우울, 오심, 구토, 감각이상, 운동이상
〉0.14	뇌에 혈류 감소
0.3%	혼수
0.4%	사망 가능
〉0.5%	사망

지방을 증가시킨다.

음료용 주정은 재료와 제제에 따라 여러 종류로 나뉘며, 또한 주정의 도수가 다르다. 곡주로 만든 막걸리, 맥주(beer), 청주, 고량주, 위스키, 과일로 만드는 포도주(wine), 사과주, 꿀로 만드는 꿀술(meads) 등 다양하며, 또한 주정의 농도가 다양하다.

술을 오랫동안 마시면 술의 과다에 의하여 그 작용이 다르게 나타난다. 소량의 반주는 건강에 상당한 도움을 주나, 과량은 체내 장기에 손상을 주며, 또한 영양소의 섭취 방해로 인하여 오는 영양장애를 일으킨다. 즉 간 손상이 발생하여 지방간, 간경변으로 발달하고, 또한 식욕부진이 동반하여 영양소 결핍, 특히 엽산의 결핍에 따른 급성뇌병증인 베르니케뇌병증(Wernicke's encephalopathy)이 잘 발생한다. 또한 알코올 남용(alcohol abuse)은 사회적 고립과, 음주운전으로 인한 제제와 교통사고 등, 신체외적인 문제를 유발한다.

참고문헌

1. 김영경 외: 간호와 영양, 현문사, 2004
2. 성낙응: 영양학, 수문사, 1977
3. 이영순, 이정실, 이현옥: 고급 영양학, 광문각, 2007
4. 채범석: 고급 영양학, 아카데미출판사. 1996
5. Gropper SS, Smith JL: Advanced Nutrition and Human Metabolism. 5th ed. Wadsworth Publishing. 2008
6. Hoffman PL, Tabakoff B: Alcohol dependence: a commentary on mechanisms. Alcohol Alcohol 31 (4): 333-40. 1996
7. Meisenberg G, Simmons WH: Principles of Medical Biochemistry 2nd ed. Mosby. 2006
8. Murray RK, Bender DA, Botham KM, Kennelly PJ, Rodwell VW, Weil PA: Harper's illustrated biochemistry 28th ed. McBraw Hill. 2009
9. Nelms M, Sucher KP, Lacey K, Roth SL: Nutrition Therapy and Pathophysiology 2nd ed. Brooks Cole. 2010
10. Nelson DL, Cos MM: Lehninger Principles of Biochemistry. 5th ed. Freeman. 2008

지질(lipids)

제3장

1. 지질의 정의

지방은 화학적 구조가 일정한 일련의 화합물의 집합이 아니고, 알콜, 에테르 및 클로로포름 등, 유기용매에 녹아 추출되는 생체조직의 유기물질을 말한다. 이에는 지방산, 중성지방, 인지질, 스테롤, 지용성 비타민 및 밀랍(wax)이 속한다.

지방산은 단독으로 있는 유리지방산(free fatty acid)은 소량이나, 대부분은 글리세롤(glycerol) 등과 결합하여 중성지방, 인지질, 밀랍의 구성 성분이다. 또한 스테롤 등을 만드는 전구물질로 지질의 기본물질이다. 지질의 형태가 산소가 거의 없는 탄화수소의 형태이므로 1 g에 9 Cal를 내는 고열량의 에너지원이다. 이들 에너지는 중성지방의 형태로 지방조직에 저장된다. 세포막을 구성하는 것은 주로 인지질이 하고, 호르몬 등의 조절자로 스테롤 등이 작용하며, 지용성 비타민은 그 생체내의 필수성 때문에 영양학에서는 비타민으로 따로 분류한다. 밀랍은 소화 흡수되지 않아 섬유소가 될 것 같지만 친수성이지 않아 보통 섬유소에 포함시키지 않는다.

지질은 동물성과 식물성으로 분류하고, 물리화학적 성상에 따라 고체 지방(fat)과 액상 기름(oil)으로 구분한다. 일반적으로 동물성 지질은 고체 지방, 식물성 지질은 액상 기름이나, 이들은 지방을 구성하고 있는 지방산의 포화도와 측쇄의 길이에 따라 달라지므로, 동물성인 어유는 액상 지방이고, 코코넛이나 야자유는 고체 지방인 경우도 있다.

지질의 분류를 단순지질(중성지방, 밀납), 복합지질(인지질, 당지질, 지질단백) 및 유도 지질(스테롤, 지용성 비타민)로 나누기도 한다.

2. 지방산(fatty acid)

지방산은 1번 탄소가 카복실산(carboxylic acid)이며 나머지 탄소들은 탄화수소인 알킬(alkyl)화합물이다. 지방산의 카복실기는 친수성이고, 나머지 알킬기는 소수성이며, 탄소수가 많아질수록 물에 녹지 않으며, 융점이 높아진다. 그러므로 탄소가 하나로 구성된 산이 개미산이고 탄소가 둘인 산은 초산인데, 이들은 모두 물에 잘 녹는 물질이므로 지방은 아니다. 탄소수가 홀수인 것도 있으나, 대부분 탄소 수는 짝수인데 이는 지방산의 합성이 초산유도체로 만들어 지기 때문이다. 이들 지방산은 수용액내에서 유화제에 의하여 미셀(micelle)을 형성한다.

스테아린산의 구조

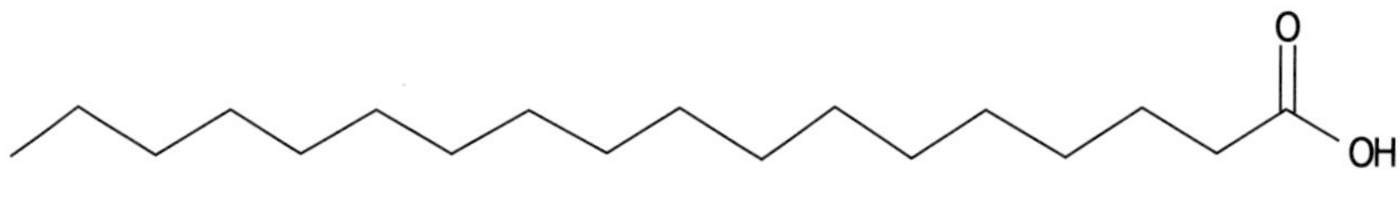

(1) 포화지방산(saturated fatty acids)

포화지방산은 탄소간의 이중결합이 없이 모두 수소원자로 포화된 탄소를 지니고 있으며, $C_nH_{2n+1}COOH$의 일반식으로 표시된다. 탄소수가 4-6개 이하인 지방산을 단쇄지방산(short-chain fatty acid, SCFA)이라고 하는데, 소, 양젖에 많으며, 휘발성이 강해서 우유나 버터의 특이한 향기를 나타낸다.

탄소수가 6에서 12사이의 지방산을 중쇄지방산(medium-chain fatty acid, MCFA)이라고 하는데 단쇄지방산과 중쇄지방산의 중성지방은 담즙과 지방소화효소의 작용을 받지 않아도 소장에서 실핏줄, 문맥으로 흡수가 되므로, 지방의 소화흡수장애가 있는 환자에서 환자식으로 이용된다. 이들 중쇄지방산은 코코넛이나, 야자유와 말젖에 많이 있다.

탄소수가 12개 이상인 지방산을 장쇄지방산(long-chain fatty acid)이라고 하고, 이들의 중성지방은 담즙과 지방소화효소의 작용을 받아서, 지방산으로 소장 상피세포에서 흡수가 된 후에, 핏줄로 가지 못하고, 중성지방이 된 후에 단백과 결합하여 미셀(micelle), 즉 킬로미크론(chylomicron)이 되어 임파관으로 운반되어 혈액으로 들어오게 된다. 탄소수가 16개인 포화지방산은 팔미틴산은 돼지고기, 18개인 지방산은 스테아린산은 소고기에 많이 있다. 이러한 포화지방산은 융점이 높아 상온에서 고체상을 이루며 이를 지방(fat)라고 한다. 보통 탄소수가 12에서 22사이의 지방산이 자연계에 많으며 에너지원으로 중요하다.

탄소수가 22개 이상의 지방산은 최고급지방으로 이는 소화흡수가 잘 되지 않아 영양학적으로 가치가 적고 공업적으로 많이 이용된다.

표 3-1. 포화지방산의 종류

포화 지방산	탄소수	분자식	융점(℃)	식품, 특징
acetic acid	2	CH_3COOH	16.7	식초
butyric acid	4	C_3H_7COOH	-8	유지, 산패취
caproic acid	6	$C_5H_{11}COOH$	3	버터, 야자유, 땀냄새
caprylic acid	8	$C_7H_{15}COOH$	16	버터, 야자유, 불쾌취
capric acid	10	$C_9H_{19}COOH$	32	버터, 야자유, 산패취
lauric acid	12	$C_{11}H_{23}COOH$	44	월계수유, 야자유, 무취
myristic acid	14	$C_{13}H_{27}COOH$	58	동식물유지(야자유)
palmitic acid	16	$C_{15}H_{31}COOH$	64	동식물유지(돼지유지)
stearic acid	18	$C_{17}H_{35}COOH$	72	동식물유지(소 유지)
arachidic acid	20	$C_{19}H_{39}COOH$	77	동식물유지(땅콩, 옥수수)
behenic acid	22	$C_{21}H_{43}COOH$	80	동식물유지(포도씨, 땅콩)
lignoceric acid	24	$C_{23}H_{27}COOH$	84	동식물(나무 타르, 땅콩)
cerotic acid	26	$C_{25}H_{51}COOH$	88	밀랍

(2) 불포화지방산(unsaturated fatty acids)

불포화지방산은 $C_nH_{2n-2x}O_2$의 일반식으로 표시되며, x는 탄소 간에 이중결합이 생긴 갯수를 나타내며, 하나 있으면 단일불포화지방산(monounsaturated fatty acid, MUFA)이며, 이중결합이 2개 이상 있는 것들을 다불포화지방산(polyunsaturated fatty acid, PUFA)이라 한다. 이들 불포화지방산은 탄소수가 같은 지방산에 비하여, 또한 불포화도가 높을수록 융점이 낮아 소화가 잘되며, 이들이 많이 함유된 유지는 액체상태로 있어 액상 기름(oil)이 된다. 이들 중 탄소수가 16개인 불포화지방산은 팔미톨레인산, 탄소수가 18개인 이중결합이 하나인 불포화지방산은 리놀레인산이며 이중결합이 둘인 불포화지방산은 리놀레닌산이다. 이들 지방산의 불포화도가 높으면 높을수록 융점이 낮아져 상온에서도 액체상을 유지하는 기름(oil)이다.

표 3-2. 불포화지방산의 종류

불포화 지방산	탄소수: 이중결합수	이중결합의 위치 (ω 탄소로부터)	융점 (℃)	식품, 특징
myristoleic acid	14:1	9		육두구(식물)
palmitoleic acid	16:1	7	−1	간, 비타민나무
oleic acid	18:1, cis	9		올리브기름, 땅콩기름, 닭
elaidic acid	18:1, trans	9		튀긴기름, 소와 염소 젖
vaccenic acid	18:1, trans	7		버터, 우지, 돈지
gadoleic acid	20:1	11		어유
erucic acid	22:1	9	34	유채유, 겨자씨유
nervonic acid	24:1	9	−5	상어 간유, 신경의 미에린
linoleic acid(LA)	18:2	6,9	−11	홍화씨, 포도씨, 해바라기씨, 밀배아, 면화씨, 콩
alpha-linolenic acid(ALA)	18:3	3,6,9		치아, 키위씨, 들깨, 아마씨
ϒ-linolenic acid(GLA)	18:3	6,9,12		달맞이꽃 종자유, 스피룰라
arachidonic acid(AA)	20:4	6,9,12,15	−50	동식물 유지, 뇌, 근육
eicosapentaenoic acid(EPA)	20:5	3,6,9,12,15		어유, 모유, 미세조류
docosahexaenoic acid(DHA)	20:6	3,6,9,12,15,18		어유, 미세조류, 정자, 뇌

(3) 요드가(iodine number)

불포화지방산의 불포화도를 측정하는 것을 지방 100 g에 결합하는 요드양으로 나타내는 것을 요드가라 하여 측정하였으나 요즈음은 HPLC 등으로 여러 지방산을 정량하므로 많이 쓰이지 않고 있다.

(4) 시스 지방산(cis-fatty acid)

불포화지방산 중 그 구조가 cis형인 지방산을 말한다. 불포화지방산의 대부분은 cis형 지방산이다. 다음은 탄소가 18개의 이중결합이 하나인 오메가-9의 올레산[oleic acid, 18:1(n-9)]이다. 이는 올리브기름에 많이 있어 혈압을 낮추는 작용을 하는 것으로 생각되어지고 있다.

올레인산의 구조(cis형)

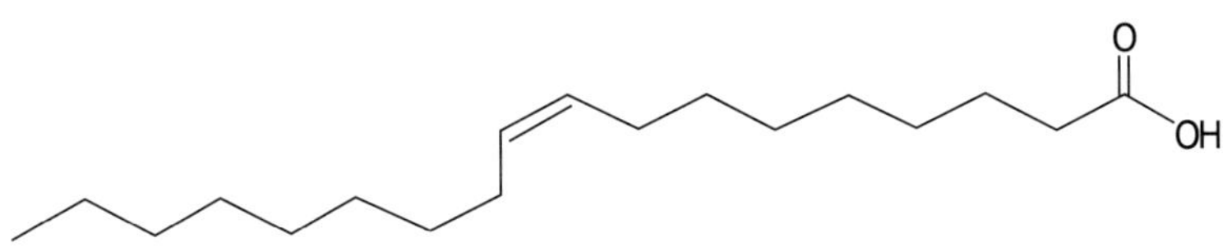

(5) 트랜스 지방산(trans-fatty acid)

불포화지방산 중 그 구조가 트랜스형인 지방산을 트랜스지방이라 한다. 그 중 탄소가 18개고 이중결합이 하나인 올레산의 트랜스 이성체인 엘라이드산[elaidic acid, 18:1(n-9)]의 구조는 다음과 같다.

엘라이드산의 구조(trans형)

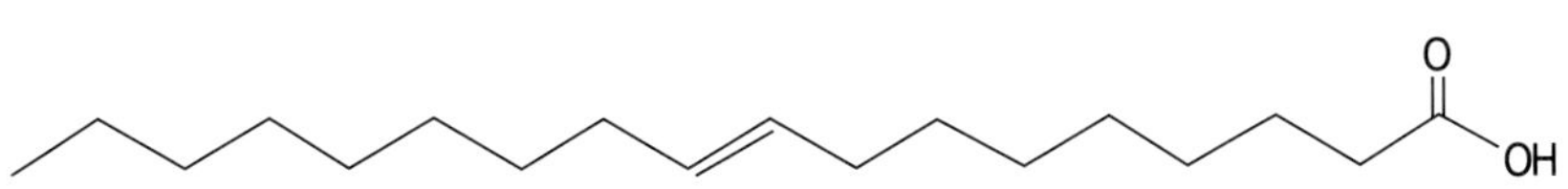

이들 trans 지방은 자연적으로 만들어지기보다 수소화과정이나, 튀김을 만드는 과정에서 고온으로 처리할 때 cis-지방이 trans형으로 만들어진다.

이 트랜스지방은 포화지방산으로 되지 않으나, 그 작용은 포화지방산보다 더욱 좋지 않은 작용을 하여, 즉 VLDL을 높이고, HDL을 낮추어, 비만과, 고콜레스테롤혈증, 죽종(atheroma)의 형성 등을 가져와 대사증후군과 혈관의 손상을 가져오게 한다.

(6) 수소화반응(hydrogenation)

불포화지방산은 어류의 기름, 식물성 기름에 많이 있으며, 공기 중의 산소에 의하여 부패하기 쉽다. 이를 산패(rancidity)라고 하는데 부산물로 생성된 알데히드, 케톤과 유기산의 냄새가 독특하다. 이로 영양소가 감소하고 독성도 나타내므로 이 산패를 막기 위하여 불포화지방을 수소로 포화시키는 것을 수소화(hydration)이라고 하는데, 이 과정으로 만들어진 지방을 경화유(hardened oil)라고 하고 여기에 첨가물을 가하여 버터와 유사하게 식품으로 만든 것이 마가린이다. 그러나 이때 포화가 되지 못한 불포화지방산이 cis형에서 trans형으로 바뀌어 트랜스지방이 생성되는 부작용이 있다. 최근에는 불포화지방산이 포화지방산보다 몸에 좋은 것이 밝혀지고, 식품의 보관과 유통이 발달함으로서 마가린의 요구가 줄었다.

(7) 오메가 지방산

지방산의 카복실기가 붙어 있는 2번 탄소를 알파(α)탄소라고 하고, 이와 멀리 떨어진 마지막 위치에 있는 메틸(CH_3)기의 탄소를 오메가(ϖ)탄소라고 하는데, 불포화지방산에서 이중결합이 있는 위치가 오메가 탄소로부터 몇 번째에 있느냐에 따라 분류한다. 보통 ϖ-3, ϖ-6, ϖ-9계열로 분류된다. 이들 지방산의 체내 전환과정은 표 3-3과 같아, 이들의 영양학적인 역할이 나뉜다.

표 3-3. 지방산의 체내 전환과정

오메가 9 지방산	오메가 6 지방산	오메가 3 지방산
oleic acid 18:1(n-9) ↓	linoleic acid 18:2(n-6) ↓	α-linolenic acid 18:3(n-3) ↓
octadecadienoic acid 18:2(n-9) ↓	γ-linolenic acid 18:3(n-6) ↓	octadecatetraenoic acid 18:4(n-3) ↓

eicosadienoic acid 20:2(n-9)	dihomo-γ-linoleic acid 20:3(n-6)	eicosatetraenoic acid 20:4(n-3)
↓	↓	↓
eicosatrienoic acid 20:3(n-9)	arachidonic acid 20:4(n-6)	eicosapentaenoic acid 20:5(n-3)
↓	↓	↓
docosatrienoic acid 22:3(n-9)	docosatetraenoic acid 22:4(n-6)	docosapentaenoic acid 22:5(n-3)
	↓	↓
	docosapentaenoic acid 22:5(n-6)	docosahexaenoic acid 22:6(n-3)

(8) 오메가-6 지방산

리놀렌산의 구조식

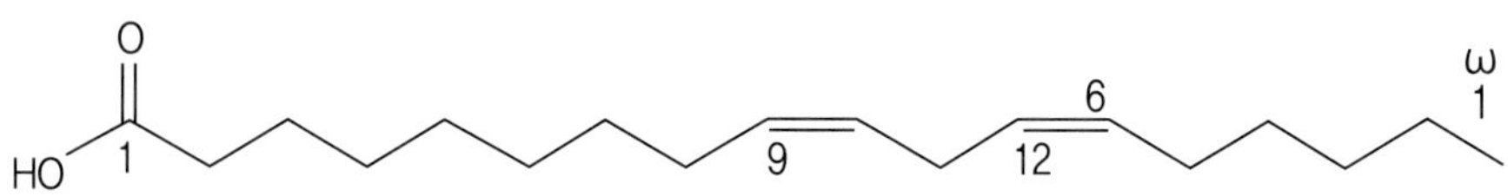

카르복실기 탄소를 1번으로 할 때 제일 마지막 탄소를 omega(ω)탄소라고 하는데 이로부터 6번째 탄소가 2중결합을 갖는 불포화지방산을 오메가6 지방산이라고 하는데 그 기본이 리놀렌산(linoleic acid)이며 이는 필수지방산이다.

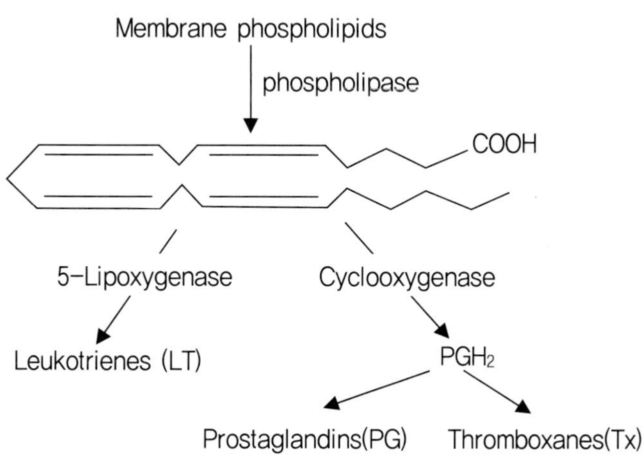

그림 3-1. 아라키돈산으로부터 만들어지는 프로스타그란딘

이로부터 생체 내에서 여러 오메가6 지방산이 만들어지는데 그중에서 탄소가 20개인 아라키돈산(arachidonic acid)이 여러 신호에 의하여 활성화된 시클로옥시게나제(cyclooxygenase, COX)의 작용을 받아 여러 프로스타그란딘(prostaglandins)으로 만들어져서 생리활성을 나타내게 된다. 이들 프로스타그란딘의 작용의 하나는 염증 반응을 매개하는 것이다.

(9) 오메가-3 지방산

알파-리놀렌산의 구조식

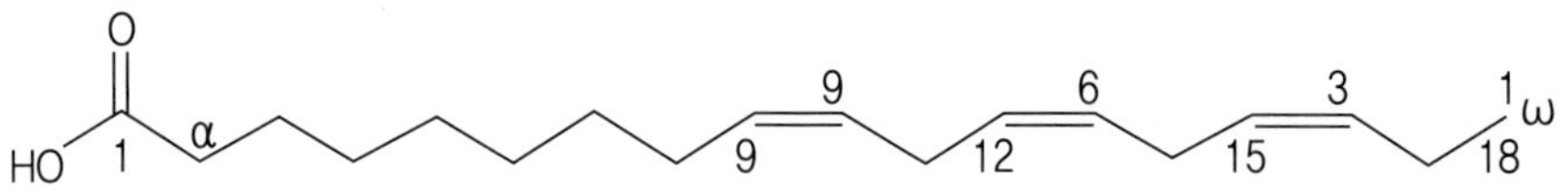

이의 구조식은 탄소가 18개이고, 이중결합이 3개가 있는 산이나 그 중 이중 결합이 오메가 탄소에서 3번째에 있는 구조이다. 이 오메가 탄소에서 3번째 탄소에 이중결합이 있는 지방산들을 오메가-3 지방산이라고 한다.

표 3-4. 여러 오메가3 지방산

일반 이름	이중결합수	화학 이름
n/a	16:3 (n-3)	7,10,13-hexadecatrienoic acid
a-linolenic acid(ALA)	18:3 (n-3)	9,12,15-octadecatrienoic acid
stearidonic acid(STD)	18:4 (n-3)	6,9,12,15-octadecatetraenoic acid
eicosatrienoic acid(ETE)	20:3 (n-3)	11,14,17-eicosatrienoic acid
eicosatetraenoic acid(ETA)	20:4 (n-3)	8,11,14,17-eicosatetraenoic acid
eicosapentaenoic acid(EPA)	20:5 (n-3)	5,8,11,14,17-eicosapentaenoic acid
docosapentaenoic acid(DPA)	22:5 (n-3)	7,10,13,16,19-docosapentaenoic acid
docosahexaenoic acid(DHA)	22:6 (n-3)	4,7,10,13,16,19-docosahexaenoic acid
tetracosapentaenoic acid	24:5 (n-3)	9,12,15,18,21-docosahexaenoic acid

알파-리놀렌산(α-linolenic acid, ALA)이 오메가3-지방산의 기본구조이고, 이 알파-리놀렌산으로부터 여러 오메가3 지방산이 합성된다. 식품 중 오메가-3 지방산이 많이 들어있는 것은 ALA, EPA, DPA 등이다. 이들 오메가-3 지방산

은 아라키돈산과 상경적으로 COX에 작용함으로서 프로스타그란딘과 트롬복산을 억제하여, 염증억제 작용 등을 나타내어 일반적으로 여러 대사성질환의 예방과 노화를 억제하는 것으로 알려져 있다. 알파-리놀렌산(α-linolenic acid)이 필수지방산이다.

일일허용섭취량은 남자는 1.6 g, 여자는 1.1 g이고, 허용분포범위는 전 열량의 0.6%-1.2%이다.

오메가3는 연어, 청어, 고등어, 멸치, 정어리 등의 어류에 많이 분포한다. 그러나 참치에는 적게 있다. 이들 어유에는 수은, 납, 니켈 등 중금속과 다이옥신(dioxin) 등의 환경호르몬의 오염을 조심해야한다. 물고기에 들어있는 오메가3 지방산의 처음 생산자는 미세조류(microalgae)들이다. 스피룰라들로부터 섭취할 수 있다.

식물성 식품에는 들깨, 아마씨, 퍼스린 등의 기름에 많이 들어 있다. ω-6:ω-3의 비가 캐놀라 기름은 2:1, 콩기름 7:1, 올리브 기름은 3-12:1, 옥수수기름은 46:1 이고, 해바라기 기름, 면실유, 땅콩기름 등은 오메가3가 전혀 없다.

육류, 유제품에 있는 오메가3 지방산은 이들의 사료가 곡류일 때는 아주 낮고, 이들이 건초를 먹는 경우에는 높아진다. 이들은 이들 가축의 건강과 함께 이들이 사람에게 제공하는 양질의 식품의 기준이 될 것이다.

표 3-5. 오메가3 지방산이 많은 식품

식 품	% ω-3
치아(스페인깨)	64%
다래	62%
들깨	58%
아마씨	55%
월귤	49%
카멜리나 아마	36%
퍼스린(인디언상추)	35%
흑산딸기	33%

(10) 필수지방산(essential fatty acid)

포화지방산은 당으로부터 만들어져서 에너지원으로 저장되나, 불포화지방산인 리놀레산과 리놀렌산은 생체 내에서 합성이 되지 않고, 아라키돈산은 리놀레산으로부터 합성이 되나 신체에서의 요구에 충분치 못하여 이들 세 불포화지방산을 음식으로부터 섭취해야 하는 필수지방산이다. 이들 지방산의 기능은 첫째로 세포막을 구성한다. 둘째로 생체내의 여러 대사 활동을 조절한다. 셋째로 생체내의 여러 상황에 따른 대처를 한다(지혈, 염증반응 등). 넷째로 콜레스테롤을 조절하고, 동맥경화를 예방한다. 그러므로 지방을 섭취하는 것을 조절해야하나, 포화지방산에 비하여 이들 불포화지방산을 충분히 섭취하여야 하므로 지방의 구성에서 불포화지방산과 포화지방산의 구성비와 오메가3 지방산과 오메가6 지방산의 구성비가 영양학적으로 중요하다.

3. 중성지방(triacylglycerol)

글리세롤과 지방산의 에스테르 결합을 하고 있는 지방을 중성지방이라고 한다. 이는 우리 체지방으로 에너지를 저장한다. 이때의 지방산은 주로 팔미틴산, 스테아린산과, 올레인산으로 실온에서 고체(fat)이나 어류나, 식물에는 올레인산, 리놀레산, 리놀렌산 등의 불포화지방상으로 구성되어 액상의 기름(oil)을 이룬다. 이러한 중성지방이 식이 지방의 90% 이상을 차지한다.

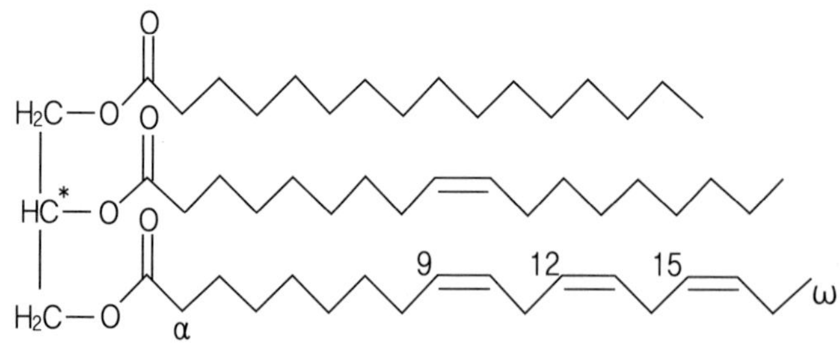

음식으로 섭취하는 중성지방이 있고, 또한 탄수화물을 과량 섭취하여 간 등에서 지방산으로 생성(lipogenesis)되어 글리세롤과 결합하여 중성지방이 된다. 혈청 중에 킬로미크론과 VLDL에 있는 것이 대부분 중성지방이다. 이 혈청의 중성지방은 혈관내피세포 표면에 있는 지단백리파제(lipoprotein lipase)의 작용을 받아 글리세롤과 지방산으로 되어 세포내로 이동이 되어 저장되거나 이용된다. 혈청의 높은 중성지방은 관상동맥 등에 침착하여 죽상경화증(atherosclerosis)을 일으키는데도 작용한다.

표 3-6. 식사 8시간 이후의 혈청 중성지방의 가이드라인

기준	정상	주의	고지혈증	초고지혈증
범위(mg/dL)	〈150	150-199	200-499	〉500

(1) 지방의 산화와 에너지 방출

지방의 산화를 통하여 간과 근육과 그 외의 세포들에서 에너지를 생산한다. 적혈구는 포도당만을 에너지원으로 사용하고, 뇌의 세포들은 주로 포도당을 에너지원으로 사용하고, 지방산화의 부산물로 나오는 물에 잘 녹는 케톤체(ketone body)도 사용한다.

탄소수가 16개인 palmitoyl-CoA의 완전산화는 7개의 NADH와 7개의 $FADH_2$, 8개의 acetyl-CoA가 모두 131개의 ATP를 생산한다.

$$C_{16}H_{32}O_2 + 23\ O_2 \rightarrow 16\ CO_2 + 16\ H_2O$$

(2) 지방의 합성

지방은 음식물로도 섭취하지만 과량의 열량섭취, 특히 탄수화물의 과다섭취는 쓰고 남은 열량은 당원으로 저장되는 일부를 제외하면 모두 지방으로 전환하여 저장한다. 이의 저장은 효율이 높고 거의 무한대로 저장할 수 있다. 지방을 합성하는 장소는 간이 제일 많이 하고, 지방세포도 지방을 합성하지만 이는 지방의 저장소이다. 이 외에도 뇌, 신장, 유방세포에서 지방이 합성된다. 지방산합성의 처음 단계는 아세틸-CoA 카르복실라제(acetyl-CoA carboxylase)에 의하여 아세틸-CoA에 탄산가스(CO_2)가 결합하여 말로닐-CoA(malonyl-CoA)가 합성된다. 이 효소는 구연산(citrate)에 의하여 활성이 증가하고, 장쇄지방산에 의하여 억제되며, 인슐린에 의하여 증가하고, 에피네프린(epinephrine)에 의하여 억제된다. 또한 AMPK(AMP-activated protein kinase)에 의하여 억제된다.

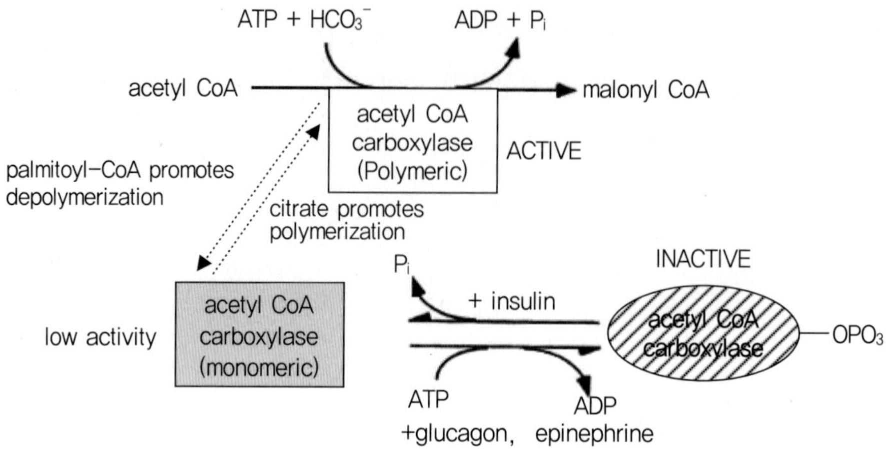

그림 3-2. 지방합성의 조절단계의 효소인 acetyl-CoA carboxylase의 조절

(3) 케톤체(ketone body)

기아와 단식으로 포도당이 부족하면 당신생반응이 촉진되고, 이에 말산(malate)이 부족하게 되고 따라서 옥살로아세테이트(oxaloacetate)가 부족하게 되어 TCA회로가 잘 돌지 않으면 아세틸-CoA가 쌓이게 되어 만들어지는 아세토아세테이트(acetoacetate), 베타하이드록시부티레이트(β-hydroxybutyrate), 아세톤(acetone)을 케톤체라고 한다. 이들이 혈중에 증가하면 케톤혈증(ketosis), 뇨중에도 나오는데 이를 케톤뇨(ketonuria)가 되며, 더욱 증가하면 산혈증이 나타나는 케톤산혈증(ketoacidosis)이 나타난다. 이는 기아와 단식에 나타나나 당뇨병의 후기에도 나타난다.

(4) 유화(emulsification)

지방과 기름은 물보다 비중이 낮고 물에 녹지 않는 성질이나, 혈액 같은 체내에서는 수용성단백과 결합하여 작은 입자(micelle)로 되어 물에 혼입된 상태가 되는데 이를 유화(油化)라고 한다. 혈액에서의 지방 입자들의 비중에 따라 킬로미크론, VLDL, LDL, HDL로 나누어 측정한다.

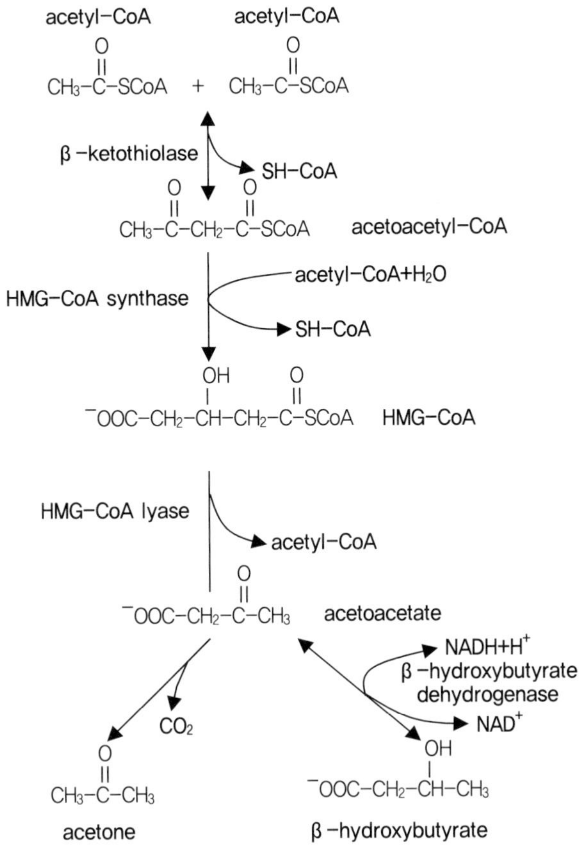

그림 3-3. acetyl-CoA로부터 케톤체의 생성과정

4. 인지질(phospholipids)

인지질의 구성은 글리세롤에 2개의 지방산이 에스테르 결합을 하고, 콜린 같은 알콜이 결합한 인산이 글리세롤의 3번째 알콜기와 에스테르 결합을 하고 있는 것이 인지질이다. 인지질은 알콜과 인산의 결합부위가 친수기이므로 두개의 지방산이 있는 소수기와 친수기를 모두 가지고 있는 양성(amphipathic) 물질이므로 체내에서는 세포막을 형성하는데 주로 이용되고 있다. 이들 인지질은 세포막을 구성하고 있으므로 육안으로 이들의 존재를 알기 어려우므로 이를 보이지 않는 지방(invisible fat)이라고 한다.

레시틴의 구조

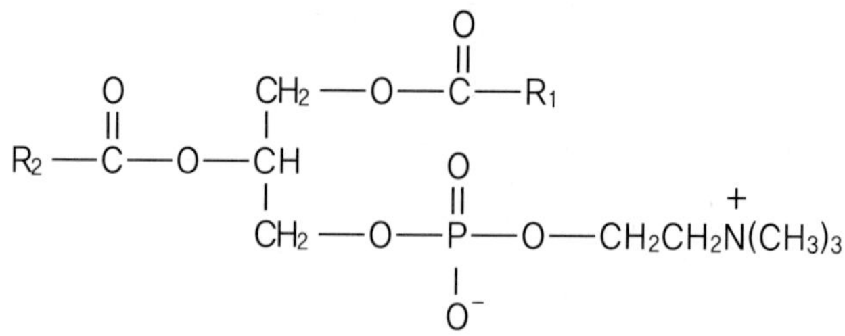

레시틴(lecithine, phosphatidyl choline)은 포스파티드산(phosphatidic acid)의 인산에 콜린(choline)이 에스테르 결합을 하고 있는 대표적인 인지질의 하나이다. 담즙에는 담즙산과, 인지질, 콜레스테롤이 같이 분비되며, 담즙산과 인지질이 식품 지방을 잘 유화시켜 이의 소화 흡수를 돕는다. 또한 담즙으로 콜레스테롤을 잘 분비시킨다. 음식에는 지질의 유화제로 사용되며, 식물 기름으로부터 유래한 레시틴은 건강식품으로도 이용된다.

5. 스테롤(sterol)

(1) 콜레스테롤(cholesterol)

스테롤은 초산 유도체로 만들어지는 유도지질의 한 종류이나 이를 식물 스테롤(phytosterol)과 동물 스테롤(zoosterol)로 나누는데, 콜레스테롤(cholesterol)은 대표적인 동물 스테롤이다.

콜레스테롤은 체내에서 합성되어, 세포막에 분포하여 세포막의 유동성을 조절하고, 지방산을 혈중에서 운반하고, 스테로이드 호르몬과 비타민 D의 전구물질로 작용하고, 또한 담즙산염으로 되어 지방의 소화와 흡수를 돕는다. 그러나 이의 과잉은 동맥경화 등 각종 심혈관질환의 위험인자로 작용하는 것으로 알려져 있다. 또한 담즙에서의 콜레스테롤의 과포화는 담석(bile stone)을 형성한다.

식품 중 콜레스테롤을 많이 함유하는 식품은 치즈, 난황, 쇠고기, 닭고기, 새우 등에 많이 있다. 이들 콜레스테롤은 담즙산의 도움을 받아 미셀(micelle)로 되고 임파관으로 흡수되어 혈액 내에서 킬로미크론(chylomicron)을 형성한다.

체내 콜레스테롤은 식품으로 섭취하는 것은 1/3에도 미치지 못하고 대부분은 체내에서 합성된다. 그러므로 혈중 콜레스테롤을 조절하는 것은 식품에서의 조절보다, 콜레스테롤의 합성을 억제하는 스타틴(statins)계열의 약품이 효과가 제일 크다. 또한 콜레스테롤은 장간순환(enterohepatic circulation)을 하므로, 장에서의 흡수를 억제하는 식이섬유나 약제(cholestyramine 등)는 이의 재흡수를 억제하고, 콜레스테롤을 담즙산으로 만드는 7α-hydroxylase 활성을 증가시켜 혈중 콜레스테롤을 저하시킨다.

1) 콜레스테롤의 합성과 조절

콜레스테롤의 합성은 간에서 일어나며, 당질과 지질의 분해로 생성된 acetyl-CoA와 acetoacetyl-CoA가 결합하여 HMG-CoA (hydroxy-methylglutary-CoA)가 만들어지며, HMG-CoA reductase에 의하여 환원되어 메발론산(mevalonate)을 만드는 단계가 율속단계가 된다. 이후 스쿠알렌(squalene)을 거쳐 만들어진다(그림 3-4).

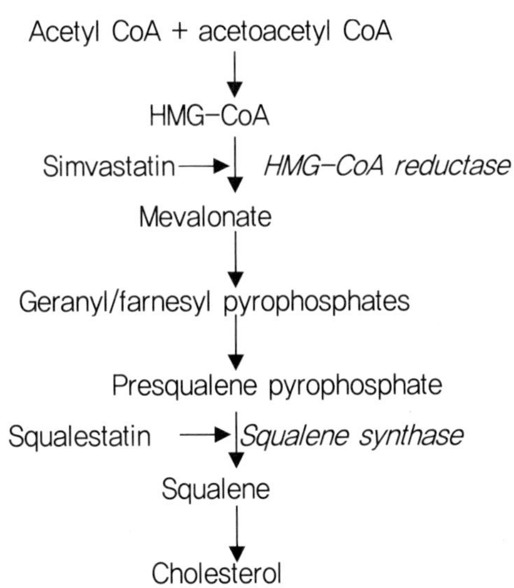

그림 3-4. 콜레스테롤 합성의 개략도

이렇게 만들어진 콜레스테롤은 혈액으로 운반되어 apoB100와 결합하여 저밀도지단백(low-density lipoprotein, LDL)을 형성하여 말초조직으로 운반된다. 콜레스테롤의 합성 조절은 간의 LDL 수용체(receptor)에 의해 운반된 콜레스테롤이 옥시스테롤(oxysterol)로 되어 콜레스테롤의 합성을 억제한다. 또한 밤에 합성이 증가하며, 낮에는 감소하기 때문에 스타틴 계열의 약물을 저녁에 먹도록 처방한다. 운동을 하면 AMPK가 활성화되어 HMG-CoA reductase를 인산화하여 활성을 억제한다. 글루카곤(glucagon)과 에피네프린(epinephrine)은 HMG-CoA reductase 활성을 억제하고, 인슐린과 갑상선 호르몬은 이를 활성화한다.

2) 콜레스테롤의 배출

콜레스테롤의 배출은 담즙을 통하여 배출되는데 변으로는 하루 1 g 정도 배출된다. 이의 절반 정도는 콜레스테롤이 장간순환을 하는 도중에 장내세균에 의하여 환원되거나 이성체가 되어 배출되고, 나머지는 간에서 담즙산을 만들어 배출된다. apoA-I와 결합한 고밀도지단백(high-density lipoprotein, HDL) 콜레스테롤은 간이나 스테로이드 합성조직의 수용체와 결합하여 담즙산의 합성과 스테로이드의 호르몬 합성에 사용된다. 그러므로 HDL 콜레스테롤은 동맥혈관의 콜레스테롤을 줄여서 좋은 콜레스테롤이라 불리며, 운동에 의하여 증가한다.

(2) 식물스테롤(phytosterol)

아마인이나, 땅콩, 콩 같은 식물성 식품에 존재하는 스테로이드를 피토스테롤(phytosterols)이라 하는데, 이들은 장에서의 콜레스테롤 흡수를 억제하여 혈청 콜레스테롤을 낮춘다. 이들에는 캄페스테롤(campesterol), 스티그마스테롤(stigmasterol), 브라시카스테롤(brassicasterol) 등이 있는데 이들을 조합하여 콜레스타틴(Cholestatin)이라는 제품도 나오고 있다.

에르고스테롤(ergosterol)은 버섯이나 곰팡이의 세포막에 있는 스테롤이다. 사람에서 이를 흡수하여 피부에서 자외선을 받아 비타민D가 된다.

6. 지방의 소화, 흡수와 운반

지방은 담즙에서 분비되는 담즙의 작용을 받아 작은 미셀을 형성한다. 중성지방 중 단쇄지방산과 중쇄지방산을 가진 중성지방은 가수분해를 받지 않아도 소장의 상피세포를 통하여 흡수되고 실핏줄을 통하여 운반된다. 그러나 장쇄지방산을 가진 중성지방은 췌장에서 분비되는 지방가수분해효소(lipase)의 작용을 받아 지방산과 모노아실글리세롤(monoacylglycerol)이나 글리세롤로 되어 상피세포에서 흡수되고, 이는 다시 중성지방으로 만들어진 다음에 임파관을 통하여 운반된다. 이 때 중성지방은 지단백과 결합하여 지단백형태로 운반된다.

콜레스테롤은 다른 알콜과 결합한 에스테르형은 췌장효소인 콜레스테롤 에스터라제(cholesterol esterase)의 작용을 받아 유리 콜레스테롤이 되어 흡수된다. 인지질은 췌장의 포스포리파제(phospholipase)의 작용을 받아 가수분해된 후에 흡수된다.

지방가수분해효소(lipase)의 종류와 역할

중성지방을 가수분해하는 효소인 lipase는 그 분비 장소에 따라서 지방을 어느 곳으로 운반하여 작용하는가가 달라진다.

췌장 리파제(human pancreatic lipase, HPL): 췌장에서 분비하여 담즙의 작용을 받아 중성지방을 유리지방산과 글리세롤로 분해하여 소장에서 흡수하게 하는 지방효소이다. 췌장은 HPL이외에도 지방 가수분해효소로 포스포리파제(phospholipase)와 스핑고미엘리나제(sphingomyelinase) 및 콜레스테롤 에스터라제(cholesterol esterase)를 분비한다.

지단백 리파제(lipoprotein lipase, LPL): chylomicron이나 VLDL의 지단백의 형태로 혈관을 따라 운반된 지방은 말초조직에 와서 세포로 운반되려면 말초혈관의 내피세포벽에 있는 LPL의 작용을 받아 유리지방산과 모노아실글리세롤(monoacylglycerol)로 분해된 다음에 세포내로 운반된다. 이 LPL은 apoCII에 의하여 활성화된다. 지방조직의 LPL은 인슐린에 의하여 합성이 촉진된다.

호르몬-민감 리파제(hormone-sensitive lipase, HSL): 스트레스 호르몬인 에피네프린(epinephrine)에 의하여 활성화되고, 인슐린에 의하여 억제되는 말초 조직의 세포내에서 작용하는 리파제로 중성지방을 지방산과 글리세롤로 분해한다. 공복 시 지질을 분해하여 에너지원으로 사용할 때 에피네프린이 분비되어 HSL이 활성화되어 작용한다.

7. 혈중 지단백의 종류

지방은 단독으로는 혈중에 녹지 않아 이를 운반하는 단백 아포지단백(apolipoprotein)과 결합하여 지단백(lipoprotein)으로 유화되어 혈중에서 조직으로 운반된다. 이들 지단백을 그 비중에 따라 분류하면, 킬로미크론(chylomicron), 초저밀도지단백(very low density lipoprtein, VLDL), 저밀도지단백(low density lipoprotein, LDL), 고밀도지단백(high density lipoprotein, HDL)으로 나눈다. 이들은 비중이 다르고 지방의 성분도 다르지만 이들의 아포지단백(apolipoprotein)이 달라서 그 기능들이 각기 다르다.

표 3-7. 혈중 지단백의 종류와 특성

종 류	비중(g/mL)	% 단백	%콜레스테롤	%인지질	%중성지방	apoproteins
chylomicron	〈0.95	1	3	6	90	B48(A,C,E)
VLDL	0.95-1.006	10	22	18	50	B100(A,C,E)
LDL	1.019-1.063	20	50	25	5	B100
HDL	〉1.063	50	20	25	5	AI, AII(C,E)

chylomicron: 소량의 B48 지단백과 인지질이 밖에 있고 중심에 소량의 콜레스테롤이 있고 대부분이 중성지방으로 구성된 비중이 가장 가벼운 지단백이다. 소장에서 흡수된 중성지방을 간, 근육, 지방조직으로 운반한다. 식후 혈청이 탁하게 한 성분으로 혈액검사를 방해한다.

VLDL: 적은 양의 B100 지단백과 인지질이 주위를 중앙에는 콜레스테롤과 중성지방으로 구성된 물보다 가벼운 지단백이다. 간에서 생성된 중성지방을 지방조직으로 운반한다.

LDL: B100 지단백과 상당량의 인지질이 바깥을 구성하고 중앙은 대부분 콜레스테롤로 구성된 물보다 무거운 비중의 지단백이다. 각 조직으로 콜레스테롤을 운반한다. 보통 나쁜 콜레스테롤로 불린다.

HDL: 많은 양의 AI이나 AII 지단백이 인지질과 바깥을 구성하고 중앙엔 적은 량의 콜레스테롤과 중성지방을 갖은 비중이 제일 큰 지단백이다. 조직의 콜레스테롤이나 인지질을 다른 지질이나 간으로 운반한다. 보통 좋은 콜레스테롤로 불린다. 운동 등에 의하여 증가한다.

Lipoprotein(a) [Lp(a)]: 지단백을 전기영동하여 a 단백으로 분류된 아형이다. 리포프로테인a(Lp(a))는 apoB100와 결합하여 LDL을 구성한다. 그 기능은 잘 알려져 있지 않으나, 심장질환과 뇌졸중의 위험인자로 인식된다(정상치; 〈14 mg/dl, 고위험군; 〉31 mg/dl). Lp(a)의 구조가 플라스미노겐 활성제(plasminogen activator)와 유사하여 이를 억제할 것으로 생각된다.

(1) 지단백의 구조

지단백의 구조는 물이 접촉하는 바깥면은 아포지단백과 인지질이 있고, 인지질의 친수기(머리)는 바깥을 향하고 있다. 이렇게 물이 접촉하지 않는 지단백의 안쪽에는 중성지방과 콜레스테롤이 들어있다(그림 3-5). 이러한 전체적인 구조는 같으나, 인지질의 종류에 따라 아포지단백의 종류와 중성지방, 콜레스테롤의 비와 양 및 크기에 따라 달라진다.

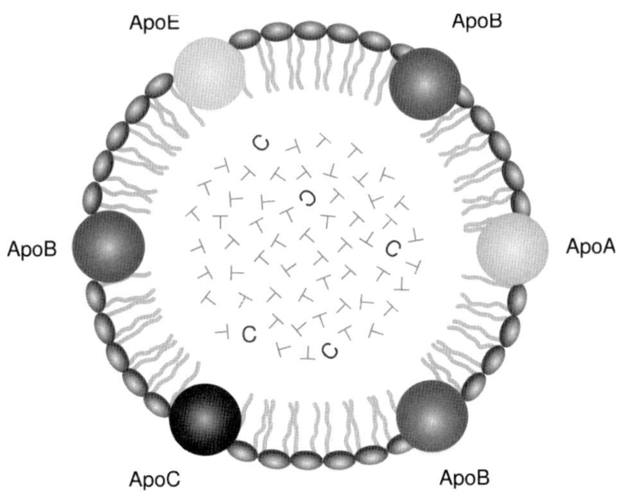

그림 3-5. 인지질의 구조

(2) 지단백의 작용과 변환

소장에서 흡수되는 중성지방과 콜레스테롤을 운반하는 말초조직과 간으로 운반하는 것은 chylomicron이고, 간에서 만들어진 중성지방을 말초조직으로 운반하는 것은 VLDL이며, LDL은 콜레스테롤을 말초조직으로 운반한다. HDL은 말초조직에 있는 콜레스테롤을 간으로 운반한다(그림 3-6). 지단백에 있는 지방을 말초조직에 전달하려면 말초조직의 혈관벽에 있는 lipoprotein lipase의 작용을 받아 지방산으로 분해된 후에 전달된다.

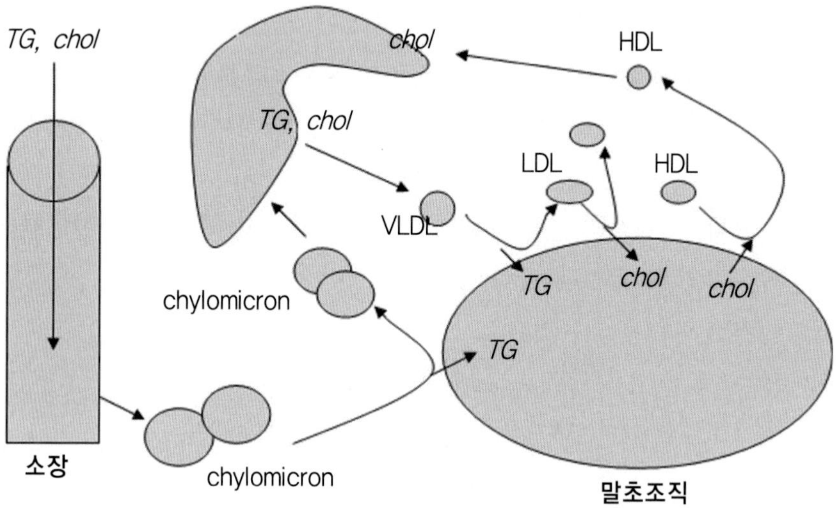

TG; triglyceride, chol; cholesterol

그림 3-6. 지단백의 지질운반 흐름

8. 지방질의 영양 이상

(1) 비만(obesity)

당질, 단백질 등 에너지원의 과잉 섭취로 이들이 중성지방이 되어, 피하나 내장에 과도하게 축적되어 표준체중의 20%를 초과하면 비만이라 한다. 비만은 심장질환, 동맥경화, 뇌졸중, 당뇨병 및 관절염 등의 만성퇴행성 질환을 유발한다. 올바른 식사법으로 에너지원의 섭취를 적절히 하여 중성지방의 축적을 감소시키지만, 절식 등 무리한 식사법으로 체중을 감소시키면 체 단백의 감소를 가져와서 다른 이차적인 부작용을 일으킨다.

(2) 지방 간(fatty liver)

정상인의 간에도 중성지방이 3% 정도 있으나, 5% 이상 증가된 경우를 지방간이라 한다. 이는 술의 과잉 섭취, 포화지방산이나 설탕, 콜레스테롤의 과잉 섭취로 오는 것과 필수지방산, 비타민, 필수아미노산 등의 섭취불량에 의하여 일어나는 것이 있다. 지방간이 더욱 발전하면 간염, 간경화 등으로 발전하여 위험하다.

(3) 고지혈증(hyperlipidemia)

고지혈증은 혈중에 콜레스테롤이 증가하는 경우(hypercholesterolemia)와 중성지방이 증가하는 경우(hypertriglyceridemia)와 이들이 결합된 형이다.

고콜레스테롤혈증은 이들 혈액 내 콜레스테롤이 혈관벽에 쌓여 혈관죽종(atheroma)을 만들고, 동맥 경화 등을 유발하여 나타나는 여러 질환들을 유발하는 원인이 된다. 유전적인 원인과 콜레스테롤을 많이 섭취하여 일어나는 이차적인 경우가 있다.

고중성지방혈증(hypetriglyceridemia)는 당의 과다 섭취, 과다 음주, 당뇨, 비만 등으로 나타나지만, 이 중성지방이 지방조직에 축적되면 비만이 되고, 혈관벽에 축적되면 동맥경화(atherosclerosis)가 발생하여, 고혈압, 심장질환, 뇌졸중 등으로 발전한다. 또한 급성 췌장염을 일으키는 원인이 된다.

(4) 암(cancer)

암의 위험인자들은 흡연, 공해 등 여러 인자들이 있지만, 지방식이가 많은 집단에서 대장암, 유방암, 전립선암 등과 관련이 깊은 것으로 나타났다.

참고문헌

1. 김영경 외: 간호와 영양, 현문사, 2004

2. 이영순, 이정실, 이현옥: 고급 영양학. 광문각, 2007
3. 채범석: 고급 영양학. 아카데미서적, 1996
4. Gropper SS, Smith JL: Advanced Nutrition and Human Metabolism. 5th ed. Wadsworth Publishing. 2008
5. Hoffman PL, Tabakoff B: Alcohol dependence: a commentary on mechanisms. Alcohol Alcohol 31 (4): 333-40. 1996
6. Meisenberg G, Simmons WH: Principles of Medical Biochemistry 2nd ed. Mosby. 2006
7. Murray RK, Bender DA, Botham KM, Kennelly PJ, Rodwell VW, Weil PA: Harper's illustrated biochemistry 28th ed. McBraw Hill. 2009
8. Nelms M, Sucher KP, Lacey K, Roth SL: Nutrition Therapy and Pathophysiology 2nd ed. Brooks Cole. 2010
9. Nelson DL, Cos MM: Lehninger Principles of Biochemistry. 5th ed. Freeman. 2008

단백질(proteins)

제4장

단백질은 20여종의 아미노산이 펩티드 결합을 하고 있는 거대분자의 유기화합물이다. 이러한 거대분자이기 때문에, 여러 가지 형태를 만들 수 있으므로, 몸의 기본적인 구성 성분이 되고, 몸에서 일어나는 여러 가지 일을 수행할 수 있으므로, 이는 첫 번째로 중요한 물질이라는 뜻의 프로테인(protein)이다.

단백질의 구성은 바로 아미노산의 구성과 마찬가지이므로 아미노기(-NH_2)가 있어 질소를 갖는 특징이 있다. 단백질의 질소함량이 14-20%가 되어 평균 16%이다. 단백질을 정량하는데 Kjeldahl 질소정량법으로 질소 함량을 측정하여 100/16을 곱해서 단백질 정량을 하는 것이 식품의 단백정량법이다.

멜라민(melamine) 파동

멜라민은 멜라민 수지를 만드는 원료인데 이는 질소함량이 66%나 되므로 이를 우유에 첨가하여 질소를 함량을 높여 우유를 희석해도 검사상으로 포착이 되지 않아 중국에서 2008년 일어난 일이다. 멜라민이 체내에서 melamine cyanurate가 되어 독성이 더욱 강해지는데, 신장의 손상이 일차적으로 일어난다. 급성신부전, 결석, 신장암까지 발전한다.

1. 아미노산(L-amino acids)

(1) 아미노산의 구조

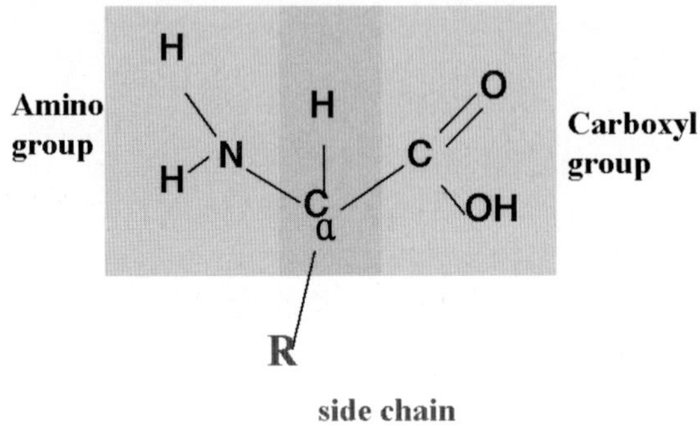

그림 4-1. 아미노산의 구조식

아미노산은 그 이름과 같이 아미노기(-NH_2)와 산 즉, 카복실기(-COOH)를 갖는 질소 화합물이다(그림 4-1). 측쇄의 구조에 따라 다른 아미노산이 된다. 카복실기가 붙어있는 탄소를 알파(α)탄소라고 하는데, 이 탄소와 결합하는 4개의 원소, 또는 기가 서로 다를 때 아미노기의 결합 방향에 따라 입체적으로 다른 형태를 취한 이성체(isomer)가 된다. 아미노산을 화학적으로 만들 때는 L-형과 D-형이 같은 비율로 있으나 생명체는 L-형만을 만들고 이용한다. 단백을 이루는 아미노산은 20종이 있고, 그 외 단백을 이루지 않는 아미노산들도 있다.

(2) 단백을 구성하는 아미노산의 종류

아미노산의 측쇄의 종류에 따라 이들의 성상도 달라져, 이온화되는 군, 친수성군, 소수성군 및 특별기군으로 나누며 그 구조는 그림과 같다(그림 4-2).

(3) 필수 아미노산

필수 아미노산은 생체 내에서 다른 화합물로부터 만들지 못해 외부로부터 섭취해야 하는 아미노산이다. 여기에는 이소로이신(isoleucine), 류신(leucine),

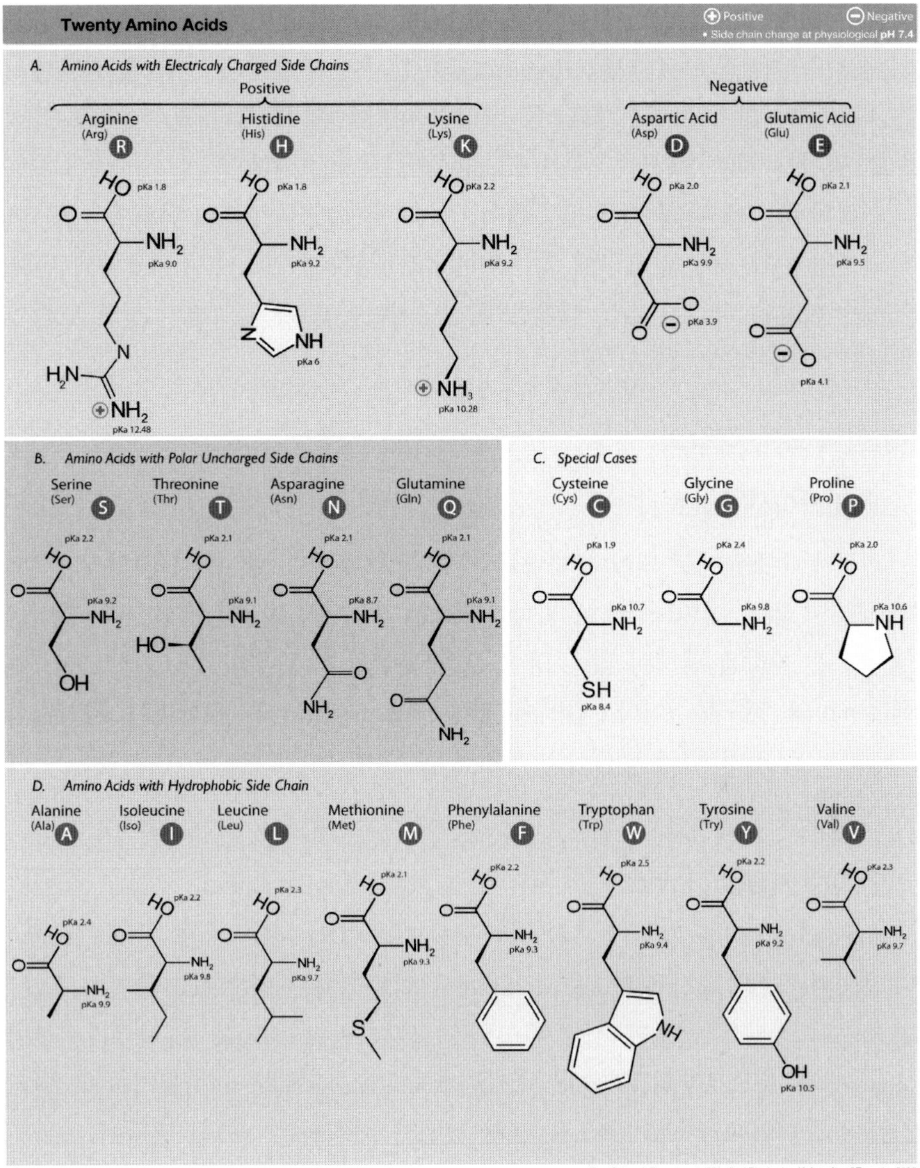

그림 4-2. 아미노산의 종류와 분류

라이신(lysine), 메티오닌(methionine), 페닐알라닌(phenylalanine), 트레오닌(thre onine), 트립토판(tryptophan), 발린(valine)이며 이들의 요구량은 트립토판이 0.5 g으로 가장 적은 양이다.

어린이에서는 자라면서 필요한 히스티딘(histidine)과 아르기닌(agrinine)이 더 첨가되어 요구된다. 페닐케톤뇨증(phenylketoneurea)환자에서 페닐알라닌의 섭취가 제한되므로 티로신(tyrosine)의 합성이 제한된다. 이러한 환자에서는 티로신의 첨가가 필수가 된다. 이러한 여러 상황에 따라 필수적으로 음식으로 먹어야 하는 조건부 필수(conditional essential)이다.

단백의 종류에 따라 이들 필수아미노산의 분포가 다르므로 단백이 이들 아미노산을 우리 체내의 요구에 맞는 비율로 적정하게 있느냐가 중요하게 된다. 이러한 비율을 적절히 갖는 단백을 완전단백이라고 하고 그렇지 못한 단백을 불완전 단백이라고 한다.

(4) 아미노산 각각의 특징

1) 글라이신(glycine)

측쇄가 수소원자로 되어 분자량이 가장 작고 또한 L-형, D-형의 입체이성체의 구별이 없는 아미노산으로 화학적으로는 포도당으로부터 합성한다. 단백을 형성하고, 콜라겐 단백이 많은 양이 포함되어 있다. 글루타티온(glutathione)과 헴(heme)의 전구물질이다. 간에서 담즙산(cholic acid)과 결합하여 글리콜산(glycholic acid)이 되어 담즙산의 배출을 도우며, 벤젠(benzen)과 결합하여 이를 해독한다.

2) 아르기닌(arginine)

guanidium-기를 갖는 염기성 아미노산으로 영유아에서는 필수 아미노산이나 성인이 되면 뇨산회로(urea cycle)에서 만들어지는 양으로도 충분하다. 장상피세포와 신장 세뇨관 상피세포에서 글루타민(glutamine)과 글루타민산염(glutamate) 등으로부터 유래한 시트룰린(citrulline)으로부터 만들어지며, 여러 식품에 들어있다. 아르기닌으로 부터 혈관을 확장하는 NO를 만들어 혈관의 이완을 가져오고 이로 인한 혈관건강하고, 이에 따라 손상조직의 수복이 빨라지고 근육의 증가가 빨라지며 고혈압이 예방될 수 있다.

3) 라이신(lysine)

라이신은 ε-아미노기를 갖는 염기성 아미노산이며, 콜라겐(collagen)과 엘라스틴(elastin)의 주요 아미노산으로 성장과 관계가 깊은 필수 아미노산이다. 그러나 쌀 등 곡류 단백에는 적게 들어있으나 콩 단백에는 많이 들어있어 서로 보완적이고, 성장기에는 콩류 등을 많이 먹는 것이 좋다 할 것이다. 곡류로 만든 과자 등에 라이신을 첨가하기도 한다.

4) 히스티딘(histidine)

히스티딘은 이미다졸기를 갖는 염기성 아미노산이며, 소아에서는 필수아미노산이나 성장하면서부터 만들어지기 시작하여 필수아미노산에서 제외된다. 히스티딘으로부터 만들어진 히스타민(histamine)은 신호전달자로 위산의 분비, 혈관의 이완, 기관의 수축과 염증반응 등을 매개한다.

5) 루이신(leucine)

루이신은 분지 아미노산(branched-chain amino acid, BCAA)이며 필수 아미노산이다. 페리틴(ferritin) 같은 단백에 많이 들어가 있으며, 또한 근세포와 지방세포에서 스테롤을 합성하는데 사용되어 간에서 이용되는 양보다 훨씬 많다.

6) 이소루이신(isoleucine)

이소루이신은 루이신의 이성체이며 같은 분지 아미노산(BCAA)이며 필수아미노산이다. 달걀, 닭고기, 생선, 콩단백에 많이 있다.

7) 발린(valine)

발린은 루이신, 이소루이신과 함께 분지 아미노산(BCAA)이며, 필수아미노산이다. 유제품, 육류, 생선에 많이 있으며, 땅콩, 콩, 참깨에도 많이 들어 있다.

8) 글루탐산(glutamate)

카르복실기를 하나 더 갖은 산성 아미노산이며, 글루타민으로 부터는 탈아미노반응으로, α-케토글루타레이트(ketoglutarate)로부터 아미노기 첨가 반응으로 생산되는 아미노산이다. 이는 단백합성에도 사용되나, 그 자체로도 뇌에서는 흥분성 신경전달자로, 탈카복실반응에 의해 생산되는 GABA는 억제성 신경전달자로 이용된다. 또한 치즈, 된장국, 김, 다시마에 있어 감칠맛을 내는 성분이다. 그러므로 이의 염형태(MSG)로 대량생산하여 조미료로 이용된다.

9) 글루타민(glutamine)

글루타민산염로부터 암모니아가 첨가되어 만들어지는 아미노산이다. 육류, 계란, 유제품, 생선과 콩류에 많이 있다. 근육에서 글루타민 합성효소(glutamine synthase)에 의해 90% 이상 만들어지며, 또한 포도당 다음으로 에너지 생산에 잘 쓰인다. 그러므로 근력운동가들이 많이 섭취한다. 또한 장 상피세포, 활성화된 면역세포가 많이 사용하고, 세뇨관 상피세포들이 산염기 평형을 맞추는데 사용한다. 이는 혈액뇌장벽(blood-brain barrier, BBB)을 잘 통과하여 뇌에서도 잘 이용된다.

10) 아스파르트산(aspartate)

글루타민산염과 같이 카르복실기를 갖는 산성 아미노산이며, 옥살아세트산(oxaloacetate)에 아미노기가 전이되어 합성된다. 이는 글루타민산염과 같이 흥분성신경전달자로 작용하며, 말레이트-아스파르트 북(malate-aspartate shuttle)으로 에너지원으로도 잘 쓰이며, 퓨린 염기(purine base)인 이노신(inosine)에 아미노기를 전이한다. 이는 육류에 많지만, 처음 아스파라거스(asparagus)에서 추출되었으며, 아보카도(avocado)와 씨앗발아 채소에 많다.

11) 아스파라긴(asparagine)

아스파르트산(aspartic acid)에 아미노기가 붙어 카르복시아미드(carboxyamide)기가 형성된 아미노산이다. 환원당과 결합하여 아크릴아미드(acrylamide)를 형성하는 것을 감자칩이나 커피 볶는 데서 볼 수 있다.

12) 메티오닌(methionine)

메틸(methyl)기와 유황(S)을 함유하는 필수아미노산이며, S-adenosyl methionine (SAM)의 활성형이 되어 메틸기를 전해주는 메틸기 전달자이다. 포스파티딜콜린(phosphatidylcholine)[다른 이름 레시틴(lecithin)]과 다른 인지질, 카르니틴(carnitine), 타우린(taurine)을 합성하고, 메틸기를 전해준 후 시스테인(cysteine)이 되어 글루타티온(glutathione) 등이 되어 환원 반응을 활발히 하여 간의 손상 등을 예방한다. 포스파티딜콜린과 카르니틴, 타우린 등 지방의 이용과 분비를 촉진시키므로 동맥경화 등을 억제한다.

동물성 식품에는 많이 들어있고, 식물성 식품에는 참깨가루와 두부 등에는 어느 정도 들어 있으나 과일과 곡식에는 거의 들어있지 않다.

13) 시스테인(cysteine)

메티오닌(methionine)으로부터 만들어지므로 필수 아미노산은 아니나 -SH 기를 가지고 있어 산화환원반응에 참여하고, -S-S- 결합을 하는 시스틴(cystine)을 만들어 단백의 구조를 결정하는데 중요한 역할을 한다. 금속과 결합하여 효소의 활성부위를 형성하는데, 철과 결합한, 시토크롬(cytochrome) P450, 아연과 결합한 알코올 탈수소효소(alcohol dehydrogenase) 등이 있으며, 수은, 납, 카드뮴 등, 중금속과 결합하는 메탈로치오닌(metallothionein)의 주요 구성 요소이다.

채식주의자가 먹는 밀가루고기는 밀가루에 시스테인(cysteine)을 결합시켜서 고기색과 맛을 내게 한 것이다. 이 과정은 고온에서 아미노기와 환원당이 여러 반응을 거쳐(Maillard reaction) 갈색의 중합체(polymer)인 멜라노이딘(melanoidin)이 형성된 것이다. 빵굽기, 커피볶기도 이런 과정을 커쳐 색깔과 맛이 난다.

14) 셀레노시스테인(selenocysteine)

시스테인의 유황원자(S)의 위치에 셀레니움(selenium, Se)이 있는 형태의 아미노산이다. 이는 전통적인 단백을 형성하는 20개의 아미노산에 들어가 있지 않으나, 이의 유전정보는 따로 가지고 있다. 이 셀레노시스테인을 가지고 있는 단백은 글루타티온과산화효소(glutathione peroxidase), 티오레독신환원효소(thioredoxin reductase), 글리신환원효소(glycine reductase) 등 산화환원 반응에 참여하는 효소에 있고, 세포내 산화를 방지하는데 중요한 역할을 한다.

15) 페닐알라닌(phenylalanine)

벤질(benzyl)기를 갖는 필수아미노산으로 타이로신(tyrosine)의 전구물질이다. 타이로신으로부터 만들어지는 도파민(dopamine), 노르에피네프린(norepinephrine), 에피네프린(epinephrine)과 멜라닌(melanin) 등을 만든다. 뇌로 흡수되는데 트립토판(tryptophan)과 경쟁하므로 과량의 페닐알라닌(phenylalanine)은 뇌로의 트립토판의 이동을 억제하여 세로토닌(serotonin)의 합성을 억제할 수 있다.

16) 타이로신(tyrosine)

타이로신은 갑상선에서 갑상선글로불린(thyroglobulin)의 성분으로 있으면서 요오드와 결합하여 갑상선호르몬을 합성한다. 부신수질호르몬의 전구물질이 되고 신경전달자인 노르에피네프린, 에피네프린, 도파민의 전구물질이다. 흑색소인 멜라닌은 타이로신으로부터 만들어진다.

17) 트립토판(tryptophan)

트립토판은 단백의 산가수분해시에는 검출되지 않으나 트립신(trypsin) 효소로 가수분해시에 나타나는 산, 알카리에 취약한 필수 아미노산이다. 트립토판은 나이아신(niacin)으로 전환되어 펠라그라(pellagra)를 예방할 수 있다. 트립토판 6 mg이 나이아신 1 mg에 해당한다. 또한 단백도 만들지만 세로토닌과

표 4-1. 여러 식품의 트립토판 함량

식 품	Tryptophan (g/100 g of food)	Tryptophan/Protein (%)
대두	0.59	1.62
참깨	0.37	2.17
체다 치즈	0.32	1.29
해바라기씨	0.30	1.74
돼지고기	0.25	1.27
닭고기	0.24	1.14
쇠고기	0.23	1.12
연어	0.22	1.12
달걀	0.17	1.33
밀가루	0.13	1.23
우유	0.08	2.34
쌀	0.08	1.16

멜라토닌(melatonin)의 전구물질이다. 그러므로 안정시키는데 좋고 잠을 잘 잘 수 있게도 한다. 이는 유제품과 계란, 육고기, 생선 같은 동물성 식품에도 많지만, 초코릿과 두리안 등 열대과일과 참깨, 해바라기씨, 호박씨와 땅콩 등 식물성 씨앗에도 많이 들어 있다.

18) 알라닌(alanine)

알라닌은 피부르산염(pyruvate)에 아미노기가 전이되어 만들어진다. 이는 포도당-알라닌 회로(glucose-alanine cycle)를 형성하여 근육의 알라닌을 간으로 가져가서 당신생반응에 사용하여 근육에 당을 제공한다. 이는 동물성 식품에는 많이 있고, 콩, 씨앗, 곡식의 눈에 많다.

19) 프롤린(proline)

피롤린 고리(pyrolline ring)가 있는 아미노산으로 글루탐산(glutamate)으로부터 합성된다. 단백의 구조의 말림(folding)을 결정하는데 중요하다.

20) 세린(serine)

글라이신(glycine)으로 부터도 만들어진다. -OH기를 가지고 있어서 효소의 활성부위로 작용하며, 이 부위가 유기인산에 의하여 차단되며, 단백에서 O-당화(glycosylation)의 부위가 되어 단백의 변형(modification)되며, 키나아제(kinase)에서 인산화가 되어 단백의 기능이 조절된다.

21) 트레오닌(threonine)

세린, 타이로신과 함께 -OH기를 갖는 아미노산이며 사람에서는 합성되지 않아 필수아미노산이다. O-당화와 인산화되어 단백의 활성조절에 중요하다. 동물성식품에는 많이 있고, 콩과 참깨에도 많이 있다.

22) 단백질 구성 성분이 아닌 아미노산

단백질의 구성성분이 아니나 생체에서 생리적인 작용을 하는 식품에도 포함된 아미노산에는 오르니틴(ornithine), 시트룰린(citruline), 베타알라닌(β-alanine), 감마아미노부티르산(γ-aminobutyric acid, GABA), 호모세린(homoserine),

알리닌(allinine), 타우린(taurine) 등 그 외에도 많이 있다.

2. 단백질(proteins)

(1) 식품의 종류에 의한 분류

단백질이 동물의 조직을 구성한 단백을 동물성 단백질, 식물을 구성한 단백질을 식물성 단백질로 나눈다.

1) 동물성 단백

동물의 세포는 단백을 많이 함유하고 있고, 또한 그 성분이 사람의 구성 요소와 비슷하므로 아주 좋은 단백원이 된다. 이들 식품으로서의 구분을 육고기, 물고기, 유제품과 계란으로 대별된다. 육고기는 식육(쇠고기, 돼지고기, 양고기, 말고기, 개고기 등)과 조육(닭고기, 오리고기, 칠면조고기)으로 나누기도 한다. 이들 고기에서도 어느 부위를 먹느냐가 이들 고기의 생물가가 달라진다. 더욱 중요한 것은 이들 단백의 아미노산 조성비도 있지만 비타민 같은 다른 영양소의 함량이 조직에 따라 많이 달라진다. 대사활성이 제일 큰 간이 여러 가지 비타민을 많이 함유하고 있다.

2) 식물성 단백

식물성 단백은 식물 식품의 아주 적은 부위를 차지함으로, 식물성 식품만을 사용할 때는 단백질이 부족하게 되기 쉽다. 콩류는 비교적 단백을 많이 함유하고 있으나, 다른 곡류에는 적은 배아에 단백과 기름이 함유되어 있고, 씨앗의 대부분을 차지하는 배젖 부위는 거의 전분으로 구성되어 있다. 또한 단백의 구성이 동물과 많이 다르므로 필수아미노산에서 부족한 것들이 있어 상호보완적으로 섭취해야 좋다. 한국에서는 쌀을 주식으로 하여 필수 아미노산인 라이신이 특별히 결핍되기 쉬우므로 라이신을 첨가한 과자들이 있다.

(2) 단백질의 화학적 성상에 의한 분류

단백질의 구성이 아미노산으로만 구성된 단순단백질과 아미노산 이외의 물질도 포함되어 있는 복합단백질로 나눈다.

1) 단순단백질(simple protein)

단백질의 구성 성분이 모두 아미노산인 경우 이 단백을 단순단백질이라고 한다. 이들 단백질의 용해성이나 화학적 성질에 따라 다음과 같이 나눈다.

알부민(albumin): 물에 녹는 단백질이다. 이에는 난백(ovalbumin), 유백(lactalbumin), 혈청 알부민(serum albumin) 등이 있다. 영양학적으로 아주 좋은 단백질이다.

글로불린(globulin): 물에는 녹지 않으나 염용액에는 녹는 단백질이다. 난백(ovglobulin), 유백(lactglobulin), 혈청글로불린(serum globulin), glycinin(콩), tuberin(감자) 등이다.

글루텔린(glutelin): 산, 알카리 용액에 녹는 식물의 저장 단백질이다. 밀에 많은 글루테닌(glutenin)이 잘 알려져 있고, 프롤라민(prolamin)의 일종인 글리아딘(gliadin)과 결합하여 점성을 높게 한 글루텐(gluten)을 형성한다. 강력분 밀가루에 많은 단백질이다. 이 두 단백이 결합된 점성이 높은 단백을 글루텐(gluten)이라 한다. 이들 단백질은 항원으로 작용하여 설사를 주증상으로 하는 자가면역질환인 만성소화장애증(celiac disease)을 일으키는 원인이 되기도 한다. 그 외 oryzinin(쌀), hordenin(밀) 등이 같은 단백질에 속한다.

프롤라민(prolamin): 식물의 저장단백으로 프롤린과 글루타민의 함량이 높고 알코올 용액에 녹는 단백이다. 밀의 글리아딘이 잘 알려져 있고, 항원으로 작용하여, 밀배아 두드러기, 빵 천식과 만성소화장애증을 일으킨다. 그 외 hordein(보리), zein(옥수수) 등이 있다.

알부민노이드(albuminoid): 섬유상의 여러 가지 용액에 녹지 않는 단백질이다. keratin(피부, 머리카락), collagen(연골, 결체조직), elastin(혈관), fibroin(명주실) 등이다.

히스톤(histone): DNA와 결합하는 핵단백질로 이를 안정화시키거나 전사를 조절하는 단백질이다. 흉선 히스톤이 잘 알려져 있다.

프로타민(protamine): 핵단백질로 정자의 DNA를 안정화시키는 핵단백질이다. 정액에서 많이 발견된다. salmin(연어), iridine(송어), clupein(청어), scombrin(고등어), sturin(상어) 등이 있다. 인슐린의 작용을 천천히 일으키게 하는 기능이 있다. 황산프로타민(protamine sulfate)은 헤파린의 작용을 억제한다.

2) 복합단백질(conjugated protein)

단백질의 구성이 아미노산만이 아닌 성분 즉, 인산이나 핵산, 당, 지질, 금속, 색소 등이 결합하여 구성된 단백질이다. 이들 다른 성분과의 결합은 공유결합도 있고, 약한 화학결합도 있다.

인단백질(phosphoprotein): 인산과 결합한 단백질이다. casein(젖), vitellin(난황) 등이 있다.

핵단백질(nucleoprotein): 핵산과 결합된 단백질이다. 히스톤(histone), 프로타민(protamine)이 DNA와 결합한다.

당단백질(glycoprotein): 글리코사미노글리칸(glycosaminoglycan)과 결합된 단백질이다. mucin(타액), mucoid(난백) 등이 있다.

금속단백질(metalloprotein): 철, 구리, 아연, 마그네슘 등의 금속과 결합된 단백질이다. ferritin(비장), hemocyanin(연체동물의 혈액) 등이 있다.

지단백질(lipoprotein): 중성지방, 인지질, 콜레스테롤 등 지질과 결합한 단백질이다. lipovitellin(난황), LDL, HDL 등이 있다.

색소단백질(chromoprotein): 여러 가지 색소들과 결합된 단백질이다. hemoglobin(적혈구), myoglobin(근육), phyllochlorine(푸른 잎), rhodopsin(망막), sastaxanthine(갑각류 외피), flavoprotein(황색색소) 등이 있다.

(3) 단백질의 물리, 화학적 처리 여부에 따른 분류:

단백질을 가공하지 않는 단백질을 천연 단백질, 물리적 화학적 변형을 가한 것을 유도 단백질이라고 한다.

1) 천연 단백질(native protein)

단백질을 물리, 화학적 처리를 하지 않아 단백의 고유 구조가 유지된 단백질이다.

2) 유도단백질(derived protein)

i) **1차유도 단백질**: 천연 단백질을 약간 변성시켜서 응고한 단백질이다.

파라카제인(paracasein): 젖의 카제인(casein)을 소화효소인 레닌(rennin)

으로 처리하여 응고시킨 단백질이다.

젤라틴(gelatin): 소, 돼지, 말 등의 가죽, 뼈 등 결체조직(collagen)을 산이나 알카리로 가하고 끓여서 만든다. 식히면 굳어지는 겔(gel)로서 여러 식품재료와 공업용 재료로 쓰인다.

ii) **2차유도 단백질**: 천연의 단백질을 가수분해하여 그 가수분해정도에 따라 proteose, peptone, peptide로 분류한다.

펩톤(peptone)

단백질을 가수분해하여 훨씬 분해가 쉽도록 만들어 불특정의 펩티드를 말하며, 보통 세균의 배지로 이용할 때 사용된다.

펩티드(peptide)

단백질을 가수분해하여 아미노산이 2개 이상으로 50여개를 넘지 않는 크기의 단백질을 펩티드라 한다. 생리적인 용어에서는 단백질을 가공하여 유도된 것이 아니고 생체 내에서 합성되는 아미노산이 50여개 이하의 특정 단백질을 펩티드라고 하고, 이들은 glutathione처럼 세포내 산화물을 환원시키는 것이 있으나 대부분은 호르몬(예; vasopressin, glucagon 등) 이나 신경전달자(예; peptide Y, enkephalin 등)의 신호전달자들이 잘 알려져 있다.

(4) 영양학적인 단백의 분류

1) 완전 단백(complete protein)과 불완전 단백(incomplete protein)

사람에서 필요한 필수 아미노산을 적절한 비율로 함유한 단백질을 말한다. 계란 흰자의 단백과 모유의 단백이 비교적 완전단백에 속한다. 그러나 젤라틴은 필수 아미노산이 부족하여 불완전 단백질이다.

거기에 비하여 식물성 단백질 즉, 쌀단백은 라이신이 많이 부족하고, 콩단백은 메티오닌이 많이 부족하다. 밀단백은 라이신과 이소류신(isoleusine), 발린이 부족하고, 감자단백은 메티오닌과 이소류신이 부족하다. 그래서 이와 같은 단백질이 불완전 단백(incomplete protein)이다. 그러므로 이들 각각이 부족한 아미노산을 서로 보완하여 단백을 섭취하는 것이 좋다. 그래서 쌀단백은 라이신이 부족하고, 콩단백은 메티오닌이 부족하여 불완전 단백이나 이들을 서로 합하면 이들 아미노산이 보충되므로 이들은 서로 보충적 단백(complementary protein)이 된다.

계란의 단백에 있는 필수아미노산을 1로 하여 이들 아미노산의 함량을 표시한 것을 단백의 생물가라고 한다.

표 4-2. 여러 식물원에 따른 단백의 생물가 (McGilvery, Biochemistry, 1970)

식품	Ile	Leu	Val	Thr	Met+Cys	Try	Lys	Phe+Tyr	His	생물가
계란	1.0	1,0	1.0	1.0	1.0	1.0	1.0	1.0	1.0	0.94
모유	1.1	1.4	1.0	1.0	1.1	1.6	1.0	1.0	0.9	0.95
우유	1.1	1.3	1.0	0.9	0.7	1.3	1.3	0.9	1.1	0.90
쇠고기	0.8	0.9	0.7	0.9	0.9	0.9	1.4	0.7	1.6	0.76
콩단백	1.0	0.9	0.8	0.8	0.6	1.3	1.1	1.0	1.4	0.75
쌀단백	0.8	0.9	0.9	0.8	0.9	1.2	0.5	1.2	0.8	0.75
밀단백	0.6	0.8	0.6	0.7	0.8	1.1	0.4	0.8	1.0	0.67
감자단백	0.6	1.1	0.8	1.3	0.6	1.9	1.4	0.8	1.1	0.67
귀리	0.8	0.8	0.8	0.7	0.6	1.2	0.6	1.0	1.1	0.66
옥수수	1.0	1.7	0.8	0.7	1.1	0.5	0.4	1.0	1.0	0.60

3. 소화 및 흡수

단백질은 췌장에서 분비되는 펩신(pepsin), 트립신(trypsin), 키모트립신(chymotrypsin), 엘라스타아제(elastase) 등 여러 단백 가수분해의 작용을 받아 소장에서 펩톤(peptone), 펩티드(peptide)로 분해되며, 이들 펩티드와 펩톤은 췌장에서 분비되는 카르복시펩티다제(carboxypeptidase)와 소장 상피세포막에 있는 아미노펩티다제(aminopeptidase)의 작용을 받아 각각의 아미노산으로 분해되어 흡수되어 핏줄을 따라 간 등 조직으로 운반된다.

(1) 아미노산의 이용과 배설

아미노산의 작용은 주로 단백질을 만들어서 몸을 구성하고, 여러 가지 기능을 수행한다. 또한 생리적 신경전달자나, 호르몬 같은 활성물질도 만들고, 에너지원으로도 작용한다. 에너지원으로 사용되기 위해서는 아미노기를 전이하고 남은 α-keto acid가 삼탄산회로를 경유하여 산화되고, 산화적 인산화과정을 거쳐 ATP를 생성한다. 절식을 하루나, 이틀하면 간에 저장된 당원을 모두 소모하고, 혈중 포도당을 유지하기 위하여 아미노산으로부터 당신생반응로를 통하여 포도당을 만든다. 이러한 아미노산을 당원성 아미노산(glucogenic amino acid)이라고 한다. 아세토아세트산(acetoacetic acid)을 만드는 경로를 통하여 소모되거나, 케톤체를 형성하는 아미노산을 케톤성 아미노산(ketogenic amino acid)이라고 하여 여기에는 루이신, 라이신 페닐알라닌, 타이로신, 이소

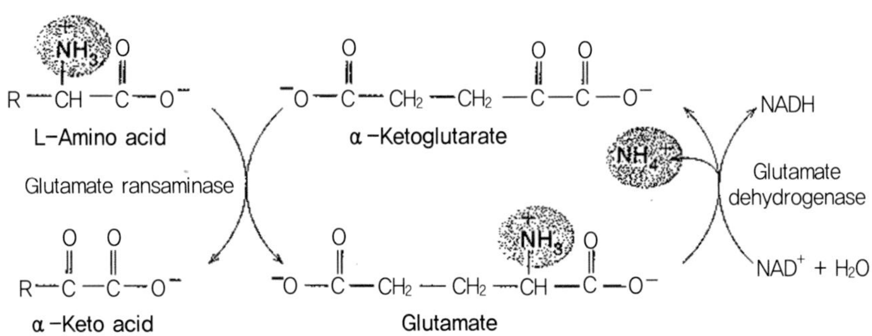

그림 4-3. 아미노기의 전이와 구루탐산의 역할

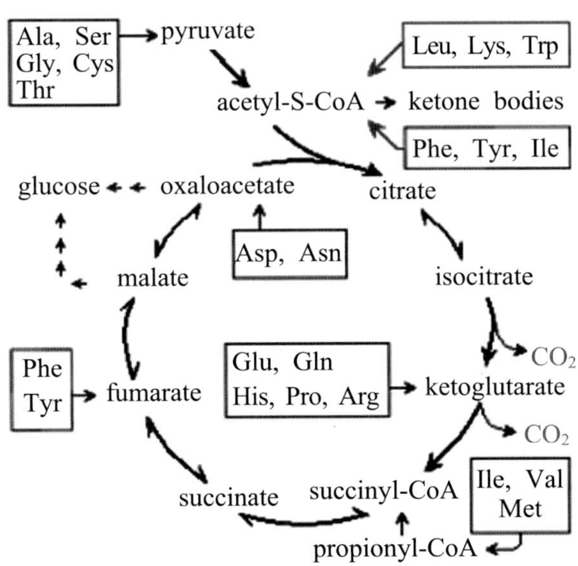

그림 4-4. 아미노산의 시트르산회로로의 유입

루이신이다. 이들은 아세틸-CoA를 형성하여 에너지를 생산하거나 지방으로 합성된다. 그러므로 단식을 하면 몸의 단백질은 소모가 되어, 당을 만들고, 아세틸-CoA를 많이 형성하면 지방의 소모가 적어진다. 당은 몸의 단백질을 보존하는 기능이 있으나 지질은 그러한 기능이 훨씬 약하다.

(2) 아미노기의 배설

1) 뇨소의 합성

간에서 대사되는 아미노산의 아미노기는 탄산과 결합하여 물에 잘 녹는 중성의 뇨소(urea, NH_2-CO-NH_2)를 만들고, 혈액을 통하여 신장으로 운반된 뇨산은 사구체를 통하여 뇨중으로 배설된다. 대사로는 그림 4-5와 같다.

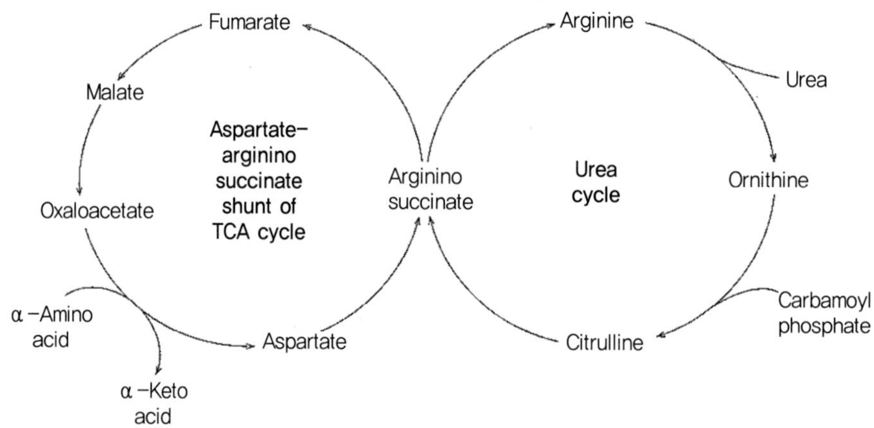

그림 4-5. 아미노기의 뇨소 합성 경로

2) 크레아틴(creatine)의 합성

크레아틴은 신장과 간에서 아르기닌과 글라이신, 메티오닌으로부터 만들어지는 아미노산인데, 근육에서 에너지를 저장하는 작용을 한다. 즉, 에너지를 ATP 형태로 가지고 있다고 사용하여 ADP가 되면, 크레아틴인산(creatine phosphate)의 인산을 즉시 ADP로 보내어 ATP를 생산하는 작용을 한다. 이는 근육이 무산소운동(anaerobic exercise)을 할 때 유용하게 사용하는 에너지 형태이다. 이 creatine은 뇨중으로 사람마다 근육량에 비례하여 매일 일정하게 배설되므로 신장 기능을 측정하는 중요한 도구가 된다.

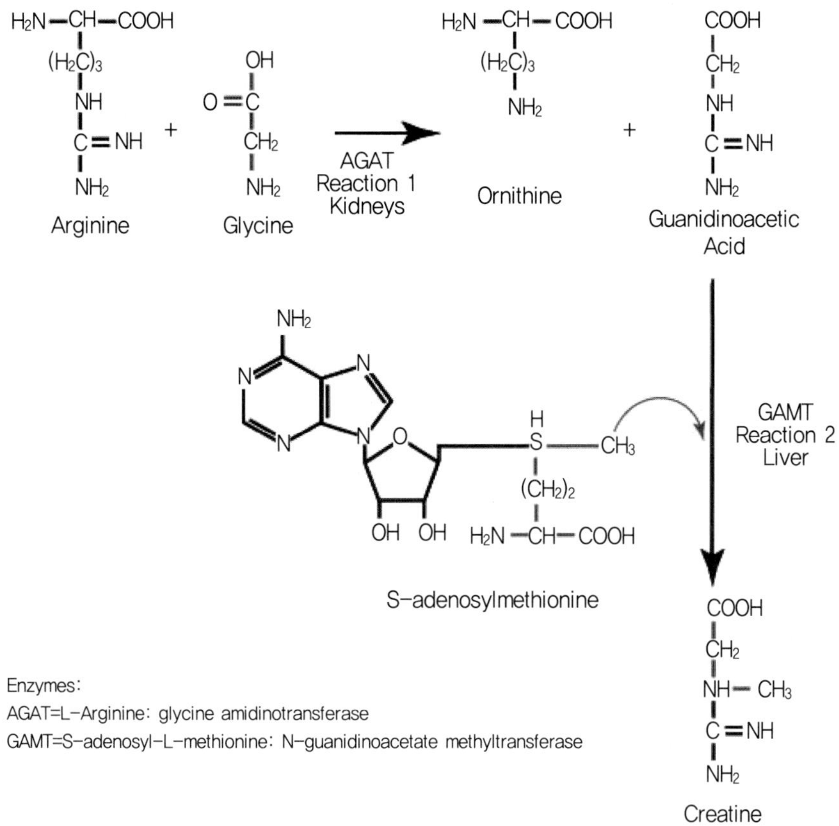

그림 4-6. 크레아틴의 합성

4. 질소균형(nitrogen balance)

섭취한 질소의 양과 배설되는 질소의 양의 균형을 말한다. 성인에서 보통은 서로 균형을 이루고 있으나, 체내에서 질소가 감소하는 부의 균형(negative nitrogen balance)은 화상, 발열, 조직 손상, 소모성 질환이나 오랜 기아나 단식과 노인에서 일어난다. 이는 영양부족의 한 지표라고 할 수 있다. 양의 질소균형(positive nitrogen balance)은 성장기의 어린이, 임신한 사람에서 보이나, 정상 성인에서는 보기가 쉽지 않고 근력운동을 열심히 하는 사람에서 근육이 비대해질 때 나타난다.

(1) 단백질의 섭취 기준

단백질의 필요량은 남녀 모두 0.66 g/kg으로 하여 평균체중으로 계산하면 남자는 45 g이고, 여자는 35 g이다. 권장섭취량은 여기에 변이계수를 적용하여 55 g 및 45 g이다. 이 변이계수는 단백질의 질과 사회상황을 감안하여 정하였다.

(2) 단백질의 필요량에 영향을 미치는 요인

신체의 활동과 조직의 유지를 위하여 단백질 필요량에 영향을 주는 요인은 다음과 같다.

1) 체격

근육은 체중의 절반 가량을 차지하고 있는데, 이 근육세포는 일정기간 활동 후 죽고, 그 자리에 새로운 근육을 만들므로 이 새로운 근육을 만들므로 근육이 많을수록 단백질이 더 많이 필요하다.

2) 연령

신체를 구성하는 세포의 주성분은 단백질이다. 새로운 조직을 계속 만들어 가는 데 단백질을 더 많이 요구한다. 섭취한 단백질의 1/3 정도가 새로운 조직을 만드는데 사용된다. 그러므로 성장기에 단백질이 부족하면 이의 성장이 장애를 받게 된다.

3) 식이 중 에너지 섭취정도

적절한 에너지(당질과 지질) 공급은 단백질의 필요량을 낮추어 준다. 에너지가 부족하면 단백질을 에너지원으로 사용한다.

4) 단백질의 질

생물가가 낮은 단백질은 더 많이 섭취해야 하고, 생물가가 높은 단백질은 필수 아미노산이 적절히 들어있어 단백질의 필요량이 감소한다.

5) 신체의 건강 상태

신체는 성장 외에도 수술이나 소모성 질환에 걸리면, 새로운 조직을 만들고, 신체 방어를 하는데 많은 단백질이 필요하다.

6) 스트레스

스트레스에 노출되면, 체내 단백질의 파괴가 증가하여 뇨중 질소 배출이 증가한다. 그러므로 스트레스에 노출되면 단백질의 필요량이 늘어나므로 10% 정도를 더 가산하여 단백질 권장량을 정하고 있다.

5. 단백질의 영양이상

(1) 단백질 부족

콰시오커(kwashiokor)병과 같이 필수아미노산의 부족이나 단백질의 섭취가 부족할 때, 이는 칼로리의 부족도 따라오지만, 성장 발달이 되지 않고, 면역에 대한 저항력이 약하여 감기가 자주 걸리고, 감염에 약하다. 알부민의 합성이 되지 못하면, 혈액의 삼투압이 유지되지 못하여 부종(edema)이 생긴다. 머리카락이 가늘어지고, 많이 빠지고, 색깔이 붉은 색이나 노란색이 되는 것도 단백부족에 의해 나타나는 현상이다.

마라스무스(marasmus)병은 단백과 에너지가 동시에 부족하여 발생하는 질환으로 뼈와 가죽만 남아, 체온 저하, 탈수, 감염으로 쉽게 사망한다.

(2) 단백 과잉

비만: 단백 섭취가 과잉이 되면 단백이나 아미노산은 축적이 되지 못하므로 에너지원은 지방으로 전환되어 축적이 되어 비만을 초래한다.

신장질환의 악화: 과잉의 단백섭취는 질소 성분(BUN, creatine)은 배출이 되어야 하므로 이에 따른 신장의 부담이 커지고, 신부전 등이 악화된다.

심장질환: 동물성 단백의 과잉 섭취는 단백과 함께 보이지 않는 지방의 섭취로 고지혈증에 따른 심장질환의 발생이 높다.

여러 가지 암: 동물성 단백질의 과잉 섭취 시에는 세포의 증식이 촉진되고,

보이지 않는 지방의 섭취가 증가하고 비만이 초래되어 대장암, 유방암, 전립선암의 발생이 높다.

골다공증: 단백질의 과잉 섭취는 상대적으로 칼슘의 배설을 증가시켜서 칼슘부족을 가져와 골다공증을 초래할 수가 있다. 그러므로 이때는 칼슘의 섭취를 증가시켜야 한다.

참고문헌

1. 김영경 외: 간호와 영양, 현문사, 2004
2. 이영순, 이정실, 이현옥: 고급 영양학, 광문각, 2007
3. 채범석: 고급 영양학. 아카데미출판사, 1996
4. Gropper SS, Smith JL: Advanced Nutrition and Human Metabolism. 5th ed. Wadsworth Publishing. 2008
5. Hoffman PL, Tabakoff B: Alcohol dependence: a commentary on mechanisms. Alcohol Alcohol 31 (4): 333-40. 1996
6. Meisenberg G, Simmons WH: Principles of Medical Biochemistry 2nd ed. Mosby. 2006
7. Murray RA, Bender DA, Botham KM, Kennelly PJ, Rodwell VW, Weil PA: Harper's illustrated biochemistry 28th ed. McBraw Hill. 2009
8. Nelms M, Sucher KP, Lacey K, Roth SL: Nutrition Therapy and Pathophysiology 2nd ed. Brooks Cole. 2010
9. Nelson DL, Cos MM: Lehninger Principles of Biochemistry. 5th ed. Freeman. 2008

핵산(nucleic acid)

제5장

핵산(nucleic acid)은 염기가 당과 인산과 결합된 뉴클레오타이드(nucleotide)가 중합된 거대분자이다. 주로 세포핵에 있는 DNA와 리보좀을 구성하고 있는 RNA로 나누고, 이의 세포에서의 역할도 약간 다르나, 거의 모든 세포에서 세포핵과 리보좀을 구성하고 있어 식품에는 빠지지 않고 들어있는 성분이다. 이 핵산은 보통 영양학에서 한 단원을 형성하지 못하는 것은 이들이 단백질과 당, 인산으로부터 모두 합성되어 필수적으로 섭취해야 하는 성분이 아니기 때문에 영양학적인 가치가 적어서 교과서에서는 논의되지 않고 있다. 그러나 이는 모든 식품의 구성 성분으로 섭취되면 췌장으로부터 핵산가수분해효소(DNase, RNase)가 유리되어 뉴클레오타이드로 되고, 소장의 상피세포의 알칼리 인산분해효소(alkaline phosphatase)와 뉴클레오티드분해효소(nucleotidase)의 작용을 받아 인산이 가수분해된 뉴클레오시드(nucleoside) 형태로 흡수된다. 이들 뉴클레오시드는 이 형태로나 더 분해된 퓨린(purine)과 피리미딘(pyrimidine)의 염기로 세포에 들어가 다시 핵산을 구성하여 세포의 증식과 재생 및 여러 가지 역할을 하게 된다. 이들의 영양학적인 의의는 단백으로부터 핵산을 만들어 세포를 증식하는 것 보다 훨씬 효율이 있어, 단백질의 보충효과가 있고, 또한 고 농도의 뉴클레오시드나 염기들은 이들이 활성물질로 작용할 가능성이 높아 시중에서 핵산식품의 유용성을 이야기하고 있다.

1. 핵산의 종류와 구성

DNA(deoxyribonucleic acid): 세포핵의 핵심요소이고, 4가지의 d-뉴클레오타이드가 에스터결합으로 서로 연결된 사슬 2가닥이 서로 결합되어, 유전정보를 저장하고 있다.

RNA(ribonucleic acid): 유전정보를 세포내에서 단백으로 발현시키는 3가지 기구, 즉 m-RNA, t-RNA, r-RNA로 구성되는데, 이도 4가지의 뉴클레오타이드가 한가닥으로 연결된 형이다.

표 5-1. 핵산의 구성요소

base	nucleoside	nucleotide	Abbreviation	construct
adenine	adenosine	adenosine monophosphate	AMP	DNA & RNA
guanine	guanosine	guanosine monophosphate	GMP	DNA & RNA
cytosine	cytodine	cytodine monophosphate	CMP	DNA & RNA
thymine	thymidine	thymidine monophosphate	TMP	DNA only
uracil	uridine	uridine monophosphate	UMP	RNA only

2. 염기(nucleobase)

핵산을 구성하고 있는 기본 구성 화합물로 그 구조는 질소기를 갖는 방향족환(aromatic ring)을 구성하는 것으로, 환상구조가 하나인 것을 피리미딘(pyrimidine base)로, 이중환을 갖는 것을 퓨린(purine base)이라고 한다.

(1) 피리미딘(pyrimidine base)

피리미딘에는 DNA를 구성할 때는 시토신(cytosine)과 티민(thymine)을, RNA를 구성할 때는 시토신대신 우리실(uracil)로 구성한다.

피리미딘의 합성은 글루타민으로부터 시작을 해서 카바모일 인산(carbomoyl phosphate)을 통해 만들어지는 신생합성(de novo synthesis)과 기존의 피리미딘으로부터 만들어 지는 재이용 경로(salvage pathway)가 있다(그림 5-1). 이의 분해는 아미노기를 뇨소를 만들어 배설한다.

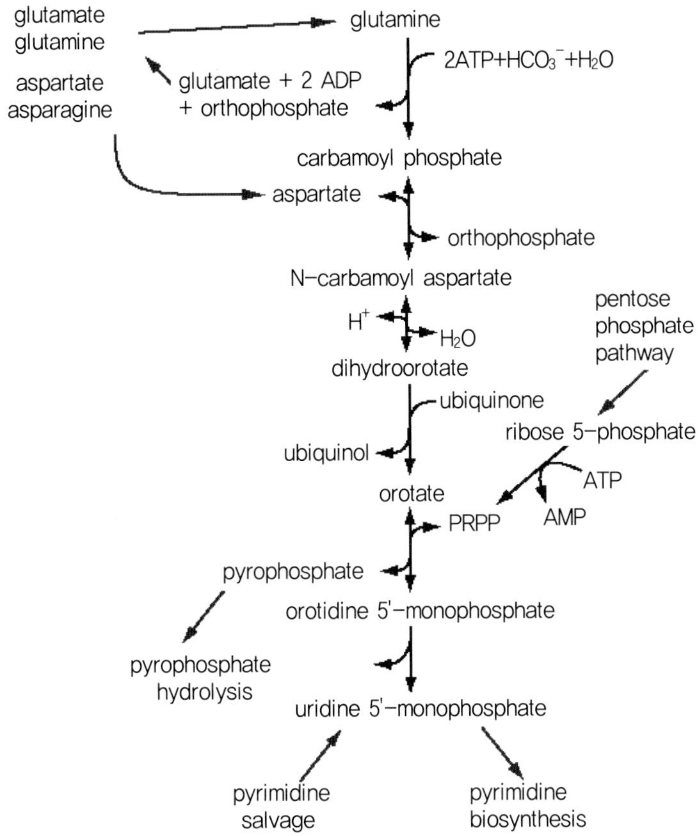

그림 5-1. 피리미딘의 합성경로

(2) 퓨린(purine base)

퓨린의 구성에는 아데닌(adenine)과 구아닌(guanine)으로 구성된다. 퓨린환은 생합성될 때 아미노산인 글리신 1분자와 아스파트산 1분자, 글루타민이 2분자 참여하고, 또한 엽산과 탄산이 참여하여 합성하게 되는 복잡한 과정을 통하여 이루어 진다(그림 5-2). 이 과정 중에 inosinate(IMP)가 만들어지고, 또한 재이용 경로도 이를 통한다.

이들 퓨린의 분해시 산틴(xanthine)과 하이포산틴(hypoxanthine) 그리고 이노신(inosine)이 형성되고 이후 뇨산(uric acid)로 되어 배설된다. 그러나 이 뇨산은 물에 잘 녹지 않아 조직 중에 많이 있으면 결정을 형성하여 통증을 유발한다. 관절에 뇨산이 침착되어 급성 통증을 유바하는 통풍(gout) 환자는 이

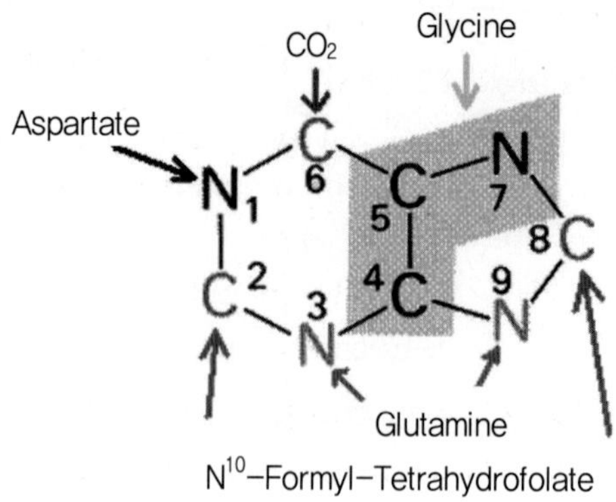

그림 5-2. 퓨린의 구조와 이의 합성에 관여하는 인자

퓨린의 섭취를 제한해야 한다. 그러나 이 뇨산은 항산화작용이 아주 큰 물질이어서 그 생리적 의의도 크다.

이노신(inosine)은 감칠맛을 배가시키는 것으로 다른 핵산에 비하여 그 감칠맛을 내는 작용이 아주 크다.

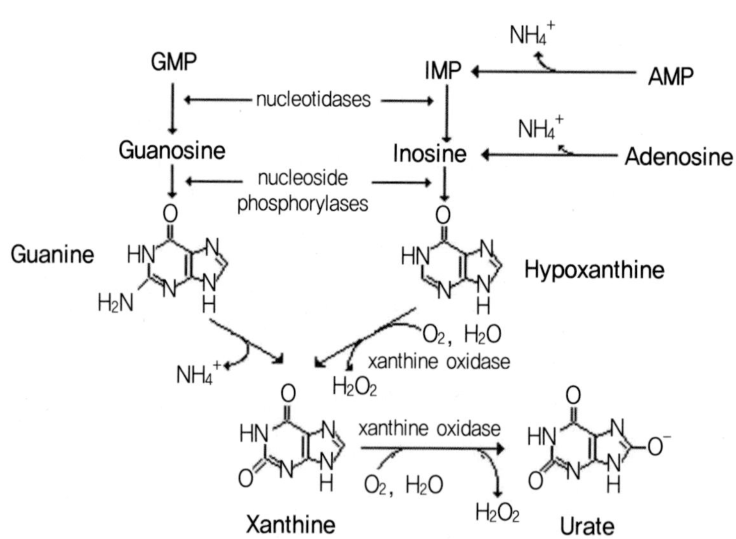

그림 5-3. 퓨린으로부터 뇨산의 생성과정

3. 뉴클레오사이드(nucleoside)

뉴클레오베이스(nucleobase)에 리보스(ribose)나 디옥시리보스(deoxyribose)가 결합된 글리코실아민(glycosylamine)을 말한다. 아데노신, 구아노신, 디옥시아데노신, 디옥시구아노신 등으로 불린다.

4. 뉴클레오타이드(nucleotide)

뉴클레오시드에 인산이 결합된 것이 뉴클레오타이드인데 이들의 중합체가 DNA 또는 RNA가 된다. 이들 뉴클레오타이드는 체내에서의 작용은 효소의 보효소(coenzyme)로 작용한다. CoA, NADH, NADPH, FMN, FADH, 이들 인산의 결합 정도에 따라 adenosine-monophosphate (AMP), adenosine diphosphate (ADP), adenosine triphosphate (ATP)가 되어 활동한다. 또한 cAMP와 cGMP 등은 세포내 신호전달자로서 세포의 활성을 조절하는데 아주 중요한 뉴클레오타이드이다.

5. 핵산(DNA와 RNA)

핵산이 많은 식품은 동물성 식품의 내장 즉 창자, 간, 지라, 알집, 정소 등 세포의 증식이 많은 곳에 핵산이 많이 있다. 그러나 근육은 세포핵이 근육단백질 량에 비해 아주 적으므로 핵산이 거의 없는 조직이다.

6. 핵산의 영양이상

(1) 핵산의 부족증

핵산은 생체 내에서 만들어지기 때문에 이의 부족에 관한 보고는 없으나, 단백질이 부족하면 이들로부터 만들어지는 핵산이 부족하여 세포의 증식이 잘 안되어 머리칼이 빠지고, 소화가 잘 안 된다. 상처와 수술 부위가 빨리 아물지 않는다. 그러므로 핵산 식품의 섭취는 단백 섭취를 보충한다. 항암제의 투여 시와 큰 수술 후, 소모성 질환이 있을 때는 단백의 섭취와 함께 핵산의 섭취가 큰 도움이 된다.

(2) 핵산의 과다증

과량의 핵산의 섭취는 퓨린 염기로부터 생산되는 뇨산의 증가로 신장의 뇨산석이 생길 가능성이 높고, 통풍(gout) 환자에서는 혈중의 뇨산이 증가하여 관절낭에 침착하여 통증 발작을 유발한다.

참고문헌

1. 일본 유전자영양 연구소 엮음, 박영호 역: 핵산으로 몸속에서 젊음을 찾는다. 교학사. 2007
2. Gil A: Modulation of the immune response mediated by dietary nucleotides. 56: S1-S4. 2002
3. Grimble GK: Why are dietary nucleotides essential nutrients? British J Nutr 76: 475-478. 2007
4. Loades C, Denby N: Nucleotides: Do they have a role in human health? NHD 37, 10-13. 2008
5. Meisenberg G, Simmons WH: Principles of Medical Biochemistry 2nd ed. Mosby. 2006
6. Murray RA, Bender DA, Botham KM, Kennelly PJ, Rodwell VW, Weil PA: Harper's illustrated biochemistry 28th ed. McBraw Hill. 2009
7. Nelms M, Sucher KP, Lacey K, Roth SL: Nutrition Therapy and Pathophysiology 2nd ed. Brooks Cole. 2010
8. Nelson DL, Cos MM: Lehninger Principles of Biochemistry. 5th ed. Freeman. 2008

비타민(vitamins)

제6장

탄수화물, 지질, 단백질이 에너지원이고 필수적인 것은 일찍이 알았으나, 이들에 속하지 않는 외부에서 섭취하지 않아 체내에서 부족하면 질환이 걸리는 꼭 필요한 유기화합물이 있음을 알고, 이들을 비타민이라고 정의 하였다. 여기에는 수용성과 지용성으로 구분된다. 수용성 비타민에는 비타민 B군과 비타민 C가 있으며, 지용성 비타민에는 비타민 A, 비타민 D, 비타민 E와 비타민 K가 있다. 이들의 생체내의 요구량은 지극히 적은 양들이나 이들이 부족하면 각 비타민에 따른 특정한 여러 증상이 나타난다.

(1) 비타민 전구체(provitamin)

우리 생체내에서도 비타민을 형성하는 전구물질을 말한다. 비타민A로 전환되는 카로텐(carotene), 비타민 D로 전환되는 에르고스테롤이나 콜레스테롤, 나이아신(niacin)을 만드는 트립토판은 모두 비타민 전구체이다.

(2) 비타민 길항제(vitamin antagonist)

우리 생체 내에서 비타민의 흡수를 억제하거나 이의 작용을 억제하는 물질을 비타민 길항제라고 한다. 비타민 K를 억제하는 항응고제들[예, 디쿠마롤(dicoumarol)], 엽산의 작용을 억제하는 항암제인 메토트렉세이트(methotrexate,

MTX), 비타민 B_6를 억제하는 결핵약 이소니아지드(isoniazid)와 비타민 B_6의 흡수를 억제하는 아비딘(avidin) 등이 있다.

(3) 비타민과 호르몬

지용성 비타민은 그 작용방식이 지용성 호르몬의 작용방식과 유사하여 세포핵에서 단백의 발현을 조절하여 작용한다. 또한 활성형 비타민 D는 혈중 칼슘의 농도를 일정하게 유지하는데 부갑상선호르몬과 균형을 유지하며 작용한다.

(4) 비타민과 효소

수용성 비타민의 대다수는 효소의 활성부위에 결합하여 조효소로 작용하여 물질대사를 조절한다.

표 6-1. 비타민B군의 작용과 조효소

비타민 B군	조효소	반응 양식
B_1, thiamine	thiopyrophosphate(TPP)	oxidative decarboxylation
B_2, riboflavin	FAD, FMN	oxidation/reduction
B_3, panthothenic acid	coenzymeA(CoA)	acyl group transfer
B_6, pyridoxin	pyridoxal phosphate(PLP)	amino group transfer
B_{12}, cobalamin	5-deoxyladenosylcobalamin	intramolecular rearrangement
niacin	NAD, NADP	oxidation/reduction
folic acid	TH4	one-carbon group transfer
biotin	biotin	carboxylation

1. 지용성 비타민

지용성 비타민은 지질에 녹아서 같이 흡수되고 조직에 축적이 되어, 과량을 섭취할 때는 독성이 나타난다. 여기에는 비타민 A와 비타민 D는 보효소라기보다 호르몬 양식으로 작용하며 축적되면 독성도 나타낸다. 비타민 K는 보효소처럼 작용하고, 비타민 E는 항산화작용을 나타낸다.

(1) 비타민 A(vitamin A, retinol)

비타민 A는 레티놀(retinol)과 이의 산화물인 레티날(retinal)과 레티노인산(retinoic acid)을 통칭한 용어이고 이들은 동물 조직 특히 간에 많이 축적되어 있어 보통 1년 치 사용량이 있다. 식물에는 비타민 A의 전구물질인 베타-카로텐(β-carotene)이 있는데 장내세균에 의하여 레티날이 되어 흡수된다. 그러나 이는 전부 변환되어 흡수 되지는 않기 때문에 1 μg RE(retinol equivalent)는 1μg 레티놀, 6μg 베타-카로텐이고 12 μg의 기타 카로텐을 말한다. 100 국제단위(international unit; IU)는 30 μg RE이다.

레티놀은 망막의 간상세포에서 로돕신(rhodopsin)을 구성해 빛을 감지하는 작용을 한다. 비타민 A가 부족하면 초기에 밤눈이 어두워진다. 레티노인산은 이의 수용체인 RAR이나 RAX와 결합하여 유전자 발현을 조절한다. 이로 상피세포의 성장과 분화를 촉진한다.

비타민 A의 부족은 각막연화(keratomalacia)를 초래하고, 각질화(keratinization) 되면 맹인이 된다. 비타민 A의 부족은 저개발국가의 어린이에서 많이 나타

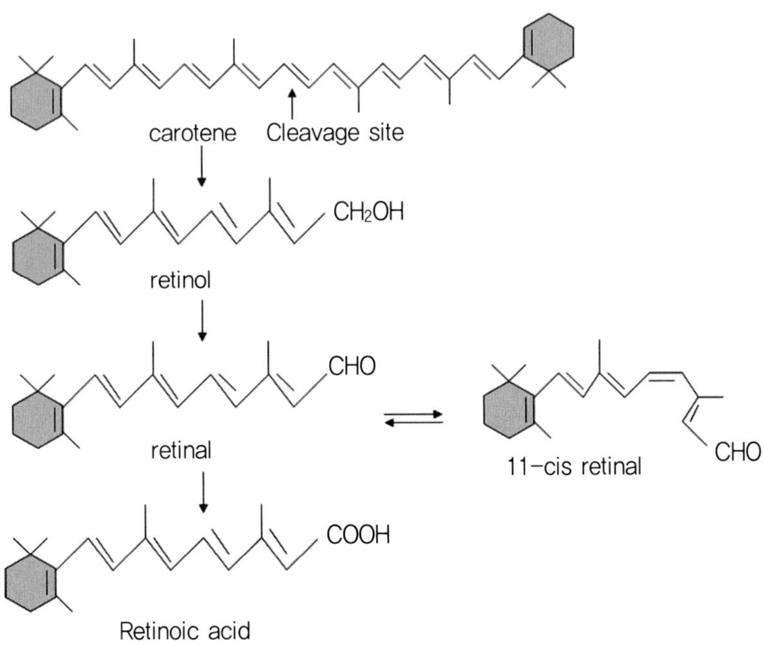

그림 6-1. 비타민A의 변환

나는 영양질환이다. 지방 흡수를 못하는 간질환, 소화성질환과, 술을 과용하는 경우에도 부족증이 나타난다.

비타민 A 과다증은 비타민제의 과용(매일 30 mg 이상, 또는 한번에 150 mg 이상)으로 두통, 구토, 어지럽고, 흐릿하게 보이는 등의 증상과, 간비대, 피부가 거칠어지고, 골다공증 등으로 발전한다.

(2) 비타민 D(vitamin D, calciferol)

비타민 D (calciferol)는 햇볕을 잘 쏘이면 생성되는 호르몬이나 보통 부족하여 식사로 섭취하여야 한다. 식물 식품에서 에르고칼시페롤(ergocalciferol, 비타민D_2)로 섭취하나, 동물은 전구물질인 7-dehydroclesterol가 피부에서 자외선에 의하여 콜레칼시페롤(cholecalciferol, 비타민D_3)로 된다. 이들 비타민D가 간에 저장되고 또한 25번 탄소에 수산화되고 25(OH)calciferol(calcidiol), 신장에서 1번 탄소가 수산화되어 1,25$(OH)_2$ calciferol(calcitriol)로 완전히 활성형이 되어 호르몬으로 작용한다. 즉 장과 신장 세뇨관 상피세포에서 칼슘의 흡수를 돕는 단백을 합성하고, 골세포의 활성을 조절하게 된다. 100 IU는 2.5 µg의 비타민 D이고, RDA는 400 IU이다.

햇볕을 보지 못하는 유아와, 겨울철 같은 때 부족하기 쉽다. 또한 간이나 신장의 손상으로 활성형이 되지 못하여도 부족증이 나타난다. 유아에서 부족하면 구루병(rickets)이 생기고, 성인에서 부족하면 골연화증(osteomalacia)이 발생하여 뼈의 통증이 오고, 골절이 되기 쉽다.

비타민 D 과다증은 비타민제의 과용(매일 50 µg)으로, 식욕 감퇴, 어지럽고, 구토, 두통, 부정맥 등 고칼슘혈증, 석회화가 잘 일어나고, 신장 결석이 생긴다.

(3) 비타민 E(vitamin E, tocopherol)

비타민 E의 종류에는 α, β, γ, δ의 4 종류의 토코페롤(tocopherol)과 토코트리엔놀(tocotrienol)이 있어 항산화제로 작용한다. 이중에 알파-토코페롤(α-tocopherol)의 항산화능력이 가장 크다. 이들은 세포막에 있어 지질의 지방산라디칼을 소거하고 산화된 토코페롤은 비타민 C(ascorbate)나 글루타치온

(glutathione)에 의하여 환원된다. 이는 신경의 손상 억제, 항암작용, 혈중콜레스테롤을 줄여주는 효과가 있다고 하나 아직 임상적인 확증은 없다.

아스파라거스, 아보카도, 시금치, 호두, 참기름, 계란, 우유 등에 많이 들어있다. 온도, 햇볕에 약하다.

이의 부족은 실험적으로 쥐에서 불임을 초래한다고 하나 사람에서 이의 부족증은 드물다.

이의 과량에 의한 증상은 극히 드무나, 비타민 K를 억제하는 작용을 하여 출혈을 일으킨다. 그러므로 큰 수술 2주 전후에는 항혈전제와 함께 비카민 E의 과량복용도 피한다. 이의 최대복용량은 1,000 mg/일이다.

(4) 비타민 K(vitamin K, phylloquinone, menaquinone)

이는 혈액의 응고(Koagulation)를 하는 비타민이어서 vitamin K가 되었다. 이의 종류는 식물에서 발견되는 것을 비타민 K_1(필로퀴논, phylloquinone), 장내 세균들이 만들어 내는 것을 비타민 K_2(메나퀴논, menaquinone)이고 합성한 제재의 하나는 비타민 K_3(메나디온, menadione)로 명명하였다.

간에서 만들어 지는 혈액 응고인자 단백이 글루탐산 잔기의 감마-탄소에 카복실(carboxyl)기를 붙어서 2개의 카복실기가 칼슘이온(Ca^{+2})과 결합할 수 있게 한다(그림 6-2). 칼슘이온과 결합하여 작용하는 프로트롬빈(prothrombin), 인자(factor) VII, IX, X 등이 작용할 수 있게 한다. 이외에도 뼈의 오스테오칼신(osteocalcin)과 GMP단백(matrix Gla protein)에 작용한다.

장내 세균들이 비타민 K를 만드나, 시금치, 십자화과 채소, 아보카도, 키위와 콩기름 등에도 들어있다.

성인에서는 이의 부족증이 거의 없으나, 신생아와 간의 손상, 장내세균 감염, 수술 등에 의하여 부족할 수 있다. 그러면 출혈에 의한 월경과다, 빈혈, 멍 등이 나타난다. 골다공증, 관상동맥 질환이 연관되어 있다. 항응고제인 쿠마린(coumarin) 등의 해독제로 쓰인다.

필로퀴논과 메나퀴논에 의한 독성은 거의 없으나, 메나디온의 과량복용에 의하여 심한 황달이 나타난다.

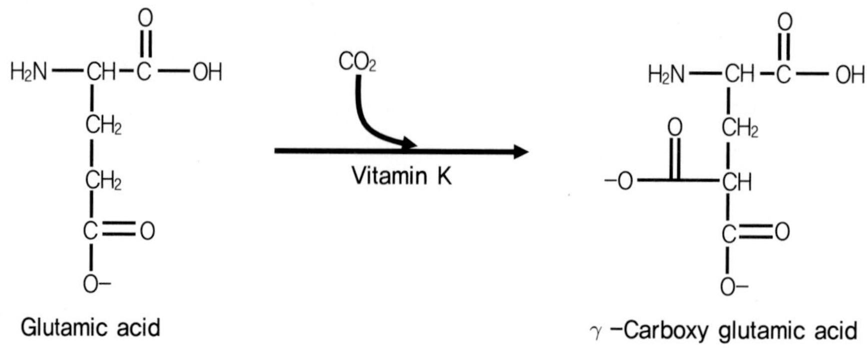

그림 6-2. 비타민K의 r-glutamyl carboxylase의 보완인자

2. 수용성 비타민

수용성 비타민의 특징은 물에 잘 녹아 체내에서 잘 축적되지 않으므로 이의 과량 섭취에 의한 독성이 잘 나타나지 않아 자주 섭취해야하는 비타민이다. 이들은 거의 모두 체내에서 활성으로 바꾸어져 효소단백과 결합하는 조효소(coenzyme)의 작용을 한다.

비타민 B 군에는 티아민(thiamine), 리보플라빈(riboflavin), 나이아신(niacin), 피리독신(pyridoxin), 엽산(folic acid), 코발라민(cobalamin), 비오틴(biotin), 판토테인산(patothenic acid)과 리포산(lipoic acid)이 있다. 또한 비타민C의 화학명은 아스코르빈산(ascorbic acid)이다.

(1) 티아민(thiamine, vitamin B_1)

처음으로 그 구조가 밝혀진 비타민으로 이의 부족이 각기병을 가져오고, 티아민을 투여하면 각기병이 치료된다. 체내에서 티아민 파이로포스페이트(thiamine pyrophosphate) 형의 보효소가 되어 피루브산 탈수소효소(pyruvate dehydrogenase) 등 당대사와 단백대사에 관여한다.

이는 곡류의 배아에 많이 있으며, 해바라기 씨, 케일 등의 십자화과 채소에 많이 있으며, 계란과 고기의 간에 많이 있다.

티아민이 조금 부족할 때는 힘이 없이 노곤하고, 체중 감소 등이 일어나며, 많이 부족하면 각기병(beriberi)가 걸리는데, 이는 ATP생성이 잘 안되어 신경

손상과 심혈관의 이상이 오는 증상이다. 술을 많이 마시고 영양소의 섭취가 부족할 때, 베르니케뇌증(Wernicke's encephalopathy) 등 뇌신경세포의 이상이 초래된다.

(2) 리보플라빈(riboflavin, vitamin B_2)

리보플라빈(riboflavin, vitamin B_2)은 열, 산 및 산화에는 강하나 빛에 의해서 빨리 파괴된다. FAD, FMN의 활성형이 되어 산화환원반응의 보효소로서 작용한다. 그러므로 산화적인산화 반응(oxidative phosphorylation)으로 ATP의 생산에 직접 관여하여 정상적인 성장과 발달을 돕는다.

동식물계에 널리 분포한다. 간, 신장, 우유, 및 야채에 많이 있으나 곡류에는 적고, 발아를 시키면 증가한다.

리보플라빈의 부족증은 구각염(cheilosis), 설염(magenta tongue), 지루성 피부염 등이 나타나고 다른 비타민 B군의 부족증과 함께 나타난다.

(3) 나이아신(niacin, vitamin B_3)

나이아신(niacin, vitamin B_3)은 카복실기를 갖는 피리딘(pyridine)유도체로 니코틴산으로도 불리었으나 담배의 주성분인 니코틴(nicotine)과 구별하기 위하여 niacin(nicotinic acid-vitamin)으로 다시 명명되었다. 그 활성형은 NAD와 NADP이며 산화환원효소의 보효소로 작용한다. NADH는 산화적 인산화반응으로 ATP를 생산한다. NADPH는 환원력을 나타내어, DNA와 단백 및 지방의 합성을 하는데 필요한 에너지이다. 그러므로 이들은 피부, 장세포의 증식과 신경의 기능 유지에 관여한다.

옥수수를 주식으로 하는 곳에서 부족증이 오는데, 이는 옥수수에는 나이아신과 함께 트립토판이 결핍되어 있다. 트립토판 60 mg이 나이아신 1 mg을 체내에서 생산한다. 술은 나이아신의 흡수를 억제하여 이의 부족을 가져온다. 이의 결핍은 설사(diarrhea), 피부염(dermatitis), 치매(dementia)와 죽음(death)을 가져온다는 4D가 특징인 펠라그라(pellagra)를 일으킨다.

(4) 피리독신(pyridoxin, vitamin B_6)

이 비타민은 피리독신, 피리독살(pyridoxal)과 피리독사민(pyridoxamine)의 3

가지 형태가 있으며, 이들의 인산염이 활성화형으로 아미노산을 전이하는 아미노 전이효소(aminotransferase)의 보효소로 작용한다. 그러므로 세로토닌(serotonin), 도파민(dopamine), 에피네프린(epinephrine), 히스타민(histamine) 등 활성아민의 합성과 트립토판으로부터 나이아신의 합성, 또한 스핑고신(sphingosine), 힘(heme)의 합성에도 참여한다. 장내세균에 의하여 생산되므로 보통 부족증이 일어나지 않는다. 식품에는 효모, 쌀겨, 곡물, 콩, 유제품에 많이 들어있다.

결핵치료제인 isoniazid(INH)가 이와 경합하여 결핍을 가져온다. 그러므로 이약의 치료 시에는 피리독신의 처방이 필요하다. 부족하면 피부염, 신경염, 경련, 빈혈 등이 유발한다.

(5) 엽산(folic acid)

엽산의 활성형인 tetrahydrofolic acid (FH_4)가 여러 가지 메틸기 같은 일탄소기(one-carbon moiety; 그림 6-3)를 전이하는 효소의 보효소로 작용한다. 이들 반응은 헴(heme)의 합성, 퓨린 염기의 합성 등에 관련한다. 그러므로 적혈구의 생산과 함께 DNA와 RNA의 합성이 일어나는 세포의 증식과 발달에 관여한다.

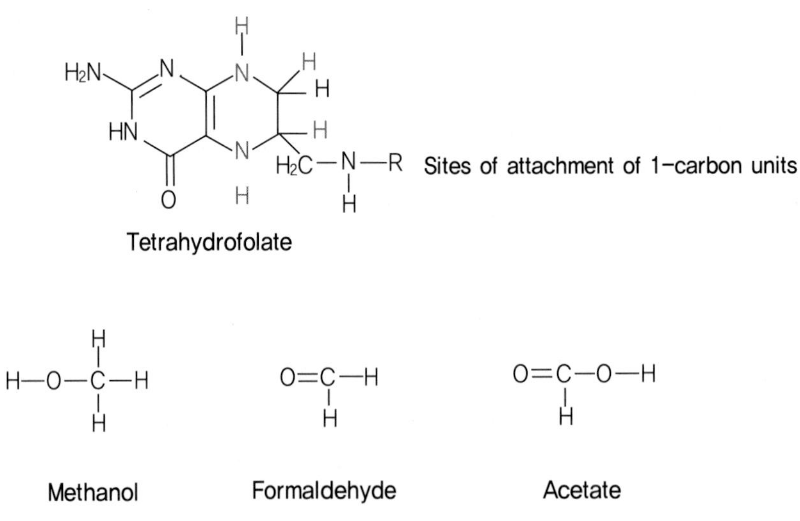

그림 6-3. 활성형 엽산(FH_4)와 이와 결합하는 1탄소기

시금치 같은 채소와, 버섯, 효모와 동물의 간, 신장 등에 많이 분포한다. 장관내 세균에 의하여 합성되므로 일반적으로 부족하지 않는 편이다. 그러나 흡수가 잘 안되는 소화기 질환이나, 항암제인 MTX를 사용하는 경우, 임신과 같은 요구가 많거나, 간질환이나 투석 등으로 그 소실이 많을 때, 부족하게 되면 거대아구성 빈혈(megaloblastic anemia)가 발생한다.

(6) 비타민 B_{12} (cobalamin)

비타민으로 정제된 것은 시아노코발라민(cyanocobalamin)이나 생체 내에서는 아데노실코발라민(adenosylcobalamin), 메틸코발라민(methylcobalamin), 하이드록실코발라민(hydroxylcobalamin)의 형태로 세균들이 만들어낸다. 비타민 B_{12}는 메틸 테트라히드로엽산-호모시스테인 메틸기전달효소(methyltetrahydrofolatehomocysteine methyltransferase)의 보효소로 작용하여 호모시스테인을 제거하고, TH_4를 재생한다. 이 TH_4가 혈색소를 만들어 적혈구의 생산하고 신경의 작용을 유지한다.

식물성 식품에는 없고, 동물의 간에 많이 들어있다. 발효식품에는 세균들이 성장하므로 비타민 B_{12}가 많이 증가한다. 장내세균에 의하여 만들어지므로 부족하지 않는 편이다. 이의 흡수에는 위의 벽세포에서 분비되는 당단백인 내인자(intrinsic factor)가 있어야 회장에서 흡수된다.

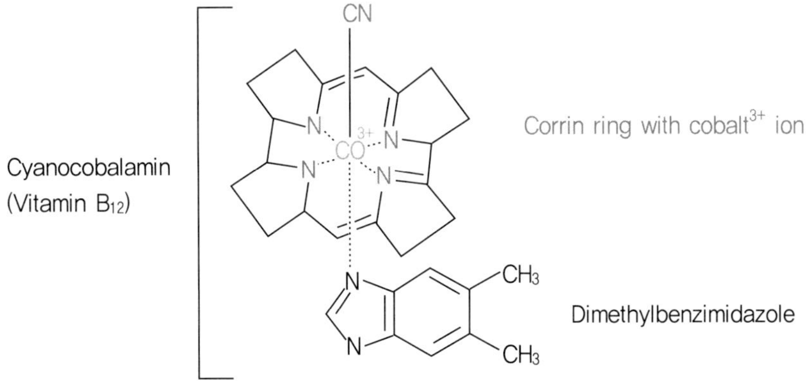

그림 6-3. 시안노코발라민의 구조

위의 절제 등으로 내인자가 없을 때, 회장의 절제나 과량의 음주로 흡수가 되지 못할 때 악성빈혈(pernicious anemia)을 유발한다. 채식주의자는 비타민 B_{12}의 보충제를 섭취해야 한다.

(7) 비오틴(biotin)

비오틴은 피루브산 카복실라아제(pyruvate carboxylase)와 아세틸-CoA 카르복실라제(acetyl-CoA carboxylase)의 보효소로 작용하여 CO_2를 붙여주는 작용을 하여 당신생반응과 지방 합성에 관여한다. 많이 있는 음식은 난황과 간이며, 또한 장내 세균들이 생산하므로 결핍증상이 잘 나타나지 않는다.

날계란에 있는 아비딘단백은 비오틴과 강력히 결합하여 이의 흡수를 억제한다. 이 비타민의 결핍은 피로, 식욕부진, 근육통, 고콜레스테롤증 등이 나타난다.

(8) 리포산(lipoic acid)

리포산은 유황원소(S)를 갖는 카르복실기를 갖는 지방산이다. 피루브산 탈수소효소(pyruvate dehydrogenase) 등의 보효소로 작용한다. 또한 항산화작용을 하는 것으로 보고되고 있다. 거의 모든 식품에 들어있으며 간, 신장에 많으며, 채소와 효모에도 많이 있다. 부족하면 유아에서 발달장애가 올 수 있다.

(9) 판토텐산(pantothenic acid)

판토텐산은 체내에서 시스테인과 ATP와 결합하여 조효소A(coenzyme A, CoA)를 형성하여 아실기를 전이하는 역할을 한다. 피루브산 탈수소효소의 보효소로 작용하여 아세틸-CoA를 형성한다. 그 이름처럼 거의 모든 식품에 있고 또한 장내세균에 의하여 합성되어 부족증을 볼 수 없다. 부족한 경우 여드름과 감각이상이 올 수 있다.

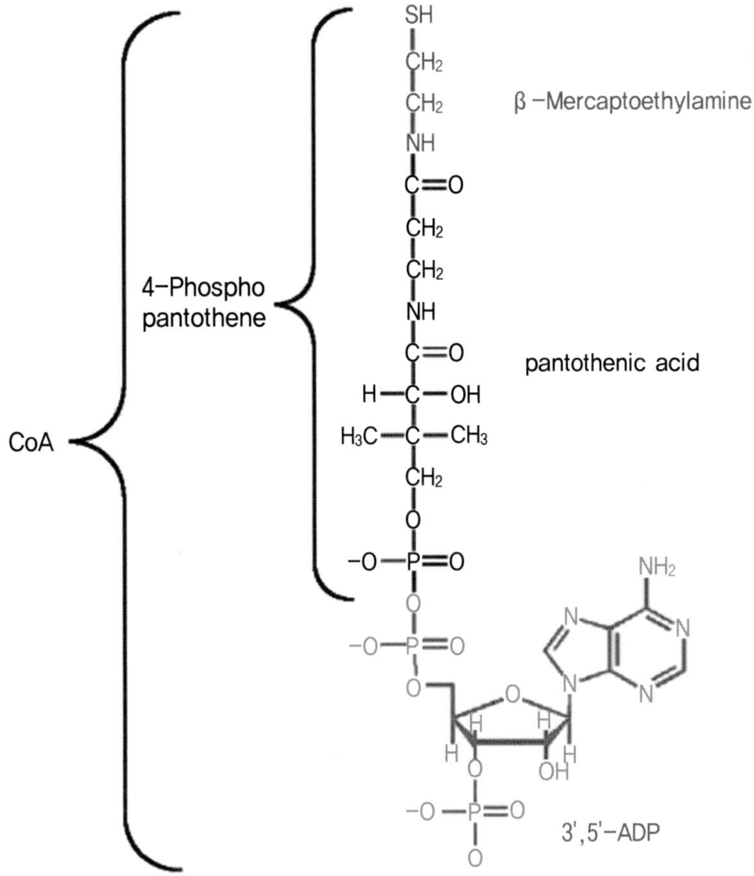

그림 6-4. 판토텐산을 포함하는 조효소A의 구조

(10) 비타민 C(아스코르빈산, ascorbic acid)

당으로 된 산으로 물에 잘 녹고, 열, 산, 알카리에 잘 분해되는 불안정한 비타민으로 조리 과정중에 잘 분해된다. 여러 수산화효소(hydroxylase)가 관여하는 산화환원반응에 참여한다. 프롤린(proline), 라이신(lysine)-수산화효소(hydroxylase)의 보조인자(cofactor)로 작용하여, 콜라겐의 하이드록시프롤린(hydroxyproline), 하이드록시라이신(hydroxyllysine) 잔기를 형성하여 콜라겐간에 공유결합을 형성하여 튼튼한 혈관을 만든다. 항산화작용은 산화력이 큰 히드록실 라디칼(hydroxyl radical)에 전자를 전달하여 이 라디칼을 제거하고 자기는 안정된 데히드로아스코르브산(dehydroascorbic acid)으로 산화됨으로 이루어진다. 철을 2가 철로 환원하여 장에서의 흡수를 촉진한다. 일일권장량은 50 mg인데, 화상이나, 골절, 수술이나, 소모성 질환에서 이의 요구량이 증가한다. 일부에서 1,000 mg 또는 10,000 mg을 먹으면 항암작용이 있다는 극히 일부의 주장이 있다.

감귤에 많고, 시금치 등 야채의 생장점에 많이 있다.

오랫동안 신선한 채소 등을 섭취하지 못하면 부족증이 오기 쉽다. 부족하면 잇몸에서 피가 나는 괴혈병(scurvy)을 일으킨다. 대용량(megadose)으로 많이 먹으면 체내에서 수산으로 변환되어 신장결석 등이 우려되나 실제적인 문제는 없다. 이는 아스코르빈산이 물에 잘 녹아 배설되며, 또한 과량을 섭취해도 장에서의 흡수는 제한되어 있다.

참고문헌

1. 김영경 외: 간호와 영양, 현문사, 2004
2. 이영순, 이정실, 이현옥: 고급 영양학, 광문각, 2007
3. 채범석: 고급 영양학, 아카데미출판사, 1996
4. Gropper SS, Smith JL: Advanced Nutrition and Human Metabolism. 5th ed. Wadsworth Publishing. 2008
5. Hark L, Morrison G: Medical Nutriotion and Disease. 4th ed. Wiley-Blackwell. 2009
6. Meisenberg G, Simmons WH: Principles of Medical Biochemistry 2nd ed. Mosby. 2006
7. Murray RA, Bender DA, Botham KM, Kennelly PJ, Rodwell VW, Weil PA: Harper's illustrated biochemistry 28th ed. McBraw Hill. 2009
8. Nelson DL, Cos MM: Lehninger Principles of Biochemistry. 5th ed. Freeman. 2008

무기질(minerals)

제7장

영양학에서의 무기질은 유기화합물을 구성하는 탄소(C), 수소(H), 산소(O), 질소(N)를 제외한 다른 원소들을 말하고 이들은 보통 수용액에서 이온(ion)의 형태를 취하며, 이들의 적절한 섭취가 건강에 유익한 것을 말한다. 그래서 이들은 거의 모두 필수 영양소가 된다. 이들의 요구량이 많은 것은 대량무기질(macromineral)이고, 여기에 속하는 무기질은 나트륨(Na), 칼륨(K), 칼슘(Ca), 마그네슘(Mg), 클로라이드(Cl), 인(P), 유황(S)이다. 요구량이 적은 것을 미량무기질(micromineral)이라고 하는데 여기에 속한 것은 망간(Mn), 철(Fe), 코발트(Co), 닉겔(Ni), 구리(Cu), 아연(Zn)의 천이원소와 요드(I), 셀레늄(Se)이다.

주기율표상에 필수 무기질을 고딕체로 표시하였다.

H																	He
Li	Be											B	*C*	*N*	*O*	F	Ne
Na	Mg											Al	Si	P	S	Cl	Ar
K	Ca	Sc	Ti	V	Cr	**Mn**	**Fe**	**Co**	**Ni**	**Cu**	**Zn**	Ga	Ge	As	**Se**	Br	Kr
Rb	Sr	Y	Zr	Nb	**Mo**	Tc	Ru	Rh	Pd	Ag	Cd	In	Sn	Sb	Te	I	Xe
Cs	Ba	La	Hf	Ta	W	Re	Os	Ir	Pt	Au	Hg	Ti	Pb	Bi	Po	At	Rn
Fr	Ra	Ac	Rf	Db	Sg	Bh	Hs	Mt	Ds	Rg							

(1) 무기질의 일반적 기능

첫째 체조직을 구성한다. 결체조직인 뼈와 치아를 구성하는데 유기물질도 있지만, 칼슘, 마그네슘, 인 등의 무기물이 많은 부분을 형성한다. 다른 무기질이 체내에 있어 각 조직들을 형성한다.

둘째 생체 기능을 조절한다. 체액의 pH, 및 삼투압을 조절하는 것은 주로 체내액과 체외액에 있는 1가 이온인 나트륨과 칼륨이 조절한다. 칼슘과 마그네슘을 포함하여 세포의 활성을 조절하여 신경전달, 호르몬 분비 등 생체기능을 조절한다.

셋째는 촉매적 기능이 있다. 철, 구리, 아연 등은 효소의 보조인자로 작용하여 여러 반응을 촉진하고, 산소를 운반한다.

(2) 산성 식품, 알카리성 식품

식품을 산성 식품, 알카리성 식품으로 나누기도 하는데 이는 식품의 실제 산성도(pH)로 나누지 않는다. 식품을 태워서 거기에 남은 재를 물에 녹여서 녹인 물의 산성도를 가지고 산성식품, 알카리성 식품으로 나눈다. 즉 재로 태워 남은 무기질의 조성에 따라 달라진다. 태워서 남은 양이온을 나타내는 나트륨, 포타슘, 칼슘, 마그네슘은 물에 녹아 모두 알카리성을 나타내게 되는데, 인, 황은 남아서 인산, 황산이 되므로 이들의 많으면 산성식품, 이들이 적으면 알카리성 식품이 된다. 단백질은 보통 황, 인이 많고, 곡류는 인이 많아 모두 산성식품이고, 과일과 채소는 이들이 적고 칼륨과 마그네슘이 많아 알카리식품이다. 과일은 주석산, 타타르산 등이 많아 실제 산성이나, 이 식품은 인, 황이 적고 포타슘, 칼슘이 많아 알카리성 식품이다. 산성식품, 알카리성 식품의 섭취와 우리 체액의 산염기 평형과는 아무 상관이 없다.

1. 대량무기질(macromineral)

(1) 나트륨(소디움, sodium, Na^+)

하루 요구량(RDA)은 1.5 g(4 g 소금)인데 보통 5-15 g을 섭취한다. 이는 체외액의 주 1가 양이온으로 삼투압(osmotic pressure)을 유지하고, 세포내에서는 탈분극을 유도한다. 보통 식염으로 섭취하는데, 간장, 된장, 고추장과, 김치, 젓갈, 국으로 많이 섭취한다.

소금의 섭취가 직접 고혈압을 일으킨다는 직접적인 증거는 없다. 세포외액의 과량의 Na^+은 신장으로 배설하기 때문이다. 그러나 통계적인 보고에 의하면, 20% 정도 혈압을 상승시키는 것으로 나와 있다. 또한 골다공증, 부종, 소화성 궤양 등의 위험인자로 간주되고 있다.

저나트륨혈증(hyponatremia)은 지속적인 구토, 설사, 땀을 많이 흘린 경우, 물을 상대적으로 많이 섭취할 때 일어나는 물중독으로 나타난다. 이의 증상은 두통, 메스꺼움, 구토, 어지러움, 근육통, 피로이고 심하면 사망한다.

고나트륨혈증(hypernatremia)은 소금을 많이 먹어서라기보다 물을 제대로 섭취하지 못해 일어나는 경우가 많다. 이의 증상은 구토, 설사, 과도한 발한, 혼미, 발작, 사망에 이른다.

(2) 칼륨(포다슘, potassium, K^+)

세포내의 주 1가 양이온으로 세포내 기능을 유지한다. 세포외에 적은 양이 있으나 이의 농도변화는 세포내외의 농도변화를 심하게 일으켜 신경전달, 근수축, 혈관 탄력에 영향을 끼친다. 발유기의 어린이, 임산부, 수유부에서는 더 많은 포타슘이 요구된다.

RDA는 4.7 g으로 채소와 과일, 콩류, 토마토와 육류 등으로 섭취한다.

저칼륨혈증(hypokalemia)은 구토, 설사, 신장질환, 이뇨제 등으로 칼륨의 소실이 많은 경우에 나타난다. 드물게는 과일이나 채소를 적게 먹어 나타나기도 한다. 이러한 경우 근 쇠약, 피로, 변비, 다뇨가 오고, 부정맥을 일으킬 수 있다.

고칼륨혈증(hyperkalemia)은 만성신부전에서 혈액투석을 제대로 못 받거나, 받은 경우에 지나치게 많은 칼륨을 받은 경우 나타나, 손발이 저리거나, 근 쇠약, 일시적 근 마비가 오고 심한 경우에는 심실세동으로 심정지를 일으킨다.

(3) 칼슘(calcium, Ca^{2+})

칼슘은 체내에 1 kg 정도 있으며, 99%는 뼈에 있다. 골경의 칼슘은 미세한 결정인 hydroxyapatite($Ca_{10}(PO_4)_6(OH)_2$)의 구성성분으로서 뼈의 강도를 높인다. 남은 1%는 뼈와 치아 이외에 조직과 체액 중에 포함되어 신경전달, 근수축의 조절, 혈액의 응고, 산염기 평형조절 등 세포의 활동을 조절하는 중요한 작용을 하고 있다.

칼슘이 많이 들어있는 식품은 유제품, 멸치 등, 뼈째 먹는 작은 어류와 야채류 등이다.

장에서 칼슘의 흡수는 회장에서 일어나는데, 비타민 D의 의존 칼슘결합단백에 의하여 칼슘의 흡수가 촉진된다. 피트산(phytic acid), 옥살산(oxalic acid) 등 유기산에 의하여 흡수가 억제된다.

칼슘의 배출은 대변, 소변, 땀으로 배출되는데, 대변의 칼슘은 음식으로부터 흡수가 안 되는 부분과, 소화액으로 분비되는 량이 포함된다. 소변으로 배출되는 것은 하루 200 mg으로 일정한 편이나, 산성 혈증이 되었을 때는 뼈의 칼슘이 녹아나와 증가된 것을 부가하여 배설하게 된다. 땀에 의한 배출은 15-35 mg으로 적은 편이나, 땀의 배출이 아주 많은 경우는 200 mg 이상이 되기도 한다.

표 7-1. 우리나라의 칼슘 권장량

분 류	RDA (mg)
0-6개월 영아	400
6-12개월 영아	600
1-5세 유아	800
6-10세 소년, 소녀	800-1200
11-24세 청소년	1200-1500
25-65세 성인 남자	1000
25-50세 가임기 여성	1000
65세 이상 남자	1500
임산부, 수유부	1200-1500
폐경기 여성	1500

혈중의 칼슘 조절은 부갑상선 호르몬(parathyroid hormone), 칼시토닌(calcitonin)과 비타민 D 등의 호르몬 작용에 의해서 일어나며, 식이 칼슘에 의해서는 조절 받지 않는다.

성인에서는 장기간에 걸친 칼슘 섭취의 부족에 의하여 뼈의 칼슘이 혈액으로 오랫동안 나오게 되면, 골다공증(osteoporosis)이 발생하여 골절 등이 일어나기 쉽다. 어린이에서는 비타민 D의 결핍이나, 칼슘의 섭취 부족이 구루병(rickets)을 일으킨다. 구루병은 어린이의 뼈가 제대로 형성이 되지 않아 뼈가 굽고, 골단의 염주가 생기고, 뼈의 통증이 있다.

고칼슘혈증(hypercalcemia)는 부갑상선 호르몬의 과도한 활동, 비타민 D의 과도 섭취 등으로 일어나고, 탈수, 힘 없음, 메스꺼움, 구토 등을 일으킨다. 고칼슘섭취에 의해 변비가 유발되고, 고칼슘뇨에 의한 신장결석의 위험이 증가한다.

(4) 클로라이드(chloride, Cl^-)

소금으로 Na^+의 섭취 시 같이 섭취되며 피동적이어서 영양학적인 의의는 적다. 세포외액 음이온의 2/3를 차지하여 삼투압, 산-염기 평형에 역할한다.

설사, 다량의 땀, 잦은 구토 등으로 NaCl의 소실과 HCl의 소실로 일시적인 대사성 알카리증이 나타난다. 근 쇠약이 일어나며, 심해지면 근 경직이 일어난다.

(5) 인(phosphorus)

인은 뼈도 형성하고, 세포내에서는 ATP, NADP, TPP 등을 형성하고 기타 단백의 활성을 조절하는 등 체내에서 그 함량이 많고 중요한 작용을 하는 무기질이나, 칼슘에 결합한 형이나, 여러 음식물의 핵산 형태로 많이 있어 영양학적인 의의는 적다. 인은 우유, 치즈, 육류, 난황 등에 많이 들어있다.

인의 결핍은 드무나, 제산제를 오랫동안 복용하거나, 오랫동안 정맥주입으로 영양을 공급 받거나 할 때에 인이 결핍되면 식욕부진, 근 쇠약, 뼈 통증, 전신 무력감이 나타난다.

인의 섭취가 많으면 칼슘의 섭취를 방해하여 칼슘부족을 유발할 수 있다.

(6) 황(sulfur)

황을 갖는 아미노산(cysteine, methionine)이 있고, 비타민인 리포산, CoA에도 있다. 또한 철-황 클러스터(iron-sulfur cluster)나 동-황 클러스터가 시토크롬 c 산화효소(cytochrome c oxidase)에 작용한다. 식물유기물인 알리신(allicin)에 있으며, 세균들이 만드는 페니실린(penicillin), 세팔로스포린(cephalosporin) 같은 항생제들도 황을 포함한다.

단백질 섭취가 충분하면 이의 부족증은 나타나지 않는다. 이는 육류, 달걀, 우유 등에 많이 들어 있다.

2. 미량무기질(micromineral)

(1) 마그네슘(magnesium, Mg^{2+})

체내 마그네슘의 60%는 뼈에 있고, 39%가 세포내에서 작용하고, 1% 정도만 혈액에 있다. 세포내에서 ATP와 킬레이트되어, ATP를 사용하는 효소는 모두 마그네슘을 필요로 한다고 할 수 있다.

채소, 코코아, 차, 곡류에 많다. 식물의 엽록소는 마그네슘과 결합되어 있어 채식을 하면 부족함이 없다. 고단백, 피틴산(phytate), 인산(phosphate) 등이 이의 흡수를 억제한다.

마그네슘 부족은 드물지만, 흡수가 안 되는 소화기질환, 장관 절제, 이뇨제, 신장 질환 등에서 부족한 경우가 있다. 피로, 무기력, 힘 없음, 어눌해지고, 빈맥, 발작 등이 온다.

신장 투석시 과량의 마그네슘 보충이 고마그네슘혈증을 일으키어 메스꺼움, 근 쇠약, 저혈압, 숨쉬기 힘들고, 부정맥을 일으킨다.

(2) 망간(manganise, Mn^{2+})

미량원소이나 아르기나아제(arginase), Mn-SOD, 피루브산 카복실라제(pyruvate carboxylase), 글루타민 합성효소(glutamine synthase)의 보조인자(cofactor)이다. 아주 미량만 요구되어 그 부족증이 보고되지 않고 있다. 과량의 망간에 노출되면 구리나 니켈보다 그 독성이 낮으나 파킨슨씨병이나 정신

증상이 일어난다.

(3) 아연(zinc, Zn^{2+})

생체에서 철 다음에 많이 부족한 금속이다. 수많은 효소(carbonic anhydrase, carboxypeptidase)와 결합하며, 전사인자(transcription factor, zinc-finger domain)와 결합하여 작용하며, 세포내의 메탈로티오네인(metallothionein)과 결합하여 저장되어 있다. 생체 내에서의 작용이 다양하다.

아연의 여러 외용제는 자외선 차단제, 베이비파우더, 치약, 샴푸 등에 쓰이며, 항생제의 작용이 있다.

육고기, 간에 많이 있고, 식물에는 쌀눈, 깨, 콩, 호박씨 등 씨앗에 어느 정도 분포한다. 노인, 채식주의, 신부전 환자가 위험군이고, 흡수 장애가 있다던지, 오랜 소모성 질환에서 부족하기 쉬우며, 입맛이 없고, 설사, 털 빠짐, 성장장애, 발기부전 등 다양한 증상이 나타난다.

과량의 아연 흡수는 철과 동의 흡수를 억제하며, 이들 부족 증상과 함께 아연에 의한 신경의 손상으로 후각소실이 보고되고, 나른하며, 운동실조가 온다.

(4) 철(iron, Fe^{+2} 또는 Fe^{+3})

신체에서 3-5 g이 들어있는 철(iron, Fe)은 70%는 산소를 운반하는 혈색소(hemoglobin)의 힘(heme)으로 작용하고, 그 외 보효소로 작용하며 영양학적으로 중요하다. 혈장에서는 트랜스페린(transferin)과 결합하여 운반되며, 약 20%가 간, 비장, 골수 세포내의 페리틴(ferritin)과 결합하여 저장되어 있다.

식품 중 동물성 식품에서는 힘철로 공급되어 장에서의 흡수가 잘 된다. 이 힘철이 많은 곳은 혈액, 간장, 근육 등이다. 식물성 식품에는 콩 녹황색 채소에 많이 있으나, 무기철로 되어 있어 흡수율이 떨어진다.

힘철은 흡수율이 15-35%이고, 무기철은 흡수율이 3-8%이다. 이러한 철 흡수율을 올리는 제일 큰 인자는 체내의 철의 요구량이고, 흡수촉진자는 비타민 C, 육류 같은 동물단백, 위산도, 알콜 등이 철분의 용해도 즉 해리를 시켜 흡수를 돕는다. 억제인자는 인, 수산염, 피트산(phytic acid), 지방산, 알카리성(제산제)과 설사 등이다.

소변으로 배설되는 철분은 거의 없다. 땀, 대변 외에도, 피부, 털, 손톱 등의 탈락으로 소모되며 가임여성에서는 생리혈로 많은 양이 소실되므로 여성 빈혈의 제일 큰 원인이 된다. 성인 남성들은 과다한 출혈 등의 병적 상태가 아니면 부족한 경우가 거의 없다.

권장량은 평균 흡수율 10%를 감안하여 10 mg을 권장하여 가임여성은 15 mg 이다.

철분결핍증은 가장 흔한 영양 결핍이며, 만성 출혈이 있어, 피곤하고, 핼쓱하며, 힘이 없고, 검사상으로는 소구성 저색소 빈혈(microcytic hypochromic anemia)가 일어나며, 혈중 페리틴의 감소, 혈중 철의 감소이다. 처방은 하루 30-60 mg이다.

철분과다증은 신체가 흡수율을 조절하므로 중독증은 거의 없다. 아동 들이 급성 중독이 일어나 위장관 경련, 동통, 오심, 구토, 경련이 일어날 수 있다.

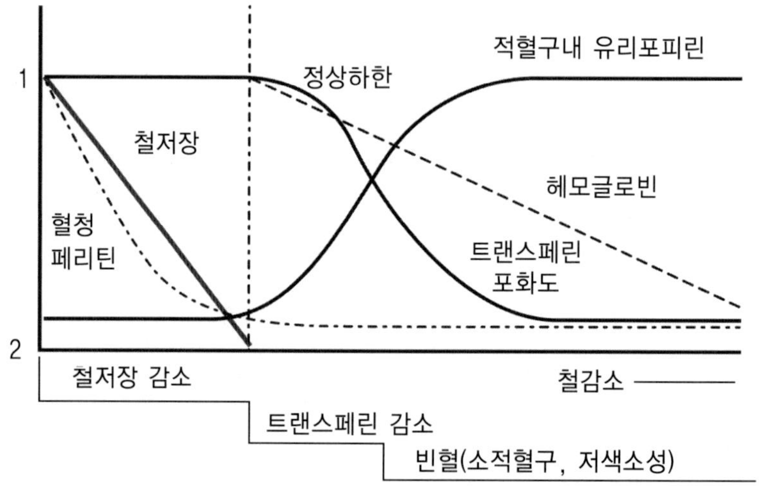

그림 7-1. 체내 철 감소에 따른 혈중 지표의 변화

(5) 구리(copper, Cu^{+})

시토크롬 산화효소(cytochrome oxidase)와 SOD의 보조인자로 작용한다. 미량이 요구되고, 셀루로플라즈민(celluloplasmin)에 결합하여 운반된다. 흡수되

는 데에는 아연과 경합한다. 부족하면 철의 흡수를 억제하여 빈혈의 증상과 지방간이 나타난다. 과량이면 구리가 침착하여 간과 뇌의 이상을 보이는 윌슨씨(Wilson) 병이 일어난다.

(6) 코발트(cobalt, Co^{3+})

코발트는 비타민 B_{12}에 결합하여 작용하는 것만 생리적인 것으로 알려져 있다. 이는 발암물질로 알려지고, 또한 피부도 부식한다. 맥주 거품을 잘 유지시켜주는데 쓰이는 코발트로 인해 생기는 음주자 심근병증이 보고되었다.

(7) 닉켈(nickel)

뇨소(urea)를 분해하는 요산분해효소(uricase)와 어떤 SOD는 닉켈을 보조인자로 사용하나, 사람에서는 닉켈의 작용이 알려져 있지 않다. 코발트와 마찬가지로 발암물질이고, 피부도 부식한다. 이 작용은 크롬과 마찬가지다.

(8) 몰리브데늄(molybdenum)

산틴 산화효소(xanthine oxidase)의 보조인자로 작용한다. 식물에서는 질소고정에 관여한다. 몰리브데늄이 없는 비경구 영양투여를 오래하는 경우에만 부족증이 생겨 신경증상이 온다. 과량은 피부 과민 반응이 나타난다.

(9) 크롬(chromium)

크롬은 아주 미량 원소이고 이는 포도당 내당인자(glucose tolerance factor)로 알려지고 있다. 펩티드와 결합 크로모듈린(chromodulin)을 형성한다. 크롬 부족증은 비경구영양으로 올 수 있으며, 내당성이 떨어지고, 체중 감소가 일어난다.

(10) 요오드(옥도, iodine, I^-)

요오드는 생체내에서 갑상선 호르몬(thyroid hormone)을 만들어 그 생리적 작용을 나타낸다. 즉 에너지 대사를 촉진시키며, 대사율을 높이고, 단백질 합성 등에 작용하여, 성장을 촉진하고, 생식기능에도 작용한다. 이는 미역, 김

등 해조류에 많이 포함되어 있다.

부족하면 갑상선기능저하증(hypothyroidism)이 일어난다.

요드팅크는 피부 발진을 가져오고, 포비돈(povidone)은 화학적 화상을 가져오거나 아나피락시스 쇼크(anaphilaxis shock)를 유발하는 경우가 있다.

(11) 셀레늄(selenium, Se^-)

글루타치온 퍼옥시다제(glutathione peroxidase) 등 항산화효소에서 셀레노시스테인(selenocysteine)을 갖는 단백에서 작용한다. 육고기, 간, 신장 등 동물성 식품과 해산물에 많고 곡류 등에서는 토양의 셀레늄 함량에 비례한다.

중국 케산지방이 셀레늄이 없는 지방에서 셀레늄 부족이 일어난다고 하여 케산(Keshan)병인데, 심근 병변, 근육약화가 일어난다.

토양에 셀레늄이 과량 들어 있는 지방에서 셀레늄 중독증(selenosis)이 일어난다. 두피 가려움, 두발, 손톱 갈라짐, 저림, 경련, 마비가 온다.

(12) 불소(fluoride, F^-)

치아의 칼슘아파타이트와 결합하여 훨씬 단단한 구조를 만들므로 치약에 첨가한다. 불소는 항정신성 약물(fluophenazine), 항비루스 약물(tipranavir), 항생제(ofloxacin), 마취제(halothane)에도 포함되어 있다. cytochrome p450 oxidase와 결합 약물의 대사를 억제한다.

과량이면 불소과잉증(fluorosis)으로 반상치가 생기며, 치아가 오히려 약해진다. 영양소라 할 수 없다.

3. 독작용이 강한 중금속

이들 중금속이나 중금속유사물은 체내에서의 유용한 작용은 없으나 이의 독작용만 알려져 있으며, 오염된 물 등에 의하여 생물체내에 축적되어 음식물로 흡수되어 그 독작용을 나타낸다.

(1) 수은(mercury, Hg)

수은은 액상 금속이나 오염된 토양이나 물에서 사는 생물로부터 축적이 이루어진다. 참치나 상어 등에 축적이 많이 되어 이를 많이 먹는 사람도 수은 중독이 되기 쉽다. 일본에서 발생한 미나마따병(minamata disease)은 말초신경 병증이 나타나 감각이상이 있고, 작게 보이며, 잘 들리지 않으며, 말도 어눌하며, 심해지면 마비와 혼수가 와서 죽게 되는 병이다.

(2) 납(lead, Pb)

납 중독은 산업재해로 많이 유발된다. 매연이나, 페인트 등 여러 가지 물질에 있어 이들 종사자들이 많이 걸리는 급, 만성 중독이다. 밥맛이 없고, 구토, 빈혈, 체중 감소, 근육통, 복통 등으로 시작해서, 간, 신장 기능 부전, 불면, 망상, 환상 등 중추 신경계 증상 등 다양하게 나타난다.

(3) 카드뮴(cadmium, Cd)

카드뮴은 수은처럼 생물체에 축적되어 이들 최고 포식자를 많이 먹을수록 카드뮴 중독이 일어나기 쉽다. 일본에서 일어났던 이따이-이따이병(itai-itai disease)이 카드뮴 중독에 의하여 뼈의 연화가 일어나 뼈통이 심하여 붙어진 이름이다. 이는 또한 신부전을 가져오고 이후 여러 증상들이 나타난다.

(4) 비소(arsenic)

비소는 금속은 아니나, 금속양(metalloid)물질로 인(phosphorus)과 유사한 성상을 가지고 있다. 이는 티올(-SH)기와 결합하여 중요한 효소의 활성을 억제하고 칼슘 통로도 억제하여 이의 축적에 대한 비소중독은 근육과 신경의 이상을 일으켜 심근 이상과 신경계 이상으로 사망케 한다.

이의 축적은 비소 중독을 일으킨다. 항생제가 나오기전 매독의 치료제로 쓰이기도 하고, 지금도 암의 치료에 사용하기도 한다. 비소중독은 한약제나 오염에 의한 물에 의해서도 일어난다.

참고문헌

1. 김영경 외: 간호와 영양, 현문사, 2004

2. 이영순, 이정실, 이현옥: 고급 영양학, 광문각, 2007
3. 채범석: 고급 영양학. 아카데미출판사, 1996
4. Hark L, Morrison G: Medical Nutriotion and Disease. 4th ed. Wiley-Blackwell. 2009
5. Meisenberg G, Simmons WH: Principles of Medical Biochemistry 2nd ed. Mosby. 2006
6. Murray TK, Bender DA, Botham KM, Kennelly PJ, Rodwell VW, Weil PA: Harper's illustrated biochemistry 28th ed. McBraw Hill. 2009
7. Nelson DL, Cos MM: Lehninger Principles of Biochemistry. 5th ed. Freeman. 2008

식물화합물 (phytochemicals)

제 8 장

보통의 식물성 식재료에 들어있는 유기화합물로, 필수적인 영양소로 아직 지정이 되지 않았으며, 보통 항산화작용과 함께 우리 몸에 유익한 여러 부수적인 약리 작용을 갖는다. 이들은 수 천년 동안 병의 치료에 사용되었고, 서양에서는 과학이 발전하면서 단일 성분의 제재로 만들어 지는 알약의 형태를 지니게 되고, 동양에서는 그냥 식물의 형태를 사용하여 약으로 삼았다. 현재에는 음식물의 형태로 섭취함으로서 건강에 도움을 준다. 또는 아직 약의 약리작용이 강하지 않음으로 어느 정도의 정제를 거쳐 건강식품의 형태로 섭취한다.

이들은 식물의 특이한 색상을 나타내기도 하며, 독특한 향과 맛을 낸다. 음식의 가공과정에서 많이 소실되므로 이들의 소실을 막기 위하여 조리 방법을 잘 선택하며 될수록 신선식품을 섭취한다.

보통 약리 작용이 강한 알칼로이드(alkaloid)는 보통 여러 가지 인체에 위해 작용을 주기 때문에 여기에 포함시키지 않는다.

1. 분류

화합물의 구조에 따라 분류하면 다음과 같다.

β-glucans, phenol화합물, terpene화합물, 유기황화물, indol화합물, 유기산과 알칼로이드이다.

이들의 기능적인 분류를 하면 다음과 같다.

항산화물: 대부분의 식물화합물이 갖는 작용이다. 이들 항산화작용이 노화를 방지하고, 면역을 증강시키며, 또한 항염증작용이나, 항암작용들이 보고되고 있다.

식물성 에스트로겐(phytoestrogen): 그 구조가 여성호르몬인 에스트로겐과 유사하고 기능도 일부 가지고 있으나 그 효능은 적다. 제니스테인(genistein), 쿠메스트롤(coumestrol), 실리빈(silybin) 등이 있다.

식물성 스테롤(phytosterol): 동물성 콜레스테롤과 구조가 유사하나, 사람에서는 콜레스테롤의 흡수를 억제하는 작용을 하여 혈중 콜레스테롤을 낮추는 작용이 있어 콜레스타틴(cholestatin)으로 불리기도 한다. 여기에는 캄페스테롤(campesterol), 스티그마스테롤(stigmasterol), 브라시스테롤(brassicasterol) 등이 콩기름, 옥수수 기름에 많이 존재한다.

2. 베타-글루칸(β-glucans)

포도당이 베타 결합을 한 것들이 베타-글루칸이다 이들에 대표적인 것이 셀루로스(β-1,4결합)이나, 효모, 표고버섯 같은 버섯의 균사, 호밀의 눈 등에서 β- 1,3 결합의 당이 나온다. 또한 측쇄가 있는 것은 물에 녹는 것(β-1,3와 β-1,4결합)과 녹지 않는 것(β-1,3와 β-1,6결합)이 있고, 면역보조제의 작용을 하며, 면역력을 높여 항암작용이 있다고 알려지고 있다. 크게 보면 섬유소인데 그들 중 면역을 증강시키는 작용이 있는 것들을 말한다.

3. 페놀화합물

페놀환(phenol ring)을 기본으로 가진 화합물인데 이들의 구조에 따라 모노페놀(monophenol), 폴리페놀(polyphenol)로 나눈다(그림 8-1). 또 폴리페놀은 플라보노이드(flavonoid), 스틸벤(stilbene), 쿠마린(coumarin), 리그난(lignan)과 탄닌(tannin)으로 나눈다. 플라보노이드(flavonoid) 또한 이들의 구조적 특징에 따라 여러 종류의 플라보노이드로 분류된다. 이들은 모두 항산화작용이 강하며, 그 외 몇 가지 생리작용들이 있으며, 독특한 맛과 색깔을 나타낸다.

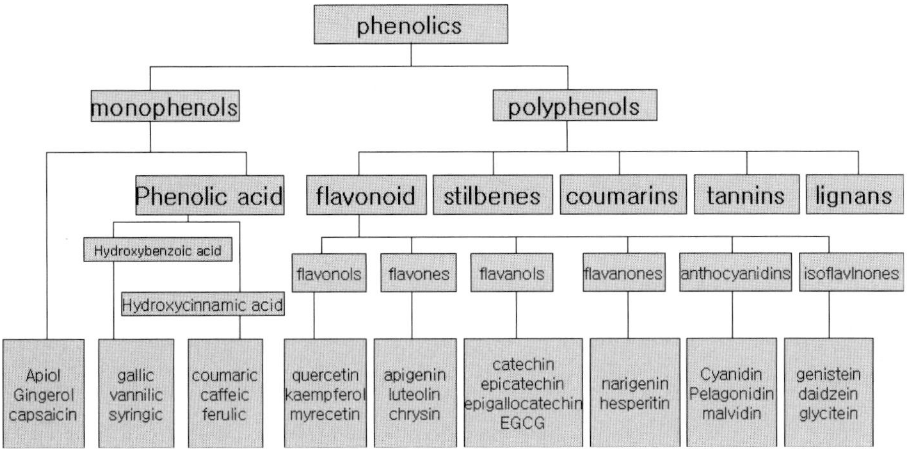

그림 8-1. 페놀화합물의 분류

아피올(apiol): 파슬리의 독특한 향을 나타내는 모노페놀이며, 많이 먹으면 유산(abortion)을 일으킨다.

진저롤(gingerol): 생강에 들어있는 모노페놀이며 독특한 향을 낸다.

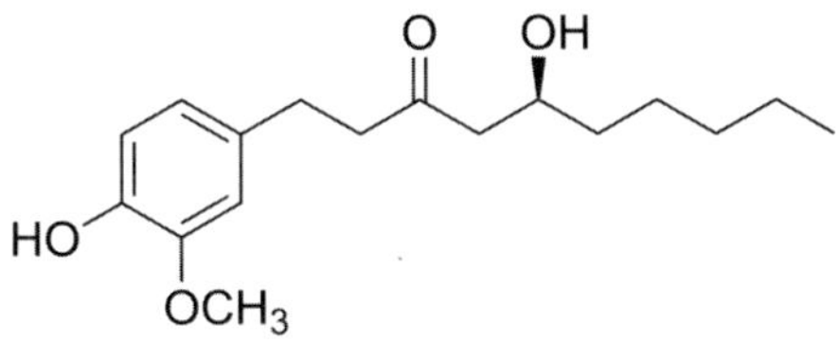

캡사이신(capsaicin): 고추에 있는 페놀유도체로, 바닐로이드 수용체(vanilloid receptor)에 작용하여 탈분극시키면 화끈거림을 느낀다. 통증 억제제의 연고가 사용된다.

갈산(gallic acid): 차, 콩, 망고, 딸기에 많은 페놀산이다.

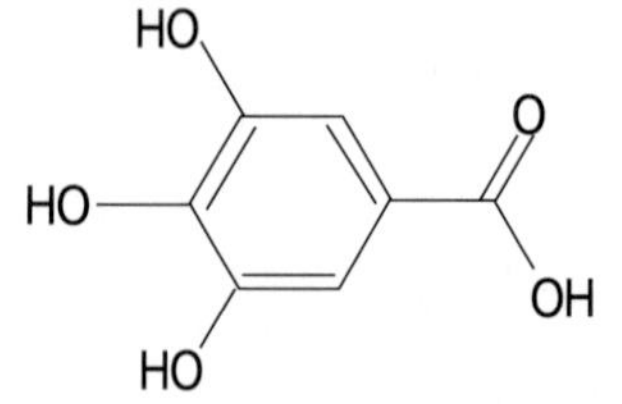

Gallic Acid

바닐린(vanillin): 바닐라에 있는 페놀산으로 독특한 풍미를 낸다. 이는 아이스크림이나, 초코렛에 많이 첨가한다.

살리신산(salicylic acid): 페퍼민트, 땅콩, 감초에 있는 페놀산으로 해열진통 작용이 있다. 아세틸살리신산이 보통 말하는 아스피린이다.

카페산(caffeic acid): 사과, 배, 우엉, 산사, 아티쵸크(artichoke), 바질(basil)등에 있는 하이드록시시나믹산(hydroxycinnamic acid)이다. 카페인(caffeine)과는 연관이 없으며, 항산화작용, 리폭시게나아제(lipoxygenase)의 억제작용 등으로 항암작용, 항염증작용 등 여러 작용이 알려지고 있다.

계피산(cinnamic acid): 계피, 알로에에 들어있는 달콤한 꽃향기를 내는 페놀화합물이다.

페룰산(ferulic acid): 사과, 파인애플, 오렌지, 땅콩 등에 들어있는 하이드록시시나믹산(hydroxycinnamic acid)으로 항산화작용이 크다.

쿼세틴(quercetin): 양파, 사과, 콩, 차 등에 많이 있는 플라보놀(flavonol)이며 항산화작용이 크다.

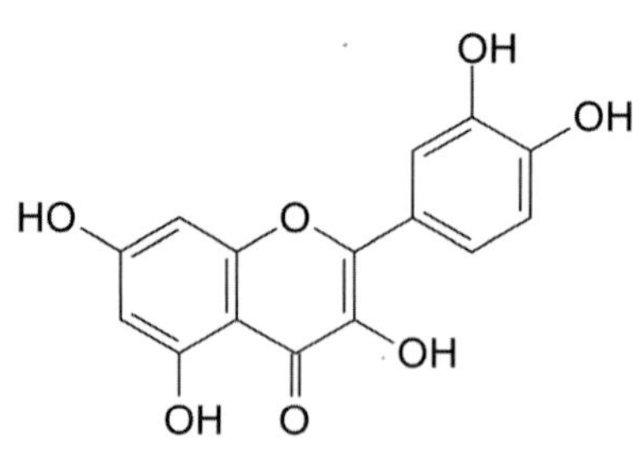

루테올린(luteolin): 푸른 고추, 셀러리, 민들레, 올리브 등에 많이 있는 플라본(flavone)이다. 항산화작용이 있어, 항염증 작용, 면역 조절 작용 등이 밝혀

지고 있다.

카테킨(cathechins): 차에 제일 많이 들어 있으며, 포도, 사과, 코코아 콩 등에 있는 폴리페놀이다. 이들 중 항산화작용이 가장 큰 화합물은 (-)-epigallocatechin gallate(EGCG)이며 이는 녹차에 많이 있다.

헤스페리딘(hesperidin): 귤에 많이 있는 플라보논(flavanone)이다. 항산화작용이 있다.

안토시아닌(anthocyanin): cyanidin 등의 플라바날(flavonal)이 당과 결합하고 있어 물에 녹는 식물색소로 포도, 딸기류, 사과, 자두, 가지 등의 붉은 색, 보라색 등을 나타내는데 항산화작용이 크다.

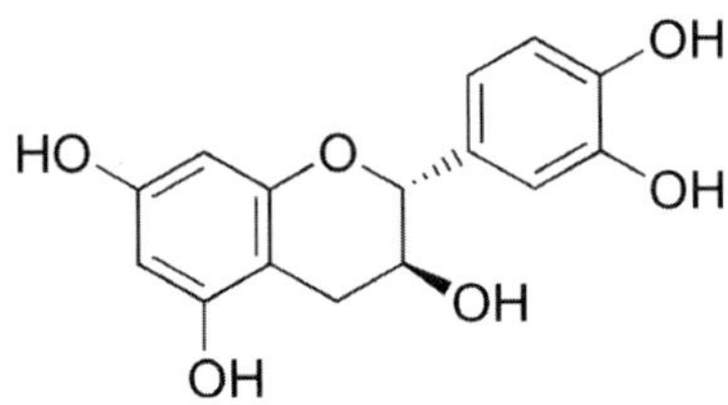

제니스타인(genistein): 콩, 땅콩 등에 있는 이소플라본(isoflavone)으로 에스트로겐 수용체에 작용하는 식물성에스트로겐의 일종이다.

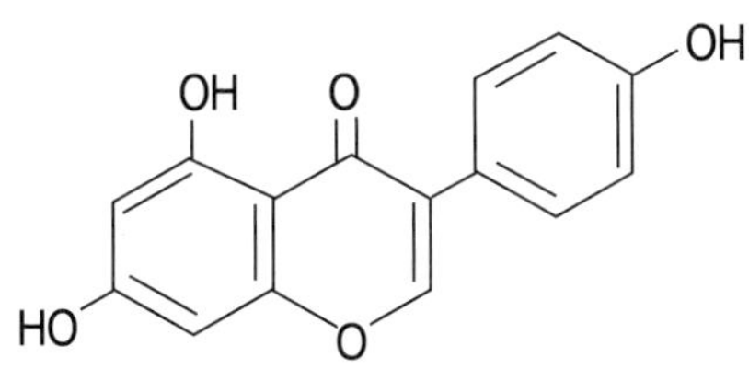

쿠메스트롤(coumestrol): 대두, 완두, 땅콩, 양배추싹 등에 있는 쿠메스탄(coumestane)에 속하는 식물성에스트로겐이다.

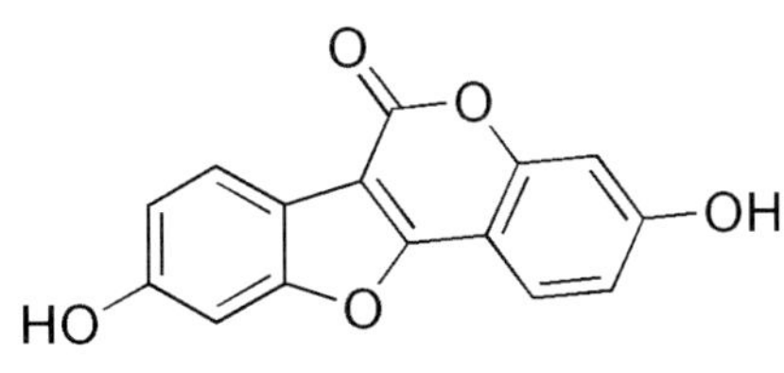

레스베라트롤(resveratrol): 포도 껍질과 씨, 땅콩에 있는 스틸벤유사물(stilbenoid)이다. 스틸벤은 페놀환이 이중 결합으로 연결되어 있는 폴리페놀이다. 항산화능이 크다. SOD의 활성을 올린다. 항암작용이 밝혀지고 있고, 이 외에도 혈관내피세포의 증식을 억제하고, 혈전형성을 억제하고, 항노화작용 등이 알려지고 있다.

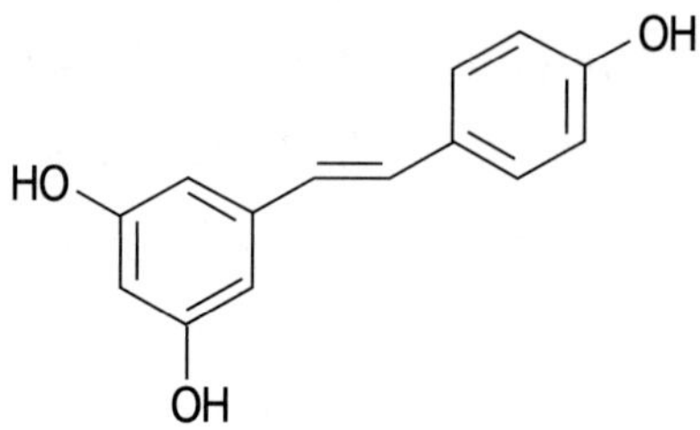

커큐민(curcumin): 강황와 겨자에 있는 노란색의 폴리페놀로서 항산화작용이 크다. 항염증 작용, 항노화작용, 관절보호작용, 항아밀로이드 작용, 항암작용 등 여러 작용들이 보고되고 있다. 보통 강황을 넣은 음식 카레를 잘 먹는다.

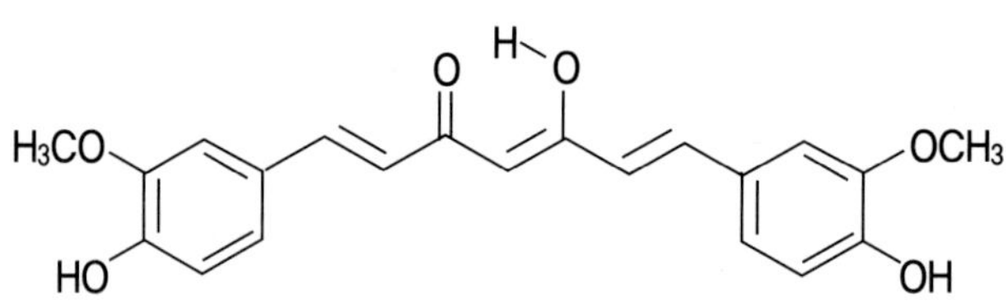

큐마린(coumarin): 통카콩(tonka bean), 감귤에 있는 달콤한 향을 내는 hydroxycinnamic acid이다, 이는 항응고작용이 있으며, 이로부터 warfarin 약제를 생산한다.

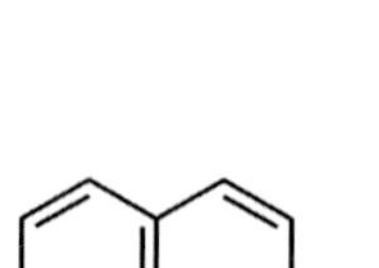

탄닌산(tannic acid): 구조는 중앙에 포도당이 있고 여기에 갈산이 많이 결합

된 형태이다. 실제로 차에는 탄닌산은 없지만 다른 폴리페놀, 즉 카테킨이 많이 있어 약간 텁텁한 맛을 낸다. 탄닌(tannin)은 갈산를 포함한 폴리페놀의 여러 형태이다. 수렴제로 사용되며, 목재에 많이 있지만, 차, 포도주, 석류, 감, 감귤, 초코렛 등에 다량 들어있다. 철, 중금속, 단백 등 여러 가지 물질과 결합하여 이들의 흡수를 억제하여 옛날에는 영양물질이 아니라 오히려 반영양물질이라고 하였다. 요즈음에는 콩의 부산물을 대장의 장내세균이 발생하는 질소 등을 잡아주는 좋은 효과도 있음이 강조되고 있다. 과량의 섭취는 철의 흡수를 억제하여 빈혈을 유발한다. 약제로 사용되기도 하는데, 지사제, 지혈에 사용된다.

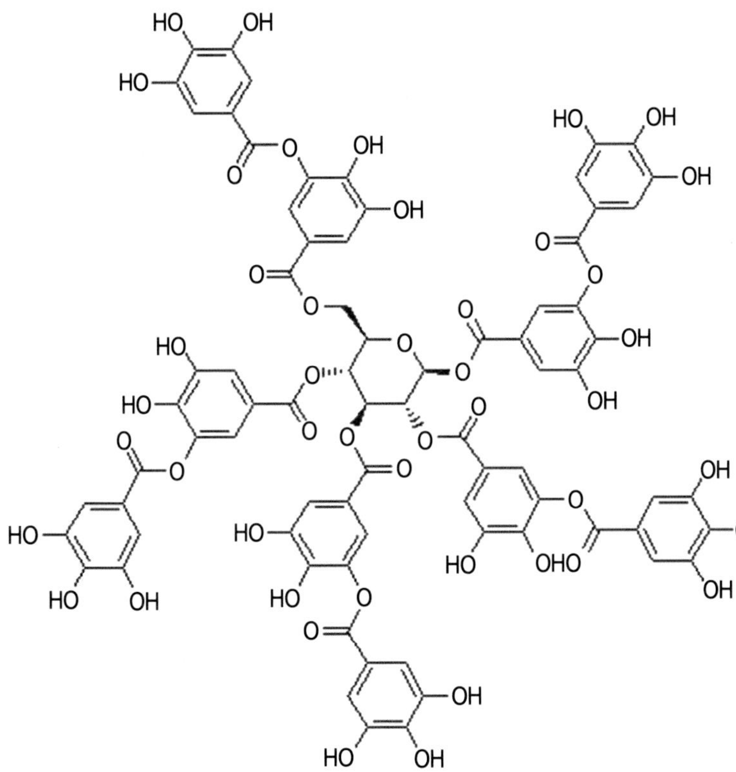

일라진산(ellagic acid): 호두, 딸기류, 포도, 구아바에 많은 페놀산이다. 탄닌으로부터도 만들어진다. 항산화작용이 크다.

실리빈(silybin): 아티초크, 엉겅퀴에 있는 리그난(lignan)으로 식물성 에스트로겐(phytoestrogen)의 작용이 있다. 또한 항산화작용이 있고, 간보호작용, 항암작용들이 보고되고 있다.

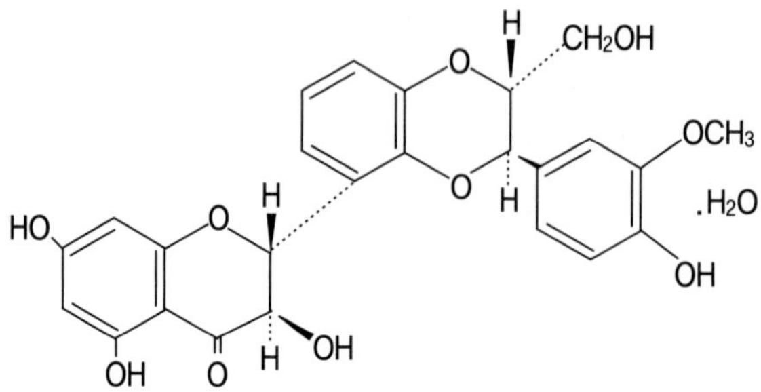

4. 터펜(Terpene)

탄소가 5개인 이소프렌(isopren)의 구조[CH_2=C(CH_3)CH=CH_2]를 2개가 갖는 유기화합물을 터펜이라 한다. 그러나 이소프렌 단원(isoprene unit)이 한개인 것을 헤미터펜, 두개인 monoterpen, 세개인 세스퀴터펜, 4개인 다이터펜 등으로 불리며, 이소프렌 단원(isoprene unit)이 10개 이상인 경우를 폴리터펜이라고 하고, 이들의 유도체도 터펜(엄격하게는 터펜유사물)이라고 한다. 이들 터펜에는 이소프렌 단원이 3개 이하는 휘발성 성분으로 보통 식물의 향기를 이루며, 4개에서 8개에 이르는 터펜에는 지용성 비타민이나 이의 전구물질과 항산화물질들로 색깔을 나타내는 물질도 많이 있어 그 생리 활성이 큰 물질을 이루고, 9개 이상의 터펜은 폴리터펜으로 소화 흡수가 되지 않는 천연고무로 섬유소에 해당한다.

헤미터펜(hemiterpene): 이소프렌(isoprene:C5H8)과 이의 유도체는 프레놀(prenol), 이소발러린산(isovaleric acid)이다. 프레놀은 포도, 감귤 등 여러 과일의 과일 향을 내는 이소프렌의 알콜이다. 이소발러린산은 이소프렌의 산으로서, 쥐오줌풀의 향취, 즉 치즈 냄새, 땀 냄새의 성분으로 진정작용이 알려져 있다.

모노터펜(monoterpene): 2개의 이소프렌 단원으로 구성되어 $C_{10}H_{16}$의 유도체이며 제라니올(geraniol), 리모넨(limonene)과 터핀니올(terpineol)이 알려져 있다. 제라니올은 제라니움, 장미, 사과, 포도, 담배 등의 향기를 내는 성분이다. 리모넨은 레몬과 감귤 등의 향을 내는 성분이고 이로부터 유래한 카르본(carvone)은 스페아민트의 향을 낸다. 터핀니올은 솔향을 내는 성분이다.

세스쿼터펜(sesquiterpene): 3개의 이소프렌 단원으로 구성되어 이의 유도체로는 파네솔(farnesol)로 장미나 발삼의 향기를 낸다. 항암작용이 있다고 한다.

다이터펜(Diterpenes): 4개의 이소프렌 단원으로 구성된다. 여기에는 커피에 많이 들어있는 환상(cycle)의 다이터펜인 카페스톨(cafestol)과, 탁사디엔[taxadiene; 탁솔(taxol: 주목나무에서 유래한 세포분열을 억제하여 항암작용을 나타내는 물질)]의 전구물질이 있다. 또한 비환상(acyclic)의 알콜을인 피톨(phytol)에는 비타민A인 레티놀과, 비타민E와 비타민K_1의 전구물질이 속해 있으며 제일 많은 피톨은 엽록소이다.

트리테펜(triterpene): 스콸렌(squalene)은 쇄상(linear)의 트리터펜으로 환상의 sterol을 만드는 전구물질이다. 식물에서는 올리브기름 등에 많이 있고, 상어의 간으로부터 추출한 기름의 제품이 많이 있다. 이는 동물에서는 콜레스테롤을 합성하고 식물에서는 여러 가지 피토스테롤(phytosterol)을 합성한다. 피토스테롤은 콜레스테롤의 흡수를 억제하는 작용을 하여 콜레스타틴으로 불리기도 한다. 트리터펜의 또 다른 환상구조를 갖는 사포닌(saponin)은 쓴 맛을 가지며, 비누 같은 계면활성이 있으며, 인삼 등에 많은 진세노사이드(ginsenoside)와 감자의 독인 솔라닌(solanine), 디곡신(digoxin) 등이 있다.

표 8-1. 이소프렌의 수에 따른 테펜의 종류

Class	Example
hemiterpenes	isoprene, prenol, isovaleric acid
monoterpenes	geraniol, limonene, terpineol
sesquiterpenes	farnesenes, farnesol
diterpens	phytol, cafestol, retinol, tocopherol, chlorophyll
triterpenes	squalene, saponins, phytosterol,
tetraterpenes	lycopene, carotenes
polyterpenes	natural gums

테트라테펜(tetraterpene): 쇄상의 라이코펜은 붉은 색의 색소이고, 한쪽 또는 양단의 환상 구조를 갖는 카로텐은 노란색소이고, 이는 비타민 A의 전구물질이다. 이들로부터 유래한 여러 식물 색소들은 항산화작용을 갖는 생리활성물질들이다.

이들 터펜 중 생리활성이 중요한 성분들은 다음과 같다.

리모넨(limonene): 감귤, 체리, 스페아민트, 생강, 셀러리, 로즈마리, 바질의 오일에 많이 있는 monoterpene이다.

엽록소(chlorophyll): 디터펜의 일종으로 힘(heme)과 구조가 유사하고 포피린 환에 마그네슘이 결합하여 녹색을 나타내고 광합성 작용을 한다. 이의 생체 내에서의 활성은 알려진 바가 없으나 이의 색소는 음식 첨가물로 작용한다.

레티놀(retinol): 디터펜의 한 종류로서 비타민A로 작용한다.

토코페롤(tocopherols): 디터펜에 속하는 페놀유도체로서 비타민E로 작용한다. 항산화작용이 크다.

스콸렌(squalene): 6개의 이소프렌 단원으로 구성된 스콸렌은 콜레스테롤을 합성하는 전구물질이고, 이들의 다른 생리적 활성은 밝혀진 바가 없으며, 상품으로는 상어 간으로부터 얻는 기름이다.

사포닌(saponins): 지용성의 트리테펜과 수용성의 글루코시드(glucoside)가 결합하여 양쪽 액상에 다 녹는 양성물질이며, 디기탈리스(digitalis)로부터 정제된 디곡신(digoxin)은 강심제로 쓰인다. 비누풀 뿌리 등에 많이 있으며, 인삼에는 진세노사이드(ginsenoside)의 형태로 있다. 좀 쓴맛이 있으며, 지방의 유화로 소화를 도울 수 있다.

지토스테롤(sitosterol): 콜레스테롤과 구조가 유사한 식물성 스테롤(phytosterol)로서 블랙 커민(black cumin, 미나리과의 식물)의 씨, 페칸, 톱야자, 아보카도, 호박씨, 쌀눈, 밀배아, 옥수수기름, 대두 등에 많이 들어 있으며 콜레스테롤의 흡수를 억제하여 혈중 콜레스테롤을 낮추며, 전립선 비대증의 치료에도 사용한다.

우르솔산(ursolic acid): 사과, 자두, 바질, 라벤더, 타임 등에 있는 5환계 트리테펜노이드(pentacyclic triterpenoid)로 STAT3 억제하여 항암작용이 있는 물질이다.

카로텐(carotene): 당근, 호박, 옥수수, 녹황색 채소의 노란색 성분의 카로텐노이드이다. 비타민A의 전구물질이다.

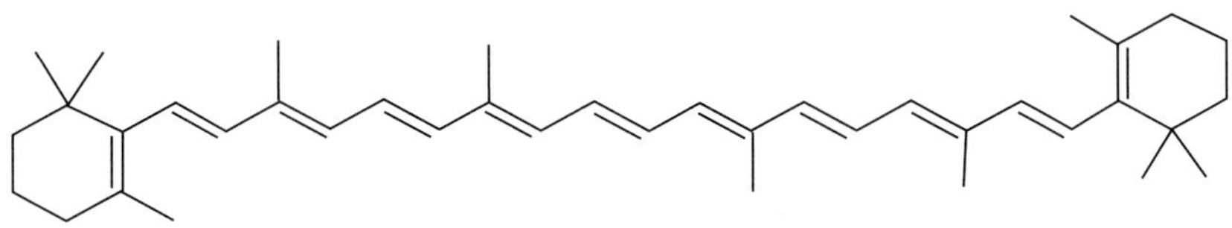

리코펜(lycopene): 토마토, 포도, 수박, 구아바, 살구, 당근의 붉은 색 성분의 카로텐이다. 항산화작용이 크다.

지아산틴(zeaxanthin): 시금치, 케일, 옥수수, 계란, 호박, 오렌지 등에 들어있는 노란색 색소인 크산토필(xanthophyll)에 속한다. 이는 황반(macular densa)에 많이 있어 항산화작용을 함으로서 노인에서 잘 발생하는 황반변성을 예방하는 작용이 있다.

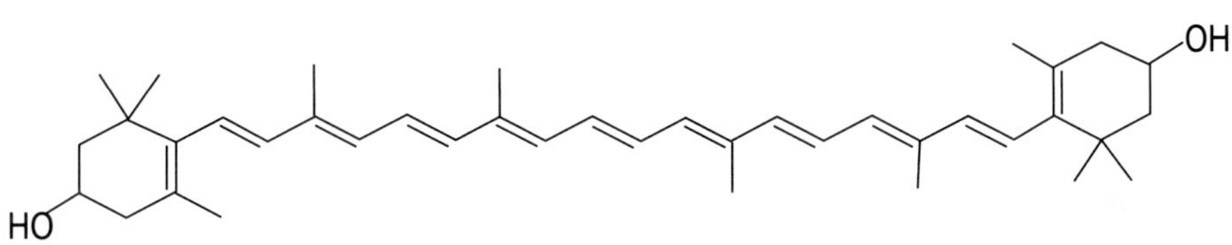

루테인(lutein): 시금치, 순무 잎, 달걀, 호박, 망고, 감귤, 고구마, 배, 여러 과일의 노란색 성분의 크산토필이다. 이는 지아산틴과 페놀환의 이중결합의 위치가 다른 치성체이며 그 작용도 비슷하다.

표 8-2. 루테인 함량

Plant	lutein/zeaxanthin (ug/100gr)
kale	18200
sapinach	12198
gardenpeas	2593
zucchini	2125
brussels sprouts	1590
broccoli	1121
corn	644
kiwifruit	122

아스타산틴(astaxanthin): 미세 해조류, 효모, 새우, 연어, 가재, 게껍질의 삶으면 붉은 색을 나타내는 크산토필이다.

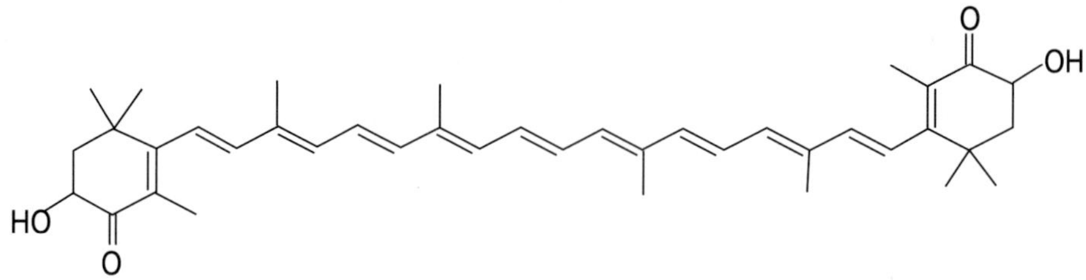

5. 유기설파이드(organosulfur compound)

유기설파이드는 아미노산 중 시스테인과 메타이온에도 잇지만 식물의 독특한 향을 내는 황을 포함한 유기화합물이다. 마늘의 알리신, 표고버섯의 렌타이오닌(lenthionine)의 향이 독특하다.

설퍼라판(sulforaphane): 브로콜리 등의 십자화과 채소, 특히 이들의 싹에 많이 있는 유기설파이드로서 항균작용, 항암작용, 항당뇨작용이 있는 것으로 알려져 있다. 위장내의 헬리코박터균(H pyroli)의 증식을 억제하는 효과가 잘 알려져 있다.

알리신(allicin): 마늘, 생강, 양파, 부추 등에 있는 톡 쏘는 독특한 향을 내는 유기황유도체로서 항균작용, 항진균작용을 나타낸다. 그 외에도 항산화작용, 지방축적의 억제로 혈압을 내리고, 항응고작용, 항염증작용을 나타낸다.

6. 인돌화합물(indoles)

인돌-3-카비놀(indole-3-carbinol): 양배추, 케일 등 십자화과 채소에 많은 인돌(indole) 화합물로 항산화작용, 항암작용, 항동맥경화작용이 있다.

피페린(piperine): 후추에 있는 alkaloid로서 후추의 독특한 향을 내는 성분이다. capsaicin처럼 P-glycoprotein에 작용하여 약물의 대사를 억제하는 작용이 있다. 이는 자외선에 의한 색소증가를 촉진한다.

베타닌(betanin): 비트(홍두채)의 붉은 색을 띄는 색소로 인돌유도체이다. 이는 pH에 따라 붉은 색에서 푸른색-보라색으로 바뀐다. 항산화효과가 크다.

7. 유기산

이들 탄소수가 적은 유기산들은 물에 잘 녹으며, 여러 무기 금속들과 잘 결합하여 물에 잘 녹지 않는 염을 형성한다.

수산(oxalic acid): 감귤, 시금치, 차, 커피, 바나나, 생강 등에 있는 물에 잘 녹는 유기산이다. 칼슘과 결합하여 이의 흡수를 억제한다. 미리 물에 담가두면 녹아나온다.

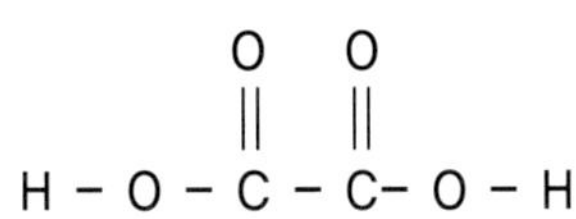

Oxalic Acid, $H_2C_2O_4$

피트산(phytic acid): 이노시톨 핵사포스페이트(inositol hexaphosphate)의 염의 형태로 곡식의 외피, 열매의 껍질에 많이 있다. 칼슘, 마그네슘, 아연, 철 등의 여러 무기금속들과 킬레이트를 형성하여 이들의 흡수를 방해한다. 그러므로 저개발국가나, 어린이들의 필수 영양소의 흡수를 방해하는 부작용이 우려된다. 그러나 영양이 풍부한 사람은 섬유질(fiber)의 항산화작용을 이의 작용이 강화하여 대장암의 발생을 억제하는 장점이 있다.

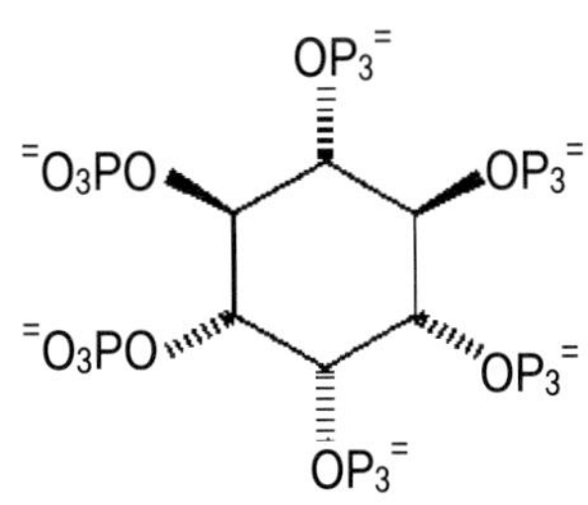

타타르산(tartaric acid): 포도, 바나나 등에 있으며, 특히 포도주 등에서 이의 독특한 신맛을 내는 산이다. 이의 염제재는 설사제(laxative), 최토제(emetics)

로 사용되며, 말산(malic acid)의 합성을 억제함으로서 근육에는 ATP생성을 억제하여 마비가 오게 한다. 항산화작용이 있으며, 포도주에서 다른 균주의 작용을 억제하여 맛을 좋게 유지한다. 포도주에서 결정으로 보이기도 한다.

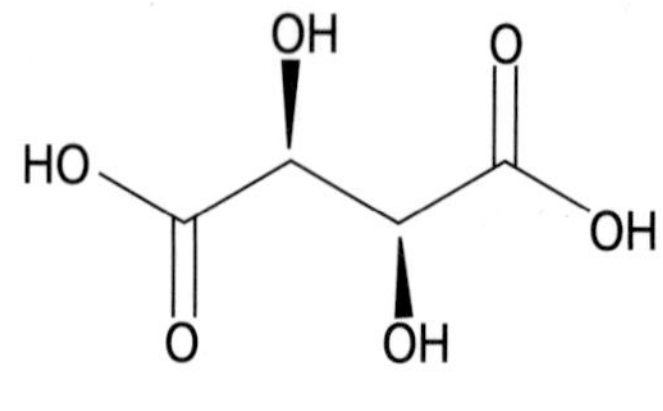

D-tartaric acid

8. 알카로이드(alkaloids)

염기 질소(basic nitrogen)를 함유하는 화합물로 동, 식물에서 모두 나타나나 주로 식물에서 나오는 화합물로 맛은 보통 쓰고, 다른 유기체에는 독작용을 하며, 따라서 이들은 여러 가지의 약리 효과를 갖는다. 이들의 화학적 구조식에 따라 분류하면 다음과 같다.

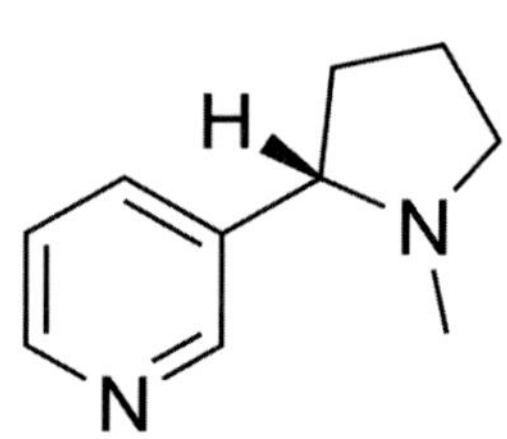

nicotine의 구조식

피리딘(pyridine)계: piperidine, nicotine

트로판(tropane)계: atropine, cocaine

퀴놀린(quinoline)계: quinine

펜안스렌(phenanthrene)계: morphine, codeine,

펜에틸라민(phenethylamine)계: mescaline, ephedrine

인돌(indol)계: serotonin, ergotamine, lysergic acid, reserpine, yohimbin, vinblastine, vincristine, strychnine,

퓨린(purine)계: caffeine, theobromine, theophylline

터펜노이드(terpenoid)계: solanine, aconitine, samandarin

4차 암모늄(quaternary ammonium)계: choline, muscarine, neurine

참고문헌

1. 김창한, 김시관, 윤원호, 이경호: 천연생리활성물질학. 유한문화사, 2006
2. 조비룡: Phytochemical의 임상적 적용. 국민영양, 30(6), 32-37. 2007
3. 최혜미: Phytochemicals. 국민영양, 22(11), 26-27. 1999
4. 홍윤호: 식품 생리활성물질 과학. 전남대학교출판부. 2009
5. Fernandez-Panchon MS, Villano D, Troncoso AM, Garcua-Parrilla MC: Antioxidant activity of phenolic compounds: from in vitro results to in vivo evidence. Crit Rev Food Sci Nutr, 48, 649-671. 2008
6. Kumar JK, Surh YJ: Molecular basis of chemoprevention with dietary phytochemicals: redox-regulated transcription factors as relevant targets. 2009
7. Mark S. Meskin, Wayne R. Bidlack, Audra J. Davies, Stanley T. Omaye: Phytochemicals in Nutrition and Health. CRC Press. 2002
8. Muldoon MF, Kritchevsky SB: Flavonoids and heart disease. BMJ, 312 (7029): 458-9. 1996
9. Shrimpton D: Phytonutrient. The world of food ingredients. 2000
10. Trakar M, Mithen RF: Health Benefits of Dietary Plant Natural Products. 2009
11. Williams RJ, Spencer JP, Rice-Evans C: Flavonoids: antioxidants or signalling molecules? Free Radical Biology & Medicine 36 (7): 838-49. 2004

섬유질(fibers)

제9장

섬유질은 음식물에 있으나 소화되지 않으므로 몸 안으로 흡수되지 않는 분자량이 매우 큰 중합체(polymer)를 말한다. 이들은 섬유소처럼 섬유상인 것도 있으나, 리그난이나 펙틴처럼 섬유상이 아닌 것들도 많다. 이들은 체내에 흡수되지 않아 영양소로 간주되지 않았으나 위장관내에서 함수작용을 하고, 위장관 운동을 조절하고, 배변을 잘하게 하고, 대장질환을 예방하고, 항산화작용, 지방의 흡수와 당의 흡수를 억제하여, 대사질환을 예방하는 것이 밝혀짐으로서 점차 우리가 음식을 먹어야 하는 영양소로 간주되어가고 있다.

이들은 대부분 식물성 섬유질이나 동물성 섬유질도 있으며, 수용성 섬유질과 불용성 섬유질로 나눈다.

1. 불용성 섬유질

이들 불용성 섬유질은 가수분해가 되지 않고 흡수가 되지 않으나 물을 많이 함유하여, 배변을 쉽게 하는 작용을 가지고 있다.

셀루로스(cellulose): 포도당이 β-1,4배당체 결합으로 10,000개 이상 측쇄를 내지 않고 길게 결합한다. 식물 섬유소의 대부분을 차지한다.

헤미셀루로스(hemicellulose): 포도당이 β-1,4 결합을 하지만 일부 β-1,6 결합의 측쇄를 내고, 또한 포도당 이외에 크실로오스(xylose), 만노스(mannose), 갈락토스(galactose) 등도 결합하고, 1,000개 정도의 중합체이다. 그 모양이 일정하지 않다.

리그닌(lignin): 페놀(phenol)유도체인 리그놀(lignol)의 10,00개 이상 결합된 중합체로서 나무의 세포벽을 채워주는 목질부에 많은 물질이다. 나무를 태워 훈제를 만들면 독특한 냄새는 이의 소산물인 메톡시페놀(methoxyphenol)의 독특한 향기이다.

2. 수용성 섬유질

수용성 섭유질은 사람의 소화효소로는 가수분해되지 않으나 대장으로 가서 대장의 세균으로 가수분해가 되어 이의 먹이로 사용되어 이들의 증식을 돕는 작용을 한다. 그러므로 이들은 프리바이오틱(prebiotics)라 불리기도 한다.

펙틴(pectin): 기본 구조는 갈락토우론산(galactouronic acid)이 α-1,4결합을 한 뼈대에 L-람로스(rhamnose), L-아라비노스(arabinose), D-갈락토스(galactose), D-크실로스(xylose) 등이 결합한 혼합다당류로 세포벽을 채우는데, 과일의 껍질과, 채소 잎에 많이 있는 수용성 섬유질이다. 그러므로 콜레스테롤의 흡수를 억제하고, 물과 잘 결합하여 묵을 만들어 장운동을 잘하게 하고, 대장에서는 장내세균에 의하여 분해되어 이들 유기산이 지방합성을 억제한다. 물과 결합하여 겔(gel)을 형성하므로 식품, 약품, 의료기기의 제작에도 사용한다.

베타-글루칸(glucan): 포도당의 β-1,4배당체 결합의 다당류는 섬유소이나, β-1,3 결합, β-1,6결합, β-1,3/1,4결합 등의 다당류를 베타-글루칸이라 하고 이들은 효모, 버섯, 보리 및 밀 기울 등에 많이 있으며, 면역반응을 촉진하는 물질로 알려져 있다.

천연 고무: 여러 식물에서 만들어지는 다당류로 물을 많이 함유하여 점도가 높으므로, 식품에서 겔제, 유화제, 보존제로 많이 사용한다. 여기에는 우무(agar), 베타-글루칸, 치클껌(chicle gum), 아라비아 고무(gum arabic), 스프루스 고무(spruce gum) 등 다양한 종류의 고무가 있다.

* 한천(agar): 해조류인 우뭇가사리에 있는 것으로 갈락토스의 β-1,4결합의

다당류이다. 배지의 재료이고, 젤라틴을 만들어 사용한다.

* 카라기닌(carrageenan): 해조류에서 나오는 황화된 다당류로 식품첨가제로 많이 사용한다.
* 치클껌: chicle나무에서 나오는 고무로 처음 씹는 껌을 만들었다.
* 아라비아 고무: 아카시아나무에서 나오는 고무로 잉크를 제조하는데 사용했다.
* 스프루스 고무: 전나무에서 나오는 고무로 미국 원주민들이 검으로 씹었다.

이눌린(inulin): 과당(fructose)의 β-1,2배당체 결합을 한 프락탄(fructan)이다. 돼지감자의 뿌리에 많이 있으며, 식물들의 에너지 저장형태이다. 풍미가 담백하고 약간 달콤함으로 식품의 첨가제로 사용한다. 검사상 신장의 기능 측정인 사구체 여과율을 측정하는데 사용한다.

저항성 전분(resistant starch): 소장에서 소화가 되지 않는 형태의 전분을 말한다. 이들은 기능적으로 섬유질에 속한다고 하겠다.

* RS1: 가공되지 않은 곡식이나 씨앗이다. 이들은 소화되지 않는 껍질로 싸여있어 소화되지 않으나 변의 양을 증가시키나 함수율을 높이지 않는다.
* RS2: 생감자나, 생 옥수수 가루 등으로 전분알갱이가 그대로 있어 소화가 잘 되지 않는 형태이다.
* RS3: 옥수수콘칩(corn chip)이 오래된 것 등인데, 아밀로즈(amylose)가 열을 가하지 않은 원상으로 되어 소화가 잘 되지 않는다.

키틴(chitin): N-아세틸글루코사민(acetylglucosamine)의 β-1,4결합을 하는 중합체로 곰팡이의 세포벽을 형성하고, 절족류, 갑각류, 곤충 등의 껍질을 구성하는 성분이다.

키토산(chitosan): D-글루코사민(glucosamin)과 N-아세틸글루코사민(acetylglucosamine)의 β-1,4결합을 한 중합체로서 게, 새우의 껍질로부터 얻은 키틴을 화학적으로 아세틸기를 제거한 인공적으로 생산한 제품이다. 아미노가 양전하를 띠어 지방과 결합하여, 지방의 흡수를 줄이고 sterol의 배설을 촉진한다는 보고가 있다. 이는 지혈 효과가 높고, 항균작용이 있어 지혈밴드로 사용된다.

표 9-1. 섬유소의 기능과 효과

기 능	효 과
음식의 양을 많게 함	빨리 포만감을 느끼게 하여 식욕을 억제, 비만 예방
소화 중에 젤을 형성하여 당의 소화, 흡수를 늦춤	혈당을 천천히 오르게 함
콜레스테롤의 흡수를 억제	혈중 콜레스테롤을 낮춤
혈당과 콜레스테롤의 조절	대사증후군, 당뇨, 고지혈증을 억제
장운동을 촉진	규칙적인 대변 배설
대변을 묽고 많게 함	변비의 완화
장내 세균의 증식	대장암의 예방

3. 섬유소 영양이상

이들 섬유소의 양은 사람에 따라 차이가 많으며 또한 어느 정도 먹어야 하는가에 대한 세계적인 기준은 없으나 보통 20 g에서 40 g을 먹을 것을 권장하고 있다.

섬유소 부족: 섬유소가 부족하면 장운동의 부족과 변이 단단해져서 배설이 어려워지기 쉽다. 이러한 질환이 변비이고, 이에 잘 동반하는 치핵과 계실의 발생이 잘 일어난다.

섬유소의 과잉: 섬유소의 과잉은 보통은 잘 일어나지 않으나, 먹을 것이 없어 초근목피만 먹으면 상대적으로 섬유소 과잉이 되나, 전체적인 영양부족인 마라스무스나, 콰시오커병이 일어난다. 일반적으로는 섬유소과잉에 의한 부작용은 드물다.

참고문헌

1. 채범석: 고급 영양학. 아카데미출판사, 1996
2. Anderson JW, Baird P, Davis RH *et al.*: Health benefits of dietary fiber. Nutr Rev 67(4): 188-205. 2009

3. Eastwood M, Kritchevsky D: Dietary fiber: how did we get where we are?. Annu Rev Nutr 25: 1-8. 2005
4. Tungland BC, Meyer D: Nondigestible oligo- and polysaccharides (dietary fiber): their physiology and role in human health and food, Comp Rev Food Sci Food Safety, 3:73-92. 2002
5. Weickert MO, Pfeiffer AF: Metabolic effects of dietary fiber consumption and prevention of diabetes. J Nutr 138(3): 439-42. 2008
6. Theuwissen E, Mensink RP: Water-soluble dietary fibers and cardiovascular disease. Physiol Behav. 94(2): 285-92. 2008
7. Gibson GR, Roberfroid MB: Dietray modulation of the human colonic microbiota: introducing the conceptor of prebiotics. J Nutr 125: 1401-1412. 1995
8. Rafter J: The effects of probiotics on colon cancer development. Nutr Res Reviews 17: 277-284. 2004
9. Guarner F, Schaafsma GJ: Probiotics. Int J Food Microbiol 39: 237-238. 1998

물

제 10 장

물을 마시면 다른 영양소를 섭취하지 않아도 장시간 생존할 수 있으며 물을 섭취하지 않으면 1주간 정도에서 생명이 위험하게 된다. 물은 생체 내에서 에너지원이 산화하면서 만들어 지기도 하지만 물은 생명을 유지하기 위해서 꼭 필요한 영양소이지만 지금까지 물은 영양소로서 간주되지 않았다. 그러나 병원에서는 환자들에게 물을 공급하기 위해서 여러 가지 수액제재들을 개발하여 사용하고 있으며, 문명의 발달과 함께 사람이 마실 물이 자연에서 쉽게 얻기가 어려워지고 있으며, 또한 마실 수 있는 물의 경제적인 가치가 높아짐으로서 물의 영양학적인 의의가 점점 커지고 있다.

1. 물의 작용

(1) 물의 체내 분포

인체의 수분 함량은 표와 같이 태아기에서 성장할 때부터 감소하며 성인에서는 약 50-70% 수분을 함유하며 생체성분의 절반이상을 물이 차지하고 있다.

생체 내에 있는 물의 분포는 2/3은 세포액이고, 나머지 1/3이 세포외액인데, 세포외액의 1/5이 혈장이고, 4/5가 세포간액이다. 이들 세포액의 물의 변동은 거의 없으며, 세포외액의 수분을 조절하는 것은 항이뇨호르몬(ADH), 알도스테론(aldosterone)이나 심방나트륨이뇨펩티드(atrial natriuretic peptide) 같은 호르몬이 조절하고, 이는 Na^+이온의 배설과 흡수를 통하여 물의 출입을 조절한다. 또한 혈액 중의 알부민은 혈액의 삼투압을 조절하여 세포간액의 비율을 조절한다.

표 10-1. 인체의 수분함량

태아 1.5 개월	97.5%
태아 8개월	82.9%
신생아	71.2%
유아	70%
성인 남자	60%
성인 여자	55%
노인	50%

(2) 물의 체내에서의 역할

1. 용매로서 작용한다: 이온, 수용성 화합물, 유화된 지질, 단백질 등 여러 가지 생체물질들이 녹아있다.
2. 수소이온 농도를 나타낸다: 녹아있는 산과 그 염기가 작용하여 일정한 수소이온을 유지한다.
3. 삼투압을 나타낸다: 여러 물질들이 녹아있어 이들에 의한 삼투압을 나타내므로 세포의 모양이 유지되고, 혈관 등이 제대로 작동하게 된다.
4. 여러 물질들을 운반한다: 액체에 녹아있는 물질들을 운반하기 좋다.
5. 단백질이나, 핵산 등 고분자 물질의 구조를 형성한다: 고분자 물질이 물에 녹아 그 작용을 할 수 있게 한다.
5. 비열이 크다: 인체의 체온을 36.5~37.5℃로 일정하게 유지하기 좋다.
6. 기화잠열이 크다: 체온이 높으면 체표면에서 물을 증발시켜 체온을 내리기에 좋다.

2. 인체의 수분 출입

(1) 하루에 생체 내에 얻어지는 물

1. 대사수: 에너지원들이 대사되어 생성되는 물을 대사수(metabolic water)

로 300 ml 쯤 된다. 당질 1 g이 대사되면 0.6 ml, 지방 1 g은 1.0 ml, 단백 1g은 0.4 ml의 물이 생성된다.

2. 음식물에 함유된 물: 음식물도 식물이나, 동물성 식품이므로 이 식품자체에 50%이상 물이 함유되어 있고, 우리나라 사람들은 국으로도 많은 수분을 섭취한다. 이러한 양은 1,000 ml쯤 된다.
3. 음료수: 우리가 임의로 마시는 물이다. 옛날에는 숭늉을 마셨으나, 요즈음에는 청량음료, 커피 등을 마시며, 또한 이온수나 그냥 물을 마신다. 이러한 양이 1,000 ml쯤 된다.

(2) 하루에 체외로 배출되는 물

1. 대변 중의 물: 장중에 들어오는 물은 음식물과 음료수의 물 외에도 소화액으로 7~9 L의 물이 있으나 이들의 대부분이 대장에서 흡수되고, 대변으로 배설되는 수분은 100 ml 쯤이다.
2. 불감증발: 호흡(300 ml)과 땀(500 ml)으로 증발되는 수분으로 800 ml 쯤이다.
3. 불가피뇨: 우리 체내의 뇨 노폐물을 배출하는데 필요한 수분양으로 이는 500 ml 쯤 된다. 당뇨병이 되면 포도당의 배출로 불가피뇨가 증가하여 다뇨증이 된다.
4. 수의뇨: 체내의 물의 균형을 유지하기 위하여 배출되는 수분, 보통 900 ml이나 이는 우리가 마시는 물의 양에 비례하며 이를 조절하는 기전은 ADH의 작용이 크다.

땀

체 표면에서 수분이 증발하는 것인데, 전술한 불감증열에 의하여 500 ml쯤 증발되나, 우리가 인식할 수 있는 정도의 많은 양의 수분 증발을 땀이라고 한다. 한 여름 고온으로 체온이 증가한 경우나, 운동으로 체내 열의 발생이 많아 이를 배출하고자 하는 온열성 땀과, 체온이 증가하지 않았으나, 정신적으로 흥분하였을 때 배출되는 정신성 땀이 있다. 여름 29도에서 실내생활을 하면 하루 3 L정도의 땀이 배출되고, 심한 운동을 하면 하루에 10 L나 배출된다.

표 10-2. 땀의 무기질 성분

물	99.2-99.7
Na	45-240 mg%
K	20-100 mg%
Ca	2-8 mg%
Mg	0.02-0.2 mg%

(3) 물의 소요량

물의 소요량은 체중, 체표면적, 식품 섭취량, 환경의 온도, 습도 및 활동량에 따라 달라진다. 가변적인 요소는 환경의 온도와 습도, 그리고 활동량이다. 이를 인식하여 고온 다습한 여름에 운동을 할 때는 5 L이상 음료수로 물을 섭취해야 할 것이다. 그러나 보통의 경우 1-2 L정도 마셔도 충분하다. 어린이는 체중에서 물의 비가 높고 순환이 빠르므로 성인에서 보다 많이 요구된다. 또한 탈수에 대해서도 매우 민감하다.

3. 음료수의 조건

좋은 음료수는 유해한 물질이 없고, 미량 무기질이 미량 포함된 것이 좋다. 이는 순수한 물만 마시면 미량 무기질의 소실이 온다. 미량 무기질이 미량 있는 것이 물맛을 좋게 하며 또한 물의 pH를 5-8로 적당히 유지하는데 좋다.

그러나 과량의 무기질이 있으면 오히려 경수가 되어 물맛이 없으며, 미네랄에 중독이 된다. 지역에 따라 물에 녹아있는 미네랄의 종류와 함량이 달라 음료수로서 사용하기 좋게 처리하는 방법들이 달리 발전하여 왔다.

수돗물은 미생물을 살균하기 위하여 염소를 첨가하는데 적당한 염소가 있어야 미생물이 없고 또한 염소의 산물인 트리할로메탄(trihalomethane)이 없어야 한다. 이를 확실히 제거하는 데는 물을 끓여서 식힌 후 마시는 것이 좋다. 이러한 조건들을 만족시키는 것이 광천수, 미네랄수, 여러 가지 차와 맥주 등의 음료수 들이다. 또한 이들은 음료의 부차적인 목적이 다르기도 하다. 마시는 물로서는 무색, 무미, 무취한 것이 좋다.

물을 마시는 느낌이 물의 온도가 중요하다. 적당히 차거운 물이 맛이 좋으나 이는 실제 체내에 흡수되어 사용되는 데는 아무 영향을 미치지 않는다.

음료수에는 상기한 음료수는 거의 순수한 물을 말하는데 이는 보통 물, 또는 광천수이다. 그러나 물을 섭취하는 데는 청량음료, 차, 과일즙, 술 등 여러 형태의 음료가 있다.

청량 음료는 물맛을 좋게 하는 탄산음료와 여러 가지 무기질을 첨가한 이온 음료, 설탕과 아미노산 등을 첨가한 영양음료, 과일의 즙을 짜낸 과일 음료, 홍차, 녹차, 커피 등 차 음료, 맥주, 포도주 등 주정의 함량이 낮은 술 등이 우리 체내의 물을 보충하면서 또한 이들 첨가물들의 효과를 보고자 한다.

조 건	성분 종류
유해성분: 없을 것	중금속, 유해음이온과 양이온, 유기물질, 세균, 방사선물질, 트리할로메탄
미량 미네랄: 함유	칼슘, 마그네슘

4. 물에 의한 신체이상

(1) 물의 결핍(탈수, dehydration)

보통의 생활에서 물이 체내에서 요구되면 갈증이 나고, 자유로이 물을 마시므로 수분의 결핍이 일어나지 않는다. 그러나 수분의 배출이 급격하나 보급이 충분하지 않을 때 탈수증상이 나타난다. 이는 일사병이나, 설사 등에 의하여 일어난다.

(2) 물 중독(water intoxication)

보통의 상태에서는 물을 많이 섭취하여도 이를 뇨로 배설하므로 물 중독이 일어나지 않는다. 많은 발한, 구토, 설사 등으로 수분의 소실이 있는데 이를 보충하고자 과량의 물을 섭취하여 물중독 상태로 된다. 그러면 염분의 소실이 보충되지 않아 삼투압이 저하되어, 두통, 구토, 어지러움, 근력의 저하되는 증상이 나타난다. 심하면 심한 통증, 경련을 일으킨다.

(3) 부종 (edema)

세포간액이 증가하여 일어나는 조직이 부어있는 것을 말하여 전신부종과 국소부종으로 나누며 전신부종은 세포간액의 Na^+이 증가하거나 혈액내의 알부민이 감소하여 일어나는 증상이다. 이를 일으키는 질환은 심부전, 간경변, 신증후군과 함께 콰시오커병 같은 단백질결핍에서도 일어난다.

(4) 수인성 질환

음식물에 감염되어 일어나는 질환으로 기생충, 아메바, 세균, 비루스 등 여러 미생물 감염이 물이나 음식물을 매개로 하여 체내에 들어와 일으키는 질환을 말한다. 장티프스, 콜레라, 이질 등이 장에서 번성하여 급성 설사(diarrhea)를 일으키어 탈수를 동반한다. 이러한 질환을 예방하기 위해서는 물을 끓여 먹는데, 이로 인하여 차 문화가 발달하게 하였다.

참고문헌

1. 김영경 외: 간호와 영양, 현문사, 2004
2. 이영순, 이정실, 이현옥: 고급 영양학, 광문각, 2007
3. 채범석: 고급 영양학. 아카데미출판사, 1996
4. Gropper SS, Smith JL: Advanced Nutrition and Human Metabolism. 5th ed. Wadsworth Publishing. 2008
5. Hark L, Morrison G: Medical Nutriotion and Disease. 4th ed. Wiley-Blackwell. 2009
6. Meisenberg G, Simmons WH: Principles of Medical Biochemistry 2nd ed. Mosby. 2006
7. Murray RA, Bender DA, Botham KM, Kennelly PJ, Rodwell VW, Weil PA: Harper's illustrated biochemistry 28th ed. McBraw Hill. 2009
8. Nelson DL, Cos MM: Lehninger Principles of Biochemistry. 5th ed. Freeman. 2008

열량(Calorie)과 운동(physical exercise)

제 11 장

사람은 살아가는데 에너지가 필요하고, 이 에너지는 모두 음식물로부터 얻는다. 에너지원을 구성하는 영양소는 탄수화물, 지질, 단백질이 대부분이고, 드물게 주정도 에너지원으로 사용한다. 에너지의 단위를 영양학에서는 열량(calorie)로 하는데 이는 식품 중의 에너지를 열량계로 측정하였기에 식품으로부터 얻은 열량은 이를 기본 단위로 하여 사용한다.

1. 칼로리 정의

1칼로리는 순수한 물 1 g을 1기압에서 14.5도에서 15.5도로 1도 올리는데 필요한 열량으로 정의하고 있고, 영양학에서는 보통 1,000 cal 즉 1 kcal를 1 Cal로 하고 있다. 1 Cal은 4.186 kJ에 해당한다.

지질이 에너지 효율이 제일 높아 9 Cal/g이고, 주정이 7 Cal/g, 탄수화물은 4 Cal/g, 단백질은 4 Cal/g 이다.

표 11-1. 에너지원에 따른 열량

	열발생(봄브열량계)	체내 산화	표준 변화
탄수화물	4.1 Cal/g	4.1 Cal/g	4 Cal/g
지질	9.3 Cal/g	9.3 Cal/g	9 Cal/g
단백	5.4 Cal/g	4.1 Cal/g	4 Cal/g
알콜	7.1 Cal/g	7.1 Cal/g	7 Cal/g

2. 우리 몸이 요구하는 열량

우리가 필요로 하는 열량은 세포의 생존과, 사람이 살아가는데 필수적인 혈액순환, 호흡, 체온 유지에 쓰이는 기초대사량과, 음식물을 먹어 소화하고 흡수하고, 이들 영양소가 영양소로 쓰이는데 필요한 열량인 특이 동적 작용과 일상생활을 영위하기 위하여 육체적으로 움직이는데 쓰이는 운동대사에너지로 대별된다.

$$\text{에너지원} + O_2 \xrightarrow{\text{호흡}} \text{열} + \text{ATP} \xrightarrow{\text{일}} \text{ADP} + \text{Pi} + \text{열}$$

3. 기초대사량(basal metabolic rate; BMR)

생체 대사가 음식물의 섭취, 주위 온도 등 여러 가지 환경에 의해 변하므로 이런 변동을 줄이고자, 식후 12시간 이후, 대변을 보고 실온(20도)에서 조용하게 누워있는 상태에서 사용되는 에너지 대사량을 측정한 것을 기초대사량이라고 한다. 보통 70 kg의 170 cm인 남자의 기초대사량은 1,600 Cal/day 쯤 된다. 간장이 이 대사량의 1/3쯤 차지하고, 그 다음이 뇌와 근육 그 다음이 신장, 심장 등의 순으로 에너지를 사용하고 체온으로도 10% 쯤 사용하는 것으로 알려져 있다.

표 11-2. 기초대사량에 기여하는 각 기관의 에너지 소모비

기관	에너지 소모(%)
간	27%
뇌	19%
수의근육	18%
신장	10%
심장	7%
그 외 기관	19%

기초대사량에 영향을 주는 인자는 체표면적, 체중량, 나이, 성별, 호르몬 값 등이 있다. 이들 인자들을 감안하여 개인의 기초대사량을 산출할 수가 있다. 간단히 체중에 따라 구하는 식의 하나는 다음과 같다.

남: Cal/day = 14.1 x 체중(kg) + 620

여: Cal/day = 10.8 x 체중(kg) + 620

다음의 Harris-Benedict식은 나이를 감안한 식이다.

남자 = 66 + (13.7 x weight, g) + (5x height, cm) - (6.76 x age, ys)

여자 = 655 + (9.6 x weight, kg) + (1.8 x height, cm) - (4.7 x age, ys)

실제로 기초대사량을 구하는 것은 복잡하므로 일부에서는 측정환경이 보통인 상태에서 측정한 안정대사량(resting metabolic rate, RMR)을 측정하여 사용한다. 안정대사량은 기초대사량보다 10%정도 높다. 이는 동적특이작용과 체온 유지 에너지가 더해진 것이라 생각된다.

4. 특이 동적 작용(specific dynamic action)

음식물을 섭취한 후에 대사가 항진되며, 그 항진이 탄수화물, 지질, 단백질의 영양소에 의하여 달라지므로 이를 특이동적작용이라고 한다. 단백질을 섭취한 경우 단백질 열량의 30%가 증가하며, 탄수화물과 지질은 5% 정도가 증가하며, 섭취 후 8시간이 지나면 BMR로 되돌아 왔다. 이들 열량은 음식물의 소화와 흡수, 그리고 이들의 대사에 의해 이루어지는 것으로 생각된다. 이들은 음식물의 양과 비례하므로 보통 소화, 흡수되는 열량의 10%를 특이동적작

용으로 사용하는 것으로 계산한다.

5. 신체활동(physical activity)

(1) 대사당량(metabolic equivalent of task, MET)

신체활동의 강도를 대사당량(Metabolic Equivalent of Task, MET or ME)을 사용한다. 1 MET는 가만히 앉아있을 때 사용되는 열량인 안정대사량(RMR)과 같은 것을 말한다.

운동에 따른 열량은 표 11-3과 같다.

표 11-3. 신체활동에 따른 대사당량

신체활동	MET
가벼운 신체활동	〈 3
수면	0.9
TV 시청	1.0
사무실 일	1.8
가벼운 산책	2.0
중등도의 신체활동	3 to 6
가벼운 실내 자전거	3.0
성관계	3.3
실내운동	3.5
자전거타기 〈16 km/h	4.0
자전거타기 〉16 km/h	5.5
고도의 신체활동	〉 6
조깅	7.0
힘쓰는 실내운동	8.0
달리기	8.0

이는 어느 운동을 하던 일주일에 500-1,000 MET-min의 열량을 소모하는 것을 권장할 때 이용한다.

더 간편한 식은 Harris-Benedict 식으로 신체활동에 따른 열량을 계산할 때 사용한다(표 11-4).

표 11-4. Harris-Benetict에 따른 필요 열량 계산법

운동의 정도	필요 열량
거의 운동을 하지 않음	BMR x 1.2
가벼운 운동 (1-3일/주)	BMR x 1.375
중등도의 운동 (3-5일/주)	BMR x 1.55
고등도의 운동 (6-7일/주)	BMR x 1.725
초고도의 운동 (2회/일)	BMR x 1.9

(2) 신체활동수준 (Physical activity level, PAL)

하루에 요구되는 에너지의 양을 기초대사량으로 나눈 값이다. 보통은 MET와 같은 값이다. 성장기의 어린이, 임산부, 수유부에서는 달라진다.

PAL = total energy expenditure (TEE)/ BMR

표 11-5. 신체활동수준의 일상생활에서의 적용 예

생활 양태	예	PAL
누워서 지냄	사지마비	〈 1.40
앉아서 지냄	사무원, 운동을 하지 않음	1.40 - 1.69
보통의 활동	노동자나 매일 1시간 달리기	1.70 - 1.99
많은 활동	농사일꾼이나 매일 2시간 달리기	2.00 - 2.40
고도의 활동	경륜 선수	〉 2.40

운동은 에너지 소모 중 기초대사량과 특이동적 작용의 각 개인에 있어 거의 변화가 없으나 신체 활동 중 운동이 에너지 소모의 가변적 요소가 된다. 그러므로 에너지의 균형을 이루는 2대 요소는 열량의 섭취 조절과 운동의 조절을 통하여 이룰 수가 있어 비만의 예방과 치료에 사용된다. 또한 운동을 통하여 근량을 증가시키면 기초대사량이 증가한다. 운동을 통하여 호르몬의 변화와 대사를 통하여 지질의 변화를 가져와 고혈압, 고지혈증, 당뇨병의 예방과 치료에 사용된다. 운동의 과정 중에 골량이 증가하고, 심폐기능이 향상되며, 우울증이 감소하고, 활동성이 증가한다. 운동의 종류는 유산소운동, 웨이

트, 스트레칭, 균형 감각을 증가시키는 운동으로 대별되며 운동의 강도에 따라 에너지의 소모가 증가하나 대사의 종류가 달라지며, 그 운동 효과도 비례하여 서로 다르다.

(3) 운동대사에서 산소 소모(oxygen consumption)

$$\text{식품} + O_2 \xrightarrow{\text{호흡}} \text{열} + \text{ATP} \xrightarrow{\text{운동}} \text{ADP+Pi} + \text{열}$$

에너지원이 에너지를 생산하는데 이는 에너지원이 산화하면서 생산된다. 일시적으로 산소가 없는 상태에서도 에너지를 생산하는 혐기성 해당로(anaerobic glycolysis)가 있으나 이는 이후에 산소에 의하여 다시 산화되는 과정을 거쳐야한다.

산소 소모는 운동량에 비례하여 증가한다(그림 11-1). 그러나 일정한 한계를 넘으면 더 이상 증가하지 않고 고원을 이루게 된다. 이 고원을 이루는 산소소모량이 최대산소소모(maximum oxygen comsumption, VO_2 max)이다.

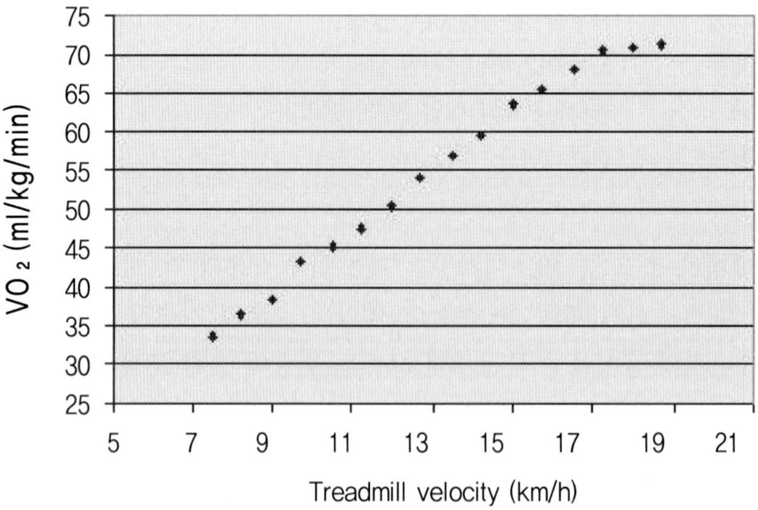

그림 11-1. 운동 강도에 따른 산소소모량

(4) 최대 산소소모(Maximum oxygen consumption, VO_2 max)와 최대 심박수(maximum heart rate, HR max)

VO_2 max는 최대심박수로 운동할 때 사용되는 산소의 양인데 이는 동맥혈과 정맥혈간의 산소차를 가지고 계산한다.

$$VO_2\ max = Q(CaO_2\text{-}CvO_2)$$

Q는 cardiac output, CaO_2는 동맥내 산소 량, CvO_2는 정맥내 산소량이다.

이를 실제 소모되는 산소의 양을 측정하기가 어려우므로 보통 맥박수를 이용한 식으로 계산한다. 즉 최대심박수(maximum heart rate, HR max)를 휴지기 맥박수(HR rest)로 나누어 이에 15를 곱하여 사용한다.

$$VO_2\ max = 15\ x \frac{HR_{max}}{HR_{rest}}\ ml/min/kg$$

그러나 실제로 최대심박수를 구하는 것은 어렵다. 이는 트레드밀에서 속도를 올리거나 경사를 올리면서 운동강도를 증가시킬 때, 심전도(electrocardiography, EKG)상 심장박동이 나타나지 않는 최대 맥박수이기 때문이다. 그러므로 최대심박수는 HR_{max} = 220 − 나이(년)의 식을 사용하여 구한다. 그러므로 운동의 목적에 따른 적절한 운동강도를 정하는 맥박수를 구하는 데는 Fox와 Haskell의 표를 사용한다(그림 11-2).

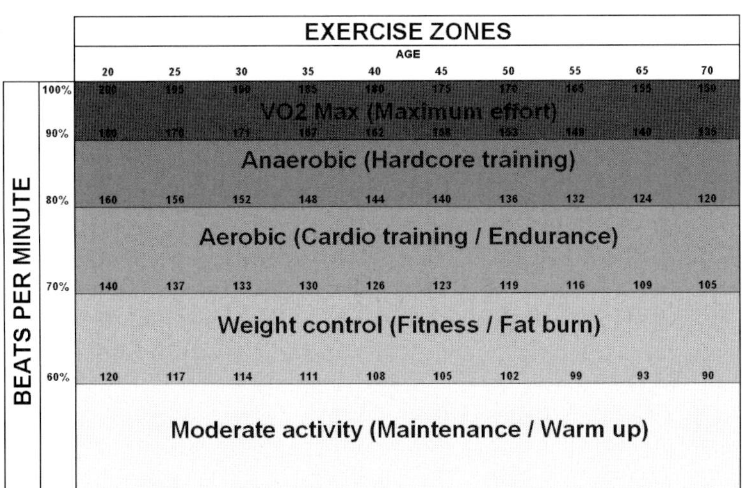

그림 11-2. Fox와 Haskell의 식에 따른 적절한 운동에 따른 맥박수의 예

운동 강도에 따라 에너지원의 소비가 비례하여 증가하며, 또한 에너지원의 종류에 따른 소모비가 달라져서 운동 강도가 높을수록 탄수화물의 소모는 지방의 소모에 비하여 증가한다(표 11-6). 탄수화물과 지방의 소모비율은 호흡지수(respiration quotient)로 측정한다. 이는 최대 심박수에 가깝게 갈수록 산소 공급이 적어져서, 지방의 산화는 감소하고, 혐기성 해당작용이 증가하기 때문이다.

표 11-6. 운동 강도에 따른 맥박수와 에너지 이용비

Intensity (% MHR)	% carbohydrate	% fat
65–70	40	60
70–75	50	50
75–80	65	35
80–85	80	20
85–90	90	10
90–95	95	5
100	100	0

* MHR, maximun heart rate

(5) 호흡지수(respiratory quotient, RQ)

에너지를 사용하고 있을 때 소모되는 산소와 생성되는 탄산가스의 비를 구할 수가 있는데 이를 호흡지수(respiratory quotient, RQ)라고 한다. 이 호흡지수로부터 사용되고 있는 에너지의 종류와 사용되는 정도를 구할 수 있다.

탄수화물 즉 포도당의 연소되는 화학반응식은

$C_6H_{12}O_6 + 6\ O_2 \rightarrow 6\ CO_2 + 6\ H_2O$이고

이에 따라 호흡계(respirometer)로 측정되어 나오는 산소에 대한 탄산가스의 비를 구하면 1.0이다

$R.Q. = 6\ CO_2\ /\ 6\ O_2 = 1.0$

지방중 팔미틴산의 연소반응은

$C_{16}H_{32}O_2 + 23\ O_2 \rightarrow 16\ CO_2 + 16\ H_2O$

$R.Q. = 16\ CO_2 / 23\ O_2 = 0.696$

단백질의 RQ는 0.8에서 0.9를 나타낸다.

에너지의 쓰임에서 처음 탄수화물이 쓰이고, 지속적인 운동 시에 지방이 쓰이고 단백질은 쓰이지 않음으로, 보통 운동 시 호흡지수를 구하면 1과 0.7 사이의 값을 정하고, 이에 따라 사용되는 탄수화물과 지방의 에너지 비를 구할 수 있다.

호흡지수가 증가하는 경우는 장시간 계속할 수 없는 격한 운동을 한 경우, 호흡을 억제하고 운동을 한 경우, 체중이 증가하여 갈 경우

호흡지수가 감소한 경우는 근 활동의 회복기, 기아시, 당뇨병 때 등이다.

참고문헌

1. 김영경 외: 간호와 영양, 현문사, 2004
2. 이영순, 이정실, 이현옥: 고급 영양학. 광문각, 2007
3. 채범석: 고급 영양학. 아카데미서적, 1996
4. Fox EL: Sports Physiology. 2nd ed. Holt-Saunders. 1983
5. Gropper SS, Smith JL: Advanced Nutrition and Human Metabolism. 5th ed. Wadsworth Publishing. 2008
6. Houston M: Biochemistry Primer for Exercise Science. 3rd ed. Human Kinetics. 2006
7. McArdle WD, Katch FI, Katch VL: Exercise Physiology. 6th ed. Lippincort Williams & Wilkins. 2006
8. Nelms M, Sucher KP, Lacey K, Roth SL: Nutrition Therapy and Pathophysiology. 2nd ed. Brooks Cole. 2010
9. Werner R: Essential Biochemistry and Molecular Biology. 2nd ed. Appleton & Lange. 1992
10. Dockray GJ: Clinical endocrinology and metabolism. Gastrin. Best Pract Res Clin Endocrininol Metab 18: 805-847. 2004

11. Goodman HM: Basic Medical Endocrinology. 4th ed. Academic Press. pp 101-174. 2009

12. Kershaw EE, Flier JS: Adipose tissue as an endocrine organ. J Clin Endocr Metab. 89: 2548-1556. 2004

13. Kieffer TJ, Habener JH: The glucagon like peptides. Endocr Rev. 20: 876-913. 1999

14. Niswender KD, Baskin DG, Schwartz MW: Insulin and its evolving partnership with liptin in the hypothalamic control of energy homeostasis. Treds Endocr Metab. 15: 362-369. 2004

15. Rehfeld JF: Clinical endocrinology and metabolism. cholecystokinin. Best Pract Res Clin Endocrininol Metab 18: 569-586. 2004

16. Trujillo ME Scherer PE: Adipose tissue-derived factors: Impact on health and disease. Endocr Revs. 27: 762-778. 2006

제12장 영양 평가 및 판정

PART 02

영양 평가 및 판정

영양 평가 및 판정

제12장

영양 상태는 건강에 직접적인 영향을 미치며 질병의 예방과 치료에 있어 영양요법이 중요하다는 것은 잘 알려져 있다. 영양요법을 시행하는 데 있어 먼저 정확한 영양 상태의 평가가 선행되어야 하며 이를 위해서 객관적인 지표를 통한 영양판정(nutritional assessment)이 반드시 필요하다. 영양판정은 식품 및 영양소의 섭취를 조사하고 영양과 관련된 건강지표들을 측정함으로써 개인이나 집단의 영양 상태를 평가하고 진단하여 영양 상태에 대한 정확한 판단을 가능하게 하고 궁극적으로 개인이나 집단의 영양 상태를 향상시켜 건강증진을 도모하는 데 목적이 있다. 영양판정의 방법으로는 대표적으로 식이섭취조사, 신체계측 조사, 생화학적 검사, 임상 조사 등을 들 수 있다.

1. 식이섭취조사

식이섭취조사는 영양판정을 하는데 있어 가장 먼저 시행하게 되는 보편적인 방법이다. 이를 위해서는 개개의 사람들이 평상시에 섭취하는 일상적인 식사 패턴를 조사해야 한다. 그러나 사람들의 식생활은 시간이나 계절, 또는 그 외의 수많은 요인들에 따라 매우 다양하기 마련이고 이로 인하여 같은 사람이라도 날마다 섭취하는 음식의 종류와 양이 다양할 수밖에 없다. 따라서 개개인의 평상시 평균적인 섭취량으로 판단할 수 있는 식이 섭취량을 정확하게 측정하는 것은 매우 어렵다.

(1) 식이섭취조사의 목적

식이섭취조사는 개인 또는 집단의 영양소 섭취 상태를 파악하고 이를 통하여 영양 상태를 판정할 뿐만 아니라 건강 정책을 수립하거나 역학 조사를 위한 기초 자료로 활용하거나 새로운 식품 개발의 기초 자료로 이용될 수 있다.

i) 국가 단위의 식품수급 상태를 파악할 수 있다.

ii) 개인이나 집단의 식이섭취 만족도를 확인하고, 에너지 및 각종 영양소의 섭취 실태를 판단할 수 있다.

iii) 식품섭취나 소비의 경향을 파악할 수 있다.

iv) 식이 섭취와 건강과의 관계를 연구할 수 있다.

v) 위험집단을 선별함으로써 집중적인 영양교육을 통한 질병 예방에 도움을 줄 수 있다.

vi) 여러 종류의 인구집단에서의 식이섭취 상태를 비교함으로써 역학 조사의 기초 자료로 이용할 수 있다.

vii) 식습관 개선 방안을 개인이나 국가 차원에서 마련하는 기초 자료가 될 수 있다.

(2) 식이섭취조사방법

식이섭취조사방법은 다양하며 각 방법마다 장·단점이 있으므로 목적에 따라 적절한 방법을 선택할 수 있다. 조사방법에 따라 섭취한 식품의 종류, 양, 빈도, 식이구성, 조리 및 저장방법 등과 기간에 따라 현재, 가까운 과거, 혹은 오래된 과거 등의 식이섭취 상황을 조사한다.

1) 국가나 가정 단위의 조사

a) 식품수급표(Food balance sheet)

식품수급표는 국가 단위로 식품 소비를 평가하기 위하여 가장 많이 쓰이는 방법으로 국민이 소비할 수 있는 식품 공급량을 추정하는 것이다.

b) 식품계정조사(Food account method)

식품계정조사는 주로 가정이나 급식소 단위로 식품섭취량을 추정하는데 쓰이는 방법이다. 이 방법은 일정기간 동안(보통 일주일)에 한 가정에 유입된 식품의 양을 매일 기록하는 것이다.

c) 식품목록-회상 방법(Food list-recall method)

가정에서 소비한 식품을 조사하는 데 적합한 방법으로 면접에 의해 가정의 식사 책임자가 과거의 일정한 기간(보통 1~7일) 동안에 그 가정에서 소비한 모든 식품의 종류와 양을 회상하여 구매단위로 열거하는 것이다.

d) 식품기록법(Food record method)

식사 책임자가 조사기간 동안(보통 일주일) 가족 혹은 급식자가 소비하는 식품의 종류와 양을 매끼마다 기록하는 방법이다.

2) 개인 단위의 조사

a) 회상법(Recall method)

회상법은 조사대상자가 이미 섭취한 음식의 종류와 양을 기억하도록 하여 조사하는 방법으로 개인의 식이섭취를 조사하기 위하여 가장 널리 사용되는 방법이다. 이 방법은 회상하는 기간에 따라 24시간 회상법, 3일 회상법, 7일 회상법 등이 있는데, 이 중 24시간 회상법이 가장 많이 쓰인다. 회상법은 일반적으로 조사자와 조사대상자가 만나 면접하는 방식으로 진행되며 질문 내용에는 섭취한 음식 및 음료의 종류와 양, 섭취한 시간, 장소, 같이 식사한 사람, 조리방법, 상표 등이 포함된다.

b) 식이기록법(Diet record)

식이기록법은 조사대상자가 섭취하는 모든 음식과 음료의 종류와 양을 먹을 때마다 기록하는 것이다. 이것은 먹을 때마다 식품명, 식사량, 시간, 장소 및 식이의 특징 등을 정확하게 기록하는 방법으로 회상법에서 문제되는 기억력에 의한 문제를 배제할 수 있으며 양을 추정하는데 있어서도 저울, 계량컵 등을 사용할 수 있어 훨씬 정확을 기할 수 있다. 기록하는 기간은 1일, 3일, 7일 등 필요에 따라 정할 수 있다. 기간이 길어질수록 보편적인 일상 식이를 반영할 수 있으나 조사대상자의 협조를 구하기가 힘들고 정확도도 떨어진다.

그러므로 보통 3일 정도가 가장 많이 쓰인다.

c) 식사력법(Diet history)

자세하고 광범위한 면접을 통하여 조사대상자의 일상적인 식이섭취 양상을 조사하는 방법으로 기억에 의한 방법이기는 하나 24시간 회상법처럼 어느 특정한 기간을 회상하는 것이 아니라 일반적으로 과거에 섭취한 식이 형태를 조사하는 것이다. 즉, 지난 한 달, 혹은 일 년간을 회상해 볼 때 전체적으로 하루에 어떻게 먹었는가를 묻는 방법이다. 면접 내용으로는 섭취한 식품의 종류와 양뿐만 아니라 식사의 내용 및 구성을 묻는다. 24시간 회상법과 같이 특정한 날의 섭취를 회상하는 것이 아니기 때문에 보편성을 띨 수 있으므로 오랜 기간에 걸친 평상시의 식사 형태나 식품섭취 실태를 조사하고자 할 때 유용한 방법이다.

d) 식품섭취빈도 조사법(Food frequency questionnaire)

식품섭취빈도 조사법은 특정한 식품, 혹은 식품군의 섭취빈도를 조사하는 방법이다. 즉, 조사대상자가 주로 섭취하는 식품 목록을 만들어 그 식품들을 하루, 일주일, 혹은 한 달 단위로 몇 번씩 섭취하는가를 조사하는 방법이다. 식품섭취빈도 조사법은 양적인 판정을 위한 방법이 아니고 질적인 평가를 위한 조사 방법이다. 그러므로 조사 설문지에는 원칙적으로 양은 포함되지 않으며 표준량을 섭취하는 것으로 가정한다. 이 방법은 평상시의 식품소비 경향을 파악할 수 있으며 조사대상자에게 부담도 적으므로, 식습관이나 식사 형태의 조사나 역학조사에서 질병의 원인과 식습관을 관련시킬 때 유용하게 사용할 수 있는 방법이다.

e) 기타방법

i) 평량법(weighing method)

이것은 제공되는 식품을 모두 저울로 평량하고 식사 후 남은 음식을 저울로 평량하여 감함으로써 섭취량을 정확하게 측정하는 방법이다.

ii) 전화조사방법(telephone interview)

조사대상자를 직접 면접하는 대신 전화로 조사하는 방법이다. 전화가 보편화되어 있는 사회에서는 대상자를 직접 만나는 것보다는 전화로 대화하는 것이 훨씬 간편하므로 쉽게 행할 수 있는 방법이다. 식이회상이나 식품섭취빈도

조사가 전화로 이루어질 수 있으나 직접 면접에서와 같이 자세한 조사는 할 수 없고 간단한 식품 섭취빈도나 한 끼 혹은 하루 정도의 회상은 가능하다.

iii) 사진조사(visual records)

이것은 식이를 기록하는 것이 아니라 사진이나 비디오로 찍어두었다가 나중에 분석하는 방법이다. 즉 조사대상자가 식사 전과 후에 모든 식사를 사진으로 찍어두었다가 조사자가 이 필름을 가지고 나중에 식이 섭취를 분석할 수 있다.

표 12-1. 식이섭취조사방법의 선택

원하는 정보	적합한 식이섭취조사의 방법
· 일정기간 동안의 실제 영양소 섭취량 측정	똑같은 식사(duplicate meal)의 화학적 분석평량법으로 조사
· 한 개인의 평상시 영양소 섭취량 측정	개인의 1일 섭취량을 반복하여 측정 – 24시간 회상법, 1일 식이기록법, 식사력
· 인구집단의 평상시 평균 영양소, 식품 섭취량 측정 · '위험성 있는 사람'을 가려내고자 할 때 · 상관관계 분석을 위한 개인의 섭취량 측정	구성원 다수의 1일 섭취량 측정 – 1회의 24시간 회상법 – 1회의 1일 식이기록법
· 개인이나 단체의 식품 사용, 식습관, 식사행동, 식품기호 · 질병과 식이와의 관계규명	식이섭취빈도 조사법

(3) 식이섭취조사 자료를 분석하기 위한 도구

여러 방법을 통하여 조사한 식이 섭취 자료는 각각의 영양소 섭취량으로 환산하여 이것이 개인과 지역사회의 건강을 유지하기에 적합하게 섭취되고 있는가를 평가하여야 한다. 이를 위한 도구로는 식이 섭취량을 영양소 섭취량으로 환산하기 위한 식품성분표와 섭취량이 신체의 필요량을 충족시키는가를 판단할 수 있는 영양섭취기준을 들 수 있다.

1) 식품성분표

식품 섭취량을 조사하여 영양소 섭취량으로 환산하는데 제일 먼저 필요한 것이 식품성분표이다. 우리나라에서 기본으로 사용되는 것은 농촌진흥청 농촌자원개발연구소에서 편집하여 2006년에 발표한 "제7개정판"이 사용되고 있으며 이것은 1편과 2편으로 구성되어 있다. 제1편에는 한국인이 사용하는 식품을 18개의 식품군으로 분류하여 총 식품의 일반성분, 무기질, 비타민 등 20종의 영양소 성분에 대하여 가식부위 100 g에 대한 값이 수록되어 있다. 제2편에는 아미노산, 지방산, 콜레스테롤, 식이섬유, 미량성분 함량이 일부 식품에 한하여 수록하고 있다. 또한 제7개정판에서는 현대의 식생활에 부응하도록 조리가공식품에 대한 성분치를 포함하고 있다.

2) 영양섭취기준

우리나라에서는 한국인의 건강을 최적 상태로 유지할 수 있는 영양소 섭취수준의 기준을 마련하여 사용해 오고 있었다. "한국인의 영양권장량"이 1962년에 최초로 책정된 이래 7차에 걸친 개정 작업을 거쳐 2000년에는 "한국인을 위한 영양권장량 제7차 개정"이 발간되어 사용하여 왔으나, 영양소 섭취 기준의 활용범위가 넓어지면서 하나의 기준이 여러 목적에 부합할 수 없어 여러 개의 기준이 필요하게 되어, 2000년 이후 한국영양학회에서는 오랜 기간의 연구와 준비 작업을 거쳐 2006년에 "한국인의 영양섭취 기준"을 내놓게 되었다.

새로운 영양섭취기준에서는 영양소 결핍 방지뿐만 아니라 만성질환이나 영양소 과다섭취 예방까지도 고려하여 평균필요량, 권장섭취량, 충분섭취량, 상한섭취량 등 여러 수준으로의 영양소 섭취 기준을 설정하였다.

a) 영양섭취기준의 종류

i) 평균필요량(Estimated Average Requirement: EAR): 건강한 사람들의 일일 영양필요량의 중앙값

ii) 권장섭취량(Recommended Intake: RI): 평균필요량에 표준편차의 2배를 더하여 정한 값

iii) 충분섭취량(Adequate Intake: AI): 평균필요량에 대한 정보가 부족한 경우, 건강인의 영양섭취량을 토대로 설정한 값

iv) 상한섭취량(Tolerable Upper Intake Level: UL): 체건강에 유해영향이 나타나지 않는 최대 영양소 섭취수준

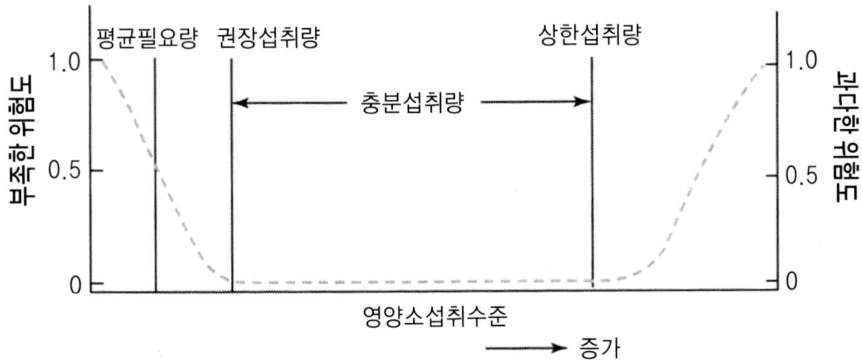

영양섭취기준

자료: 한국영양학회, 한국인 영양섭취기준, 2005

b) 영양섭취 기준의 활용

한국인 영양섭취기준은 개인과 집단의 식사섭취평가 및 식사계획에 사용되고, 영양정책 수립, 영양표시 등의 기준으로도 활용될 수 있다. 그러나 4가지 섭취기준 중 어떤 것을 사용하는 것이 가장 합당한지는 식사계획, 영양상태 평가의 기준, 식품과 영양정책 수립, 영양표시의 기준, 식품에 함유된 영양소의 질을 조정하는 기준, 영양교육이나 영양상담의 기준 등 그 용도에 따라 고려하여야 한다.

3) 영양소의 함량 분석

영양 상태를 평가하고자 할 때 식품 섭취량으로부터 식품성분표의 영양소 분석치를 이용하여 영양소 섭취량을 환산하는 작업은 매우 번거로운 작업이다. 이러한 번거로움을 단순화하기 위하여 많은 연구자들이 컴퓨터를 활용하는 방안을 검토해 왔고, 그 결과 실용적인 컴퓨터 프로그램들이 많이 개발되어 현장에서 활발히 이용되고 있다.

(4) 식이섭취조사 자료의 평가 및 실제 적용

1) 개인의 영양상태 평가

a) 영양섭취기준치와의 비교

개인의 영양소 섭취상태를 평가하기 위해서는 각 개인의 일상 영양소 섭취량과 각 영양소 필요량을 알아야 한다. 그러나 영양소 섭취량은 보통 여러 날의 식이섭취량을 측정하여 일상 섭취량을 추정할 수 있다. 그러나 개인별로 영양소의 필요량은 정확히 알 수 없으므로 일반적으로 측정된 식이섭취량을 영양섭취기준과 비교하여 판정하게 된다.

b) 식사의 질 평가

간이식생활 진단표: 식사의 질을 간단하게 평가하기 위한 여러 가지 도구들이 개발되고 있다. 개인이나 집단의 영양상태 평가에 이용하기 위하여 간이식생활 진단표(mini-dietary assessment, MDA), 건강 식이지표(heath eating index, HEI) 등을 개발하여 이용하고 있다. 이것은 간단하게 식사의 질을 평가하는 방법이 된다. 〈표 12-2〉에는 우리나라 사람들을 위하여 개발된 간이식생활 진단표를 소개한다.

영양밀도 평가: 개인의 식사의 질을 평가하기 위하여 영양밀도의 개념을 이용하여 식사의 질을 쉽고, 빠르게 평가하는 방법도 사용되고 있다. 식품 혹은 식사에 포함된 각 영양소에 대하여 1,000 kcal 당으로 구하여 비교하여 각 영양소의 질을 평가할 수 있다.

표 12-2. 우리나라 사람들을 위하여 개발된 간이식생활 진단표

항 목	항상 그런 편이다	보통이다	아닌 편이다
1. 우유나 유제품(요구르트, 요플레 등)을 매일 1병 이상 마신다.			
2. 육류, 생선, 달걀, 콩, 두부 등으로 된 음식을 끼니마다 먹는다.			
3. 김치 이외의 채소를 식사할 때마다 먹는다.			
4. 과일(1개)이나 과일주스(1잔)를 매일 먹는다.			
5. 튀김이나 기름에 볶는 요리를 주 2회 이상 먹는다.			
6. 지방이 많은 육류(삼겹살, 갈비, 장어 등)를 주 2회 이상 먹는다.			
7. 식사할 때 음식에 소금이나 간장을 더 넣을 때가 많다.			
8. 식사는 매일 세끼를 규칙적으로 한다.			
9. 아이스크림, 케익, 과자류, 탄산음료(콜라, 사이다 등)를 간식으로 주 2회 이상 먹는다.			
10. 모든 식품을 골고루 섭취하는 편이다(편식을 하지 않는다).			

자료 : 한국영양학회지 36(1):83~92, 2003

2) 인구집단의 영양상태 평가

인구집단의 영양섭취상태를 평가하는 목적은 구성원의 일상 섭취량이 그들의 필요량에 미치지 못하는 비율 혹은 과잉으로 섭취하는 비율을 파악하기 위해서이다. 인구집단의 식이 섭취 조사를 한 후에 이것을 영양소 섭취량으로 환산하여 영양섭취기준과 비교하여 평가할 수 있다. 이때에는 그 인구집단 중 문제가 되는 비율을 구하는 것을 목적으로 한다. 집단의 영양섭취의 적절성을 평가하려면 영양섭취기준 중 평균필요량을 사용하는 것이 좋다.

3) 국민건강영양조사

1995년에 '국민건강증진법'이 제정되면서 과거의 국민영양조사와 국민건강조사를 통합하여 매 3년 주기로 국민건강영양조사를 실시할 기반이 마련되었다. 그 첫 번째 조사가 1998년에 이루어졌으며, 2001년, 2005년에 두 번째와 세 번째 조사가 순차적으로 진행되어 결과보고서가 제공되고 있다. 이를 통해 우리나라 전체의 영양 및 건강상태가 파악될 수 있도록 조사방법과 내용이 개선되었으며, 국민의 건강과 영양에 관한 종합적인 기초 자료를 수집하고 영양과 건강의 상관관계를 규명하여 국가보건정책 수립에 이용될 수 있는 통계자료로 활용할 수 있게 되었다.

국민건강영양조사의 목적은 국민의 건강수준, 의료이용 및 접근성, 건강관련 의식 및 행태, 식품섭취 현황 등에 대한 전국 규모의 대표성과 신뢰성 있는 통계를 산출하여 국민건강증진을 위한 목표설정과 평가, 그리고 효과적인 건강증진사업 프로그램 개발에 필요한 자료를 제공하는 것이다. 이러한 결과는 국가 보건정책 계획의 우선순위와 목표를 설정하고 이에 따른 질병예방 및 건강증진 프로그램의 개발에 필요한 기초자료가 된다.

표 12-3. 국민건강영양조사의 구성

조사 구분		조사 내용	조사 방법
통합조사	건강조사	건강면접조사 · 질병이환조사 : 주요 질환 유병률 및 관리 · 사고/중독조사 : 발생원인, 장소, 손상유형, 손상부위 등 · 활동제한 및 삶의 질 : 1달간 침상와병일수 및 결근결석일수, 활동제한기간, 원인, 시각, 청각, 씹기 기능의 제한, 장애인 등록, EQ-5D	개별면접조사
		보건의식행태조사 : 흡연, 음주, 운동, 비만 등	자기기입
	검진조사	· 신체계측: 혈압, 맥박, 체중, 신장, 허리둘레 등 · 임상검사 : 콜레스테롤, 중성지방, HDL-콜레스테롤, 혈당, 간기능검사, B형 간염, 신장기능검사, 빈혈검사 등	이동검진센터 계측 및 검진
	영양조사	· 식품섭취조사 : 식품의 섭취횟수/섭취량, 식품의 재료 등 · 식생활조사 : 규칙적인 식사여부/식품섭취의 과다여부 등 일반적인 식습관, 외식의 횟수, 영유아의 수유기간/이유보충식의 종류 등 · 식품섭취빈도조사 : 주요섭취식품(총 63개 항목)에 대한 1년간 섭취 빈도 파악	개별면접조사
비통합조사	건강조사	건강면접조사 · 질병이환조사 : 만성질환, 주요 질환 관리 · 사고/중독조사 : 발생원인, 장소, 손상유형, 손상부위 등 · 활동제한 및 삶의 질 : 1달간 침상와병일수 및 결근결석일수, 활동제한기간, 원인, 시각, 청각, 씹기 기능의 제한, 장애인 등록, EQ-5D · 의료이용조사 : 입원, 외래, 약국, 한방 등의 사용량, 서비스 만족도, 비용, 치료지연 및 치료하지 못한 이유 등	개별면접조사

2. 신체계측조사

신체계측조사(anthropometric assessment)란 영양 상태를 판정하고자 할 때 첫 단계로 흔히 사용되는 방법이다. 이 조사 방법은 19세기말에 인류학자들에 의해 인체의 형태 차이를 양적으로 알아보는 간단한 장치로 개발되었는데 이때부터 몇몇 학자들은 현재 많이 사용하고 있는 피부주름두께(skin fold thickness) 방법을 체지방 정도를 계측하는데 사용함으로써 영양상태 판정에 대한 신체계측 조사의 이용 가능성을 처음으로 현실화하였다.

오늘날 신체계측 조사방법은 개인과 집단의 영양상태 판정에 널리 사용되고 있으며, 표준화된 방법과 기술, 그리고 많은 참고할만한 기준 자료들이 많이 개발되어 있다. 특히 단백질과 에너지 섭취가 만성적으로 불균형할 때는 신체적인 성장 패턴이 달라질 뿐 아니라 지방, 근육, 신체 총수분 등 신체 조직의 상대적인 비율이 변화하기 때문에 이 방법이 널리 사용된다(표 12-4).

표 12-4. 영양판정에 사용하는 신체계측방법

신체계측 항목	신체계측치가 반영해 주는 것
신장/체중	영양 과잉과 영양 부족, 어린이의 성장
이상체중 비율, 최근 체중변화	영양 과잉과 영양 부족
두 위	2세 이하 영유아의 뇌의 성장과 발달
상완위	근육질량과 피하 지방
피부주름두께	피하 지방과 총 체지방량

(1) 신체계측 조사의 장점과 제한점

최근 영양 판정에 있어서 그 중요성이 증가하고 있는 신체계측 조사는 표 12-5와 같은 장점을 가지고 있다.

표 12-5. 신체계측조사의 장점들

- ► 방법이 간단하고 안전하고 조사대상자에게 주는 부담이 적어 누워있는 사람이나 숫자가 많은 조사대상자들에게도 사용 가능하다.
- ► 필요한 기구들이 비싸지 않고, 견고하고, 간단히 휴대할 수 있으며 아무데서나 쉽게 구입할 수 있다.
- ► 잘 숙달된 사람이 아니어도 조금만 훈련받으면 측정할 수 있다.
- ► 표준화된 기술을 사용한다면 정확하고, 재현성이 있는 방법이다.
- ► 다른 방법으로는 얻기 힘든 장기간의 영양 상태에 관한 정보를 얻을 수 있다.
- ► 심각한 영양불량 뿐 아니라 비교적 초기와 중기 영양불량을 알아내는 데 좋다.
- ► 수년 간, 혹은 세대 간에 걸쳐 계속되는 영양상태의 변화를 평가하는 데 좋은 방법이다.
- ► 영양불량의 위험이 높은 개인을 찾아내는 선별 검사방법(screening test)으로 사용될 수 있다.

그러나 신체계측 조사는 이런 장점과 함께 몇몇 제한점도 가지고 있다. 이 방법은 예민도와 특이성이 비교적 낮으며 단기간의 영양상태 불균형, 또는 특수 영양소의 결핍 등은 알아내기 어렵다. 또 신체계측 조사로는 단백질과 에너지 섭취 불균형으로 인해 생기는 성장 및 신체조성상의 변화와, 무기질과 비타민 등 다른 영양소 결핍으로 인해 생기는 변화를 구별해낼 수 없다.

이런 제한점들이 있음에도 불구하고, 신체계측 조사는 개인(병원의 환자 등)을 대상으로, 혹은 영양개선 프로그램을 실시한 후의 집단을 대상으로 성장과 신체조성상의 주기적인 변화를 추적하는데 유용하게 쓰일 수 있다.

(2) 신체 크기 측정

신체크기 측정 방법 중 가장 많이 쓰이는 것은 신장과 체중이다. 이들은 측정하기 쉽고 또 정확하다. 경우에 따라 두위를 측정하기도 한다. 신장, 체중, 두위 등 1차 측정치로부터 나이에 따른 두위, 나이에 따른 체중, 신장-대비-체중, 체질량지수(body mass index, BMI) 등의 여러 지표(index)들을 유도할 수 있다.

1) 신장과 체중

i) 나이-대비-두위
ii) 나이-대비-체중
iii) 나이-대비-신장
iv) 신장-대비-체중
v) 체중변화

2) 체질량지수(body mass index, BMI)

신장-대비-체중 지표는 신장에 대한 상대적인 체중을 나타내므로 성인집단에서 과체중이나 비만을 측정하는 지표로도 사용될 수 있으며 현재 가장 많이 사용되는 지표는 체질량지수(BMI)이다. 이는 체중(kg)을 신장(m)의 제곱으로 나누어 구하며, 국제적으로 가장 널리 사용되는 지표이다.

BMI는 단지 신장과 체중만 측정하면 구할 수 있어 쉽고, 빠르고 대상자 부담이 적으며 피부주름두께 등보다 더 정확하여 대규모의 역학조사나 영양실태조사에서 비만도를 보기 위한 지표로 흔히 사용된다. 그러나 BMI는 근육으로 인한 체중과 체지방으로 인한 체중을 구별하지는 못하므로 체지방 과다일 때 뿐 아니라 근육이 발달하였거나 부종 시에도 높게 나타날 수 있고, 체지방의 분포도 알 수 없는 단점이 있다.

(3) 신체 구성성분의 측정

신체는 화학적으로 체지방량(body fat mass)과 제지방량(fat free mass, FFM)으로 나눌 수 있다. FFM은 주로 근육을 말하며, 골격근육, 비 골격근육, 제지방 연조직 및 골격으로 구성되어 있다. 신체계측 조사를 통해 이 두 구획을 간접적으로 판정할 수 있으며 이 두 구획의 양과 비율을 영양상태 지표로 사용할 수 있다.

1) 체지방량(body fat mass) 측정

체지방량은 신체 구성성분 중 가장 변화가 많은 구성성분이며 같은 성, 나이, 신장, 체중을 가진 사람들끼리도 서로 다르다. 여자의 평균 지방 함량은 총 체중의 27% 정도로써, 15% 정도인 남자에 비해 많다. 체지방은 절대 단위(체지방량)나 체중에 대한 비율(체지방률)로 표현되며, 피부주름두께 측정치, 혹은 팔과 다리 둘레 측정치로부터 계산할 수 있다. 체지방 함유 정도 및 비만도를 판정하는 지표에는 체중/신장 비율, 피부주름두께 체지방 분포 및 팔다리 지방면적 등이 있다.

a) 체중/신장 비율 지표

체중/신장 비율 지표는 측정하기 쉽고, 빠르고, 부담이 없으며, 피부주름두께 지표보다 더 정확하기 때문에 대규모 영양조사 및 역학조사에서 비만의 간접 측정법으로 흔히 사용된다. 그러나 체중/신장 비율 지표는 지방과다, 근육과다, 혹은 부종으로 인한 체중 증가를 구별해 주지 못하므로 피부주름두께 측정법과 같은 직접 비만도 평가 방법을 병행하여 사용하는 것이 바람직하다. 우리나라에서 현재 가장 많이 이용되는 지표는 체질량지수(BMI)이다. 특히 성인에게는 신장의 영향을 최소로 줄일 수 있고 계산하기도 쉬우므로 비만도 판정의 가장 적합한 지표로 쓰이고 있다.

b) 피부주름두께 측정

피부주름두께(skin fold thickness)는 피하지방 저장량의 크기를 추정해 주며, 피하지방의 크기를 통해 총 체지방량을 추정할 수 있다. 이와 같은 추정은 피하지방의 두께는 총 체지방을 일정한 비율로 반영하며, 피부주름의 두께 측정을 위해 선정한 부위는 한 곳이든 여러 곳이든 전체 피하지방조직의 평균 두께를 대표한다는 가정을 기초로 하고 있다. 피부주름두께 측정을 위해서는 삼두근(triceps), 이두근(biceps), 견갑골 밑(subscapular) 및 장골 위(suprailiac) 등이 가장 널리 사용된다. 피부주름두께 측정은 피부주름두께 측정용 캘리퍼(caliper)를 사용하면 가장 정확하게 잴 수 있다.

c) 허리-엉덩이둘레 비율

허리-엉덩이둘레 비율(waist-hip circumference ratio, WHR)은 체지방이 신체의 아래쪽(엉덩이 부근)에 분포하는지 혹은 위쪽(허리와 복부)에 분포하는지를 구별해주는 간단한 방법이다. 아래쪽 엉덩이 부위에 쌓이는 지방은 주로 피하지방이며 여성에게서 많다. 이에 비해 허리와 엉덩이 부위에 쌓이는 지방은 주로 내부지방이며 남성에게서 많다. WHR은 허리둘레를 엉덩이둘레로 나누어 구하고 WHR이 크면 복부지방이 많다는 의미이며, 남자의 경우 0.9~0.95, 여자의 경우 0.8~0.85를 넘으면 심장혈관계 질병 및 그와 관련된 사망률의 위험이 급격히 증가한다.

d) 허리둘레

최근 복부 지방 함량과의 상관관계가 WHR보다 허리둘레(waist circumference)에서 더 높은 것이 알려지면서 허리둘레가 복부지방 정도를 나타내주는 좋은 지표로 제시되고 있다. 허리둘레는 또 체지방과의 상관성도 WHR보다 높다. 비만 판정을 위한 허리둘레 기준은 2004년 WHO에서 남자 90 cm 이상, 여자 80 cm 이상을 제시하였으며 우리나라에서는 대한비만학회에서 남자 90 cm 이상, 여자 85 cm 이상을 제시하고 있다.

2) 제지방량(free fat mass, FFM) 측정

제지방량은 수분, 단백질, 무기질의 혼합물이며 근육에는 지방이 거의 없으므로 근육 신체질량이라고도 한다. 근육은 주된 단백질 저장소이므로 근육 단백질량을 판정해 보면 신체 내 단백질의 저장 정도를 알 수 있다. 상완근육둘레(AMC, Mid-upper-arm muscle circumference)와 상완근육면적(AMA, Mid-upper-arm muscle area)은 모두 총 근육량과 상관관계가 있으므로 단백질 영양 상태를 예측하는데 사용될 수 있다. 그러나 이 지표들은 신체 단백질의 작은 변화를 정확하게 측정해 주지 못한다.

3) 신체 구성성분의 정밀 분석법

영양 손실이나 영양 중재 활동이 신체 구성성분에 미치는 영향을 판정해 보기 위해서는 각 신체 구성성분에 대한 정확한 측정 방법이 필요하다. 신체 구성성분 측정을 위한 모델에는 4구획 모델과 2구획 모델이 있다. 4구획 모델은 신체를 수분, 단백질, 무기질, 지방으로 나누어 보는 것이고 2구획 모델은 지방과 제지방량으로 나누어 보는 것이다. 이 경우 제지방량에는 수분, 단백질, 무기질이 포함된다. 신체 구성성분 분석법에는 신체 밀도 측정을 위한 수중체중법, 신체 총 수분량 및 총 포타슘량 측정법, 그리고 생체 임피던스 분석법 등이 있다.

a) 밀도 측정(densitometry): 수중체중법

밀도 측정은 몸 전체의 밀도를 측정함으로써 체지방량과 제지방량을 추정하여 신체 구성성분을 판정하는 방법이다. 수중체중법은 신체 전체의 밀도를 측정하는데 가장 많이 쓰이는 방법이다. 이 방법은 "물속에 잠긴 물체의 부피는 그 물체와 대체된 물의 용량과 같다."라는 아르키메데스의 원리에 기초를 두고 있으며, 신체의 질량과 부피를 알면 신체 밀도는 계산 가능하다. 그 다음 신체 밀도와 지방의 관계를 나타내 주는 다른 계산식을 이용하면 체지방 비율을 계산할 수 있다.

b) 신체 총 수분(total body water, TBW) 측정

수분은 인체 구성 성분 중 가장 많은 구성분이다. 체지방에는 수분이 없으므로 신체 내 수분은 모두 제지방에 존재하며 그 양은 평균적으로 제지방량의 73% 정도이다. 그러므로 신체 총 수분량을 측정하면 이것으로부터 제지방량(제지방=신체 총 수분량/0.73)을 추정할 수 있다. 신체 총 수분은 동위원소 희석법을 사용하여 측정할 수 있다.

c) 신체 총 포타슘량 측정

신체 총 포타슘(total body potassium, TBP)의 90% 이상이 제지방조직의 세포내 이온으로 존재하므로 신체 총 포타슘 함량을 측정하면 제지방조직의 함량을 알 수 있고 이로부터 신체 구성성분을 구할 수 있다.

d) 생체 임피던스 분석법

제지방조직에는 나트륨, 염소, 포타슘, 탄산수소산염(bicarbonate)과 같은 전해질이 많이 존재하는 반면, 지방조직에는 전해질 농도가 매우 낮으며 이 차이를 이용하여 신체 구성성분을 측정할 수 있다. 생체 임피던스 분석법(BIA, bioelectrical impedance analysis)은 두 팔과 두 다리에 장치한 네 개의 전극에 의해 온 몸으로 교류 전류가 통하도록 고안된 전자 기기를 사용하는 분석법이다.

생체 임피던스 분석법으로 신체 총수분량을 측정할 수 있으며 신체 총수분량으로부터 회귀방정식을 이용하여 제지방과 체지방의 비율을 추정할 수 있다. 따라서 사용된 회귀방정식이 얼마나 정확한지에 따라 체지방 비율의 정확도가 결정된다. 이 방법은 안전하고, 사용하기 쉽고, 휴대하기 간편하고, 빠르고, 조사 대상자에게 부담을 주지 않는다. 최근 우리나라에서도 건강검진 시 생체 임피던스 체지방 측정기를 많이 사용하고 있다.

e) 기타 방법

신체 구성성분을 정밀하게 측정하는 방법에는 이외에도 초음파(ultrasound), 컴퓨터단층촬영(CT, computed tomography), 자기공명영상(MRI, magnetic resonance imaging) 등이 있다.

3. 생화학적 검사

생화학적 조사는 다른 영양판정 방법들과 비교해 볼 때 비교적 정확하고 객관적인 양적 자료를 얻을 수 있는 방법이다. 생화학적 조사는 체위가 변화하거나 임상적인 증상이 나타나기 전에 특정 영양소의 부족을 예민하게 반영하므로 영양결핍이 심하지 않은 아임상적 단계(subclinical level)나 한계수준 영양결핍(marginal deficiency)에서도 영양문제를 알 수 있어 예방적 측면에서 영양평가가 가능하다. 생화학적 조사는 식이 섭취 조사방법의 타당성(validity)

을 검사할 때나 혹은 응답자가 식이 섭취량을 정확하게 보고했는지에 대한 정확도(accuracy)를 조사하기 위해서도 사용할 수 있다.

생화학적 조사는 영양 상태를 평가하는 좋은 방법이긴 하지만 영양 외에 각종 질병이나 약물 복용, 표본 수집 및 분석과정의 기술적 문제 등이 결과에 영향을 줄 수 있으므로 반드시 식이조사나 신체계측조사 또는 임상조사방법과 병행해서 사용되어야 한다.

(1) 생화학적 조사방법의 분류

1) 정적 조사(Static test)

혈액이나 소변, 체액 등에서 영양소나 영양소 대사물의 함량을 분석하여 측정하는 직접적 조사방법으로 혈청 내의 알부민 농도나 칼슘, 비타민 A 농도 등을 측정하는 것이다. 정적 조사를 위해서는 영양소 상태를 민감하게 반영하는 체액이나 조직의 영양소를 측정하거나 소변을 통한 영양소의 배설상태를 측정한다. 전혈이나 분리한 혈액이 가장 많이 사용되며 그 외에도 소변이나 모발, 타액, 정액, 양수, 손톱, 피부와 구강액 등이 사용된다.

a) 혈액에서 영양소 측정

혈액은 얻기가 비교적 쉽고 조사대상자에게 부담을 적게 주는 방법이며 분석하기도 쉽다. 혈장과 혈청은 새로 흡수된 영양소를 운반하여 조직으로 이동시키므로 혈중 영양소 수준은 최근 식이 섭취 상태를 반영한다. 따라서 혈액은 영양상태의 단기적 지표이다. 공복 여부, 밤낮의 변화, 식이 섭취, 각종 약물의 사용, 감염, 염증 등은 혈액분석 결과에 영향을 줄 수 있으므로 사전에 조사되어야 한다. 혈액 내 영양소 농도는 항상성 조절기전에 의해 매우 세밀하게 조절되고 있으며, 조직에 있는 영양소 저장고가 고갈되었을 때조차도 혈중 영양소 농도는 유지되는 경우가 많으므로 보다 정확한 판정을 위해서는 혈액 외에 다른 생화학적 지표가 같이 조사되어야 한다.

b) 소변에서 영양소와 영양소 대사물의 측정

소변은 무기질, 비타민 B군, 비타민 C와 단백질 등의 생화학적 분석을 위해 사용된다. 체내 저장고가 고갈되면 소변 내 영양소나 대사물의 배설량도 감소하므로 소변 배설량은 최근의 식이 섭취 상태를 반영한다. 그러나 비타민

C나 인처럼 체내 저장고가 고갈되기 전에 소변 배설량이 감소하는 경우도 있다. 그러나 감염, 항생제 사용 또는 음의 평형을 일으키는 조건에서는 체내 영양소 저장고가 고갈되었어도 배설량이 증가하기도 한다.

2) 기능적 조사(Functional test)

영양 결핍은 조직이나 혈액 내 영양소 수준을 저하시킬 뿐만 아니라 우리 몸이 최적상태를 유지하기 위해 필요한 생리적인 기능에도 장애를 일으킨다. 기능적 조사는 이런 장애, 즉 특정 효소의 활성을 잰다는지 특정 영양소에 의해 영향을 받는 기능을 측정하는 간접적 조사방법이다.

기능적 조사의 예로는 비타민 A 영양상태를 측정하기 위해 암적응(dark adaptation)을 측정한다든지, 단백질-열량 결핍으로 인한 면역능력의 변화 측정을 들 수 있다. 기능적 조사는 직접적 정적 조사를 보완할 수 있으며 정적 지표보다 예민하다. 또한 개개인의 진정한 영양소 부족상태를 반영할 수 있기 때문에 최근에 활발하게 연구되고 있다.

(2) 단백질 영양 상태 판정

생화학적 조사로 단백질 영양 상태를 판정할 때는 일반적으로 단백질을 체단백질과 내장 단백질의 두 부분으로 나누어 측정한다. 체단백질량(근육 단백질량)을 측정하기 위해서는 뇨 크레아티닌 배설량이나 3-메틸히스티딘 배설량을 측정하며, 내장 단백질량을 측정하기 위해서는 여러 가지 혈청 단백질 농도를 조사한다. 단백질 영양 상태를 잘 반영하는 한두 가지 지표를 선정하기는 어려우므로 몇 가지 측정방법을 동시에 사용할 때 단백질 영양 상태를 보다 완전하게 판정할 수 있다.

1) 뇨 크레아티닌 배설량

2) 크레아티닌-신장 지표(creatinine-height index, CHI)

3) 뇨 3-메틸 히스티딘 배설량

4) 질소 균형

5) 혈청 단백질(Serum proteins)

혈청 단백질 농도는 체내 아미노산 요구량과 각 단백질의 합성률을 반영하므로 혈청 단백질 수준을 측정하면 내장 단백질 영양 상태를 알 수 있다. 혈청 단백질의 측정은 단순하면서도 정확하며, 혈청 단백질은 단백질 결핍 외에도 여러 요인들에 의해 영향을 받는다. 혈청 단백질 농도는 신체 단백질 상태를 평가하며, 회복기 환자의 합병증 유무를 평가하거나 영양보충효과를 측정할 때도 좋은 지표가 된다.

i) 총 단백질(serum total protein)
ii) 혈청 알부민(serum albumin)
iii) 혈청 트렌스페린(serum transferrin)
iv) 프리알부민(prealbumin)
v) 레티놀 결합 단백질(retinol-binding protein, rbp)
vi) 인슐린-유사 성장인자-1(insulin-like growth factor-1)
vii) 피브로넥틴(fibronectin)

6) 면역능력(Immunocompetence)

i) 총 림프구 수(total lymphocyte count)
ii) 지연된 피부 과민반응(delayed cutaneous hypersensitivity: DCH)
iii) 사이토카인(cytokine)
iv) 혈청 보체(C_3, complement 3)와 면역 글로불린(immunoglobulin)

(3) 철 영양 상태 판정

철 결핍은 전 세계적으로 가장 흔한 영양 결핍증으로 빈혈의 가장 큰 원인으로 철 영양 상태를 조사하고 판정하는 것은 매우 중요하다. 철 결핍은 작업능력을 감소시키고 체온 조절기능을 손상시키며, 행동과 지적 성취도를 저하시키고, 감염에 대한 저항력을 감소시킨다.

i) 헤모글로빈(hemoglobin)
ii) 헤마토크리트치(hematocrit)
iii) 혈청 철, 트렌스페린(transferrin), 총 철 결합력(total iron-binding capacity)
iv) 적혈구 지수(red cell index)
v) 혈청 페리틴(serum ferritin)
vi) 적혈구 프로토포피린(erythrocyte protoporphyrin)

(4) 비타민 영양 상태 판정

1) 비타민 A

비타민 A는 전 세계적으로 뿐만 아니라 우리나라에서도 섭취가 부족한 비타민이다. 결핍과 독성상태에서는 임상 증상이 분명하게 나타나지만 한계상태, 적정상태 또는 과잉상태일 경우는 대부분 생화학적 조사로 판정한다. 비타민 A 영양 상태에 대한 생화학적 판정은 혈청, 모유 및 간 조직의 비타민 수준을 측정하는 정적 조사, 그리고 용량반응 조사(dose-response test), 결막의 상피세포조사, 암적응 상태 조사와 같은 기능적 조사를 이용한다.

i) 혈청 비타민 A
ii) 용량반응조사(relative dose response, RDR)
iii) 결막 세포조사(conjunctival impression cytology)
iv) 암적응(dark adaptation)
v) 간의 저장고 측정

2) 비타민 C

비타민 C는 콜라겐 합성에 필요하며 모세혈관과 뼈, 치아의 유지와 철의 흡수 증진 및 비타민과 무기질의 산화를 예방하는 데 필요하다. 비타민 C의 영양 상태는 이유 전의 어린이, 노인, 혹은 알코올 중독자나 흡연가에서 문제가 되며 우리나라의 경우 평균적으로는 권장섭취량 이상을 섭취하고 있지만 일부 농촌과 저소득층 지역이나 노인, 흡연자에서 결핍이 나타나고 있는 것으로 보고되고 있어서 잠재적인 문제가 있는 것으로 보인다.

비타민 C의 영양 상태를 평가할 때는 혈청 수준과 백혈구 수준을 측정하는 것이 주된 방법이며 비타민 C에 대한 기능적인 조사방법이 제안되고 있지만 현재까지는 많이 사용하지 않는다.

i) 혈청 비타민 C
ii) 백혈구 비타민 C
iii) 기타 방법: 모세혈관취약성시험(capillary fragility test), 비타민 C 포화도 조사(saturation test)

3) 비타민 B_6

비타민 B_6 결핍은 건강한 사람에서는 매우 드물지만 노인이나 청소년, 임신부, 경구피임약을 복용하는 경우에 문제될 수 있다. 비타민 B_6의 영양 상태는 식이 요인 외에 에스트로겐 치료나 알코올 중독, 요독증, 간질환, 경구 피임약이나 다른 약물의 복용에 의해 영향을 받는다.

비타민 B_6의 영양 상태 평가법은 혈장 PLP, 혈장 총 비타민 B_6, 뇨 4-pyridoxic acid(4-PA), 뇨 비타민 B_6 농도를 측정하는 직접적 방법이 있고, 트립토판 부하검사, 메티오닌 부하검사, 적혈구 활성 측정 등의 간접적 방법이 있다.

i) 혈청과 적혈구 PLP
ii) 총 비타민 B_6
iii) 뇨 4-pyridoxic acid 배설량
iv) 트립토판 투여시험
v) 메치오닌 투여시험(methionine load test)
vi) 적혈구 아미노기 전이효소(transaminase)

4) 엽산

엽산은 아미노산 대사와 핵산 합성에서 단일 탄소의 이동을 위한 조효소로 작용하며, 엽산의 가장 중요한 기능은 퓨린과 피리미딘 합성에 관여하는 것이다. DNA 합성이 저하되면 세포분열의 손상과 단백질 합성의 변화가 나타난다. 이러한 효과는 특히 적혈구나 백혈구와 같이 빠른 속도로 분열하는 세포에서 현저하게 나타난다.

우리나라의 경우 소도시 임신부의 1/3 가량이 저엽산혈증을 보였으며 그 외에 미성숙한 신생아, 임신 후반기의 여성 및 노인에서 흔하다. 엽산 영양상태 판정에 많이 쓰는 방법은 혈청과 적혈구 내의 엽산 함량을 측정하는 것이다.

i) 혈청 엽산
ii) 적혈구 엽산
iii) 히스티딘 투여반응(histidine load test)
iv) 기타

5) 비타민 B_{12}

비타민 B_{12} 결핍증은 가끔 나타나며 대부분 내인성 인자의 부족으로 인한 흡수 불량이 원인이다. 내인성 인자는 위의 벽세포에서 합성되는 당단백질로 위점막이 위축되면 합성되지 않으며 노인에서 흔히 나타난다. 위절제술이나 강력한 부식제를 흡입했을 때도 위 점막에 심각한 손상이 오므로 내인성 인자가 부족할 수 있다.

혈청 비타민 B_{12}는 비타민 B_{12} 영양 상태를 알아볼 때 흔히 사용하는 방법이며 체내 저장고가 고갈되면 혈청 수준이 감소한다. 비타민 B_{12} 결핍이 계속 진행되면 거대 적아구성 빈혈이 나타난다. 혈청 비타민 B_{12}가 100 pg/mL 이하면 결핍증으로 판정한다. 비타민 B_{12} 영양상태는 엽산 영양과 관련되어 있으므로 두 가지를 동시에 조사해야 한다.

6) 기타 비타민

상기 비타민 이외에도 비타민 B_1(Thiamin), 비타민 B_2(Riboflavin), 나이아신(Niacin)의 결핍을 확인하기 위하여 혈청에서의 농도를 조사할 때가 있다.

(5) 무기질 영양 상태 판정

1) 칼슘(calcium)

최근 골다공증과 같은 칼슘의 영양문제에 대한 관심이 증가되면서 칼슘 영양 상태 측정 방법에 대한 관심도 증가하고 있으나 현재까지는 칼슘 영양 상태 판정에 적합한 생화학적 방법은 없다. 개개인의 칼슘 섭취량은 큰 차이가 있음에도 불구하고 혈청 칼슘 수준은 생리적인 기전에 의해 잘 조절되고 있기 때문이다.

칼슘 영양 상태는 골격의 무기질 함량 측정과 생화학적인 지표 조사 및 칼슘 대사물을 측정하며 알 수 있다. 최근에는 컴퓨터를 이용하여 골밀도를 측정함으로써 간접적으로 체내 칼슘 영양 상태를 조사하는 방법이 많이 이용되고 있다. 혈액 내에서 칼슘 상태를 나타내는 지표를 찾는 것은 어렵다.

i) 혈청 칼슘

ii) 뇨 칼슘 배설량

2) 아연(zinc)

아연은 모든 생물세포의 구성분으로 다양한 조절기능을 수행하며, 단백질 합성, 상처 치유, 면역기능과 조직의 성장, 유지 등 각종 대사과정에 관여한다. 체내에는 약 1.5~2.5 g이 있으며, 아연이 부족하면 왜소증(dwarfism)과 생식기능저하증(hypogonadism)이 나타난다.

i) 혈청 아연 농도

ii) 메탈로치오넨(Metallothionene)과 아연

iii) 모발의 아연

4. 임상적 영양판정

임상조사란 영양 상태에 따른 결과가 외부로 나타나는 징후를 보고 영양 상태를 판정하는 것이다. 영양 상태를 임상적으로 판정하기 위해서는 자세한 병력과 식이조사 및 신체검사를 해야 하며 조사자가 관찰하여 조사한 영양불량 징후와 대상자가 보고하는 증상에 대한 해석을 해야 한다.

임상조사는 지역사회 영양조사에서 많이 사용하며 질병이 분명하게 나타나거나 영양불량 상태가 상당히 진전되었을 때 매우 유용한 방법이다. 임상조사는 식이조사나 생화학적 조사로 나타나지 않는 어떤 영양결핍 증세를 나타내 줄 수 있으며 이럴 경우 다른 영양불량에 대한 단서가 될 수 있다. 또한 임상조사로 인해 다른 질병의 징후를 찾아낼 수 있으므로 그 질병의 진단과 치료에 도움을 줄 수 있다.

(1) 병력 조사(Medical history)

영양 상태를 임상적으로 조사하기 위해서는 우선 환자의 병력에 대해 조사해야 하며 개개인의 병력에 대한 정보는 설문지나 의학기록을 이용하여 얻을 수 있다. 가장 좋은 방법은 환자의 의무기록을 검토하고 과거의 병력을 조사하는 것이다. 먼저 일반적인 내용으로 조사대상자 및 그와 관련된 환경적, 사회적, 가족적인 요인에 대해 조사한다. 조사대상자의 병력에 대한 내용으로는 과거와 현재의 질병력, 건강상태와 약물 복용, 개인 정보와 가족력에 대한 정

보를 수집한다. 사회심리적 요인으로는 대상자의 연령, 직업, 교육수준, 결혼상태, 수입, 주거상태, 가족 수, 알코올과 흡연상태, 약물 복용상태 및 사회적이고 감정적인 지원 상태와 건강관리를 위한 비용지불능력도 조사한다.

(2) 식사력 조사(Dietary history)

조사대상자에 대한 정보를 얻을 때는 반드시 식습관에 대한 내용이 포함되어야 한다. 여기에는 식사와 간식 섭취 등 일상적 식사 형태에 대한 것 뿐 아니라 기호도, 알러지, 식품 구매력, 음식 조리 능력, 비타민과 무기질 보충제 및 다른 민간 강장제 사용여부 등이 포함된다.

(3) 영양 상태 임상평가표 : 주관적 종합 평가(SGA)

임상적 징후로 영양 상태를 판정하는 것은 임상적 징후가 비특이적으로 나타나고 판정의 기준이 불분명하기 때문에 쉽지 않다. 따라서 이러한 문제를 줄이고 보다 표준화된 임상평가를 하기 위해서 평가표를 이용하여 영양상태의 임상적 평가를 하게 된다.

미국에서 주로 사용되는 임상적 평가표로서 주관적 종합 평가(subjective global assessment, SGA)라는 것이 있다. 이는 대상자의 과거 건강상태와 신체조사를 통해 조사대상자의 영양 상태를 평가하는 임상적 기법이다. 객관적인 체위측정치와 생화학적인 수치에만 의존하였던 전통적 방법과는 달리 SGA에서는 대상자의 과거 건강상태 관련 조사 4가지 요소와 신체 관련 임상징후 조사 3가지 요소를 기초로 조사된다. 과거 건강상태 관련 4가지 요인은 최근 체중변화, 식이섭취량 변화, 위장관 증상 및 기능적 어려움이 있는지 여부를 말한다. 신체 관련 임상징후 조사 3가지는 피하지방의 손실, 근육 손실, 그리고 부종이나 복수 여부 등을 말한다. 이러한 조사내용은 한 장의 종이에 쓰여서 영양상태의 판정을 위해 사용된다.

(4) 임상징후 조사(Physical examination)

임상징후 조사란 의학적 조사를 더 확실하게 하기 위해 수행하는 추가 조사를 말한다. 대상자의 임상 징후와 증상을 조사한 결과는 영양 상태를 판정하는 중요한 도구로 사용되며, 영양보충 후 회복하는 속도를 평가하는데 사용하기도 한다.

신체 임상징후 조사란 불충분한 영양 상태와 관련된 변화들로 특히 피부, 눈, 모발, 볼 점막, 귀밑샘, 갑상선처럼 신체 표면에 가까운 기관의 표면적인 상피세포에서 느껴지거나 나타나는 변화를 조사하는 것이다.

(5) 단백질-에너지 영양불량의 임상적 판정

단백질-에너지 영양불량(protein-energy malnutrition, PEM)은 대부분 콰시오커(kwashiokor)나 마라스무스(marasmus)의 형태로 나타난다. 콰시오커는 단백질 결핍증이며 마라스무스는 에너지 결핍증이다.

콰시오커는 상대적으로 체중은 정상을 유지하고 골격근육도 그대로인 반면, 혈청 단백질 농도가 감소되는 것이 특징이다. 일반적인 증상으로는 부드럽고 통증이 없고 눌렀을 때 자국이 들어가는 부종이 발과 다리, 복부와 상체, 그리고 심한 경우에는 얼굴에까지 나타난다. 모발은 건조해지며, 부서지기 쉽고, 윤기가 없으며 당겨보면 통증이 없이 쉽게 빠진다.

마라스무스의 경우에는 체중감소가 분명하게 나타나며 골격근육과 지방조직의 양이 감소하지만 혈청 단백질 농도는 상대적으로 유지된다. 기대되는 체중/신장치의 60% 이하인 어린이와 마라스무스 어린이들은 성장률이 현저하게 감소해서 피골이 상접하게 보인다.

참고문헌

1. 이정원 등: 영양판정, 개정판. 교문사, 2007
2. 김혜영 등: 식이요법. 지구문화사, 2008
3. 손숙미 등: 임상영양학. 교문사, 2006
4. 김화영, 강명희: 영양상태 판정. 신광출판사, 2008
5. Paul Insel, R. Elaine Turner, Don Ross: Nutrition. 3rd ed. Jones and Bartlett Publishers, 2007
6. Ellie Whitney, Sharon Rady Rolfes: Understanding Nutrition. 11th ed. Thomson Wadsworth, 2008

PART 03

생애주기의 영양

영유아 및 소아 청소년기의 영양

제 13 장

영유아 및 소아청소년기의 영양 관리는 질병의 예방과 회복에 기여한다는 의미 이외에도 성장 발달을 지속시킨다는 중요한 의미를 포함한다. 소아기는 지속적인 성장이 이루어지는 시기로, 성별 및 연령에 따라 공급해야하는 적절한 영양의 정도가 다르다. 또한 부적절한 영양 공급은 소아기 급·만성 질환의 원인이 되며 신체와 정신 발달을 저해하기도 하므로 소아기 기본 영양소와 영양 필요량에 대한 이해는 매우 중요하다.

생후 첫 1~2년 내 영유아 시기에는 영양학적으로 전 소아기 중에서 가장 중요하며 적절한 영양 공급을 유지하기에 가장 어려운 시기이다. 음식 섭취의 형태가 유동식에서 고형식으로 점차 바뀌어 가는 이 기간에는 시기별로 제공해야하는 영양 공급의 원칙과 방법이 다르다. 따라서 영유아기 영양의 기본 원칙과 방법에 대한 폭넓은 이해가 필요하다.

1. 소아기 기본 영양소와 영양 필요량

(1) 에너지(energy)와 수분(water)

사람에게 하루 필요한 에너지 필요량은 활동량과 직접적인 관계가 있으며, 소아에서는 성인과 달리 활동량 외에도 성장 및 발육을 위한 필요량도 고려되어야 한다. 성장이 빠른 시기인 영아 초기나 사춘기에는 체중당 에너지 필요가 증가하며, 아울러, 단백질 및 무기질의 필요량도 늘어난다.

소아기에 필요한 총칼로리량은 생후 1년간 80-120 kcal/kg/day이며, 이의 많은 부분인 55 kcal/kg/day는 기초 대사에 소모되며, 발열 시에는 체온이 1℃ 상승할 때마다 기초 대사량의 10%씩 소모가 증가한다. 이후 3년마다 총 에너지 소모량이 10 kcal/kg씩 감소하는데 학령기(6-10세) 소아에서 1일 필요 열량의 50%는 기초대사에, 25%는 육체적 활동에, 12%는 성장에, 8%는 대변에, 5%는 음식물의 발열 효과에 소모된다.

질병 상태에서는 기초 대사량이 증가하므로 부가되는 충분한 열량을 공급하여야 한다. 기초 대사량은 장골 골절 시 20%, 패혈증 50%, 심한 화상 시 80-100%가 상승하며, 질병 시 열량은 기초 요구량의 150% 정도를 투여하는 것이 바람직하다.

영아에서 체중의 75-80%는 수분으로 이루어져 있으며, 이는 수분이 체중의 55-60%에 해당하는 성인에 비해 매우 많은 양이다. 또한, 정상 영아의 수분 필요량은 1일 125-150 mL/kg이며, 건강한 소아의 1일 필요량은 체중의 10-15%이다.

(2) 단백질(protein)

영아기에 필요한 필수 아미노산은 트레오닌(threonine), 발린(valine), 류신(leucine), 이소류신(isoleucine), 라이신(lysine), 트립토판(tryptophan), 페닐알라닌(phenylalanine), 메티오닌(methionine), 히스티딘(histidine)이며, 이외에도 저출생 체중아에서는 아르기닌(arginine), 시스틴(cystine), 타우린(taurine)이 추가로 필요한 필수 아미노산이다. 영아기 단백 섭취는 열량 요구량에 비례하여 증감되며, 생후 첫 수개월 동안 단위 체중당 요구량은 급격히 감소하는 양상을 보인다.

(3) 탄수화물(carbohydrate)과 식이 섬유(fiber)

연장아들은 1일 총 필요 에너지양의 55-60%를 탄수화물로부터 얻고, 나머지 30%는 지방, 10-15%는 단백질에서 얻는다. 따라서 탄수화물은 다른 영양소에 비해 가장 많은 양이 섭취되어 하루 필요한 에너지 대부분을 공급하는 중요한 영양소이다. 이는 주로 간과 근육에 글리코겐 형태로 저장되어 사용되는데 성인과 비교하면 저장량이 매우 적어 열량이 필요할 때는 즉시 공급되어야 한다.

섬유소는 '소화되지 않는 다당류와 리그닌(lignin)'으로 음식 대부분에는 조섬유로 성분이 표시되어 있다. 섬유소는 성인병을 예방하는 효과로 관심을 받고 있는데 동맥경화와 관상동맥질환은 식이섬유 섭취량이 많을수록 빈도가 감소한다고 알려져 있다. 식이 섬유 섭취가 부족하면 변비, 충수 돌기염, 게실염 등의 위장관질환 유발 빈도가 증가한다고도 알려졌으며 과다 섭취되면 콜레스테롤, 아연을 비롯한 다른 영양소의 흡수를 저하시킨다고도 알려졌다.

(4) 지방(fat)

불용성 유기 화합물인 지방은 열량 영양소 중 g당 9 kcal를 공급하는 가장 높은 열량 효용을 보이는 영양소이다.

지방산은 지방의 주요 구성 성분으로 탄소 사슬 수와 사슬 사이 이중 결합의 여부에 따라서 불포화와 포화 지방산으로 구분된다. 또한, 탄소 원자수에 따라 단쇄, 중쇄, 장쇄 지방산으로 구분되는데, 그 사슬의 길이에 따라 흡수되는 경로가 다르다. 장쇄 지방산과 모노글리세라이드(monoglyceride)는 에스테르화된 후 킬로미크론(chylomicron)을 형성하여 흉관(thoracic duct)을 통해 정맥계로 유입되나 단쇄 및 중쇄 트리글리세라이드(triglycerides)는 담즙 부족 등으로 가수분해가 불완전하더라도 세포내로 이동하여 문맥계를 통해 간으로 이동될 수 있다. 따라서 심한 지방흡수장애가 있는 소아에서는 이러한 경로를 통해 지방의 공급이 가능할 수 있게 된다. 필수 지방산인 리놀레산(linoleic acid)과 리놀렌산(linolenic acid)은 4-6대 1의 비율로 섭취가 권장되는데, 세포 성장, 피부와 머리카락의 유지, 콜레스테롤 대사, 혈소판 응집의 감소, 생식 등에 필수적이다.

(5) 무기질(mineral)

1) 칼슘(calcium)

골격 형성에 매우 주요한 시기인 소아기에는 칼슘 섭취가 적절한 운동과 함께 중요한데 유아는 1일 500 mg을, 10세 아이는 1,300 mg 정도의 칼슘 섭취가 필요하다. 칼슘은 주로 우유, 낙농제품, 야채, 조개 등에 의해서 공급된다. 영아의 경우, 모유 영양아는 1일 체중당 40 mg의 칼슘이 필요하므로 인공 영양아의 70 mg에 비해 요구량이 적은데 이는 모유 내 칼슘이 우유보다 생체 이용률이 높아 분유를 수유할 때에 비해 전체 요구량이 적어지기 때문이다. 칼슘 축적은 사춘기에 되어 증가하므로 사춘기에는 충분한 양의 칼슘을 섭취하여야 하며 이 시기 흡수율도 증가한다. 이는 또한 비타민 D의 양에 따라 흡수율이 달라지는데 충분할 경우는 음식 내 칼슘이 약 30% 정도 흡수되는데 비해 결핍된 상태에서는 10-15% 이하로 흡수되어 $1,25(OH)_2D$의 적정 혈중 농도 유지가 매우 중요하다.

2) 인(phosphorus)

체내 인의 80%는 칼슘과 결합하여 뼈와 치아를 구성하고 있어 인은 골질과 연조직 성장에 중요하다고 알려졌다. 인은 음식물을 통하여 충분한 섭취가 가능하므로 부족한 경우는 드물다.

3) 철(iron)

혈색소, 미오글로빈, 호흡 효소 합성에 이용되는 철은 가장 흔히 결핍되는 대표적인 영양소이다. 조산아는 저장 철이 충분하지 않아 쉽게 철 결핍이 초래될 수 있는데 이는 지능 발달에 영향을 미친다는 보고가 있다.

만삭으로 태어난 영아는 생후 6개월까지 1일 6 mg의 철이 필요하며, 이후 10 mg이 필요한데 10세 이후에는 남아는 12 mg, 여아는 15 mg이 필요하다고 알려졌다. 철분은 간, 고기, 달걀노른자, 건포도, 견과류, 녹색식물 등에 풍부하다.

4) 요오드(iode)

요오드는 갑상선 호르몬 형성에 중요한데 흡수율이 매우 높다. 과잉된 요오드는 소변으로 배설되므로 소변 요오드 배설량이 이의 영양 상태를 나타내는 지표로 이용된다. 소아는 하루에 40-100 ㎍의 요오드가 필요하며 청소년기에는 100-200 ㎍으로 그 요구량이 늘어난다.

5) 아연(zinc)

아연은 인체 내 다수 효소의 보조 인자이며 탄수화물, 단백, 지방, 핵산의 합성과 분해에 관여한다. 영아기에 1일 3-5 mg이 필요한데 결핍되었을 때 초기에 면역기능, 장점막, 피부 등에 손상이 생긴다. 결핍이 심한 경우는 식욕부진, 미각과 후각의 저하, 피부 습진, 설사, 성장 둔화 등이 관찰된다.

6) 마그네슘(magnesium)

체내 4번째로 많은 무기질로 결핍될 때 저칼슘혈증과 함께 신경계의 과다 흥분, 만성 테타니증, 발작 등이 유발될 수 있다. 6개월 영아에게는 1일 약 30 mg 정도가 필요하며 소아에서는 그 필요량이 정해져 있지는 않다.

(6) 비타민(vitamin)

효소나 조효소의 구성 성분인 비타민은 소량만으로도 충분한 기본 영양소로 1세 이상에서 정상 식이를 하는 건강한 소아는 따로 보충은 필요 없다. 비타민은 부족하면 다양한 질환을 유발하지만, 과량 섭취할 때도 독성 증상을 나타낼 수 있다.

1) 비타민 A(vitamin A)

비타민 A는 레티놀, 레티닐 에스테르, 레티날, 레틴산을 포함하는 β-이오논(β-ionone) 유도체를 대표하는 일반명이다. 레티날은 망막 간상체와 추체의 색소 형성에 필요하며 레티노이드는 체내 상피막의 각질화, 골대사, 태반 발육, 정자 형성, 점액 합성에 기여한다.

따라서 담즙정체 간질환, 낭포성 섬유증, 단장 증후군 등과 같은 지방흡수

장애가 발생할 때 야맹증, 상피 이형성으로 결막 건조증, 결막의 은회색 반점, 각막의 건조 및 연화, 피부 건조, 모공 각화증, 요로 상피 이형성, 뇌압 상승, 뇌수종 등이 발생할 수 있다.

반면, 비타민 A가 과잉 섭취될 경우도 급성 또는 만성 독성 작용이 발생할 수 있는데, 급성 중독은 구역, 구토, 졸음, 대천문 팽창, 복시, 유두부종, 뇌신경 마비, 가성 뇌종양(pseudotumor cerebri) 등의 증상 및 증후가 동반될 수 있으며, 만성 중독은 식욕 부진, 가려움증, 보챔, 뼈의 통증, 탈모증, 지루성 피부병변, 뇌압 상승, 간비대, 두개로(craniotabes) 등이 관찰될 수 있다. 단순 방사선 검사에서는 특징적으로 척골, 경골의 골간 중간 부위 골화과잉(hyperostosis)을 관찰할 수 있다.

2) 비타민 D(vitamin D)

비타민 D는 칼슘과 인의 흡수 및 대사에 매우 중요한 역할을 담당한다. 이는 장에서 칼슘과 인의 흡수를 촉진하며, 신장에서 인의 재흡수 촉진 및 뼈에서의 칼슘의 용출을 일으켜서 혈중 칼슘 농도를 유지하고, 부갑상선 호르몬, 칼시토닌과 함께 체내 칼슘, 인 대사를 조절한다. 비타민 D의 결핍은 간질환, 낭포성 섬유증, 단장 증후군, 신장 질환 등과 같은 병적인 상태에서 흔히 발생할 수 있으나, 최근에는 햇볕을 잘 쪼이지 않는 영아, 실외 활동이 적은 성인, 유색인, 햇빛 차단제를 항상 바르는 경우의 결핍도 자주 보고되고 있어 이에 대한 사회적 관심이 높아지고 있다.

비타민 D 결핍증(구루병, Rickets)에서 관찰할 수 있는 임상 증상으로 머리에서는 두개로, 크고 유합이 늦어지는 대천문, 사각형 상자 모양의 머리를 관찰할 수 있으며, 가슴에서는 구룻병 염주, 새가슴, 가로막 부착부를 따라 흉벽이 우묵하게 들어간 홈 등을 관찰할 수 있다. 이외에도 누두흉, 척추 후만증, 척추 전만증, 척추 측만증 등의 변형이 보일 수 있으며, 사지에서는 손목, 발목 부위 골단의 비후, 다리의 변형(내반슬, 외반슬, 내반고 등), 구룻병 난장이증 등이 특징적이며 치아 발육 부전도 동반될 수 있다. 병력과 임상 소견으로 비타민 D 결핍증이 의심되는 경우 생화학검사 및 방사선 검사를 시행해 확인해 볼 수 있다. 혈청 25-OH-콜레칼시페롤(cholecalciferol)의 특징적 감소와 함께 혈청 인은 감소(<4 mg/dL)하는 반면 혈청 칼슘은 정상 또는 감소를 하고 혈청

알칼리 인산분해효소(alkaline phosphatase)는 대개 상승하며 소변 cyclic AMP도 상승한다. 뼈의 손목 단순 방사선 촬영에서 특징적으로 자뼈(ulna)나 노뼈(radius)의 원위부에서 골단의 중앙부가 컵 모양으로 들어가고, 컵의 양쪽에 해당하는 부위가 바깥쪽으로 불분명하게 확대되는 양상을 관찰할 수 있다. 또한, 골간의 음영이 연하고 때로는 골절이나 가골 형성도 관찰할 수 있다(그림 13-1). 이러한 방사선학적 이상은 비타민 D_3 또는 1,25-디히드록시콜레칼시페롤(dihydroxycholecalciferol)을 경구 투여한 후 2~4주부터 치유되기 시작한다. 반면 혈청학적 검사 이상은 1주 내 정상으로 회복되는 경우가 흔하다.

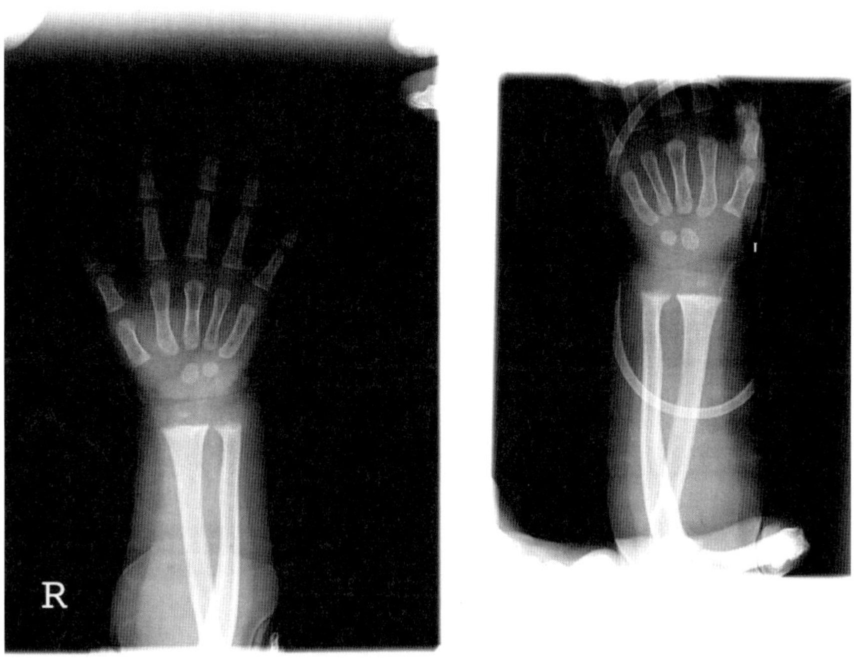

그림 13-1. 구룻병 뼈의 단순 방사선 촬영 소견

비타민 D를 1개월 이상 과량 섭취를 하면 식욕부진, 두통, 갈증, 보챔, 구토, 설사, 다뇨, 변비 등의 증상이 나타나며, 생화학 검사 결과 과잉 증가 고칼슘혈증, 고칼슘뇨증, 타 장기의 칼슘 침착, 신장 손상, 전반적 골화석증을 확인할 수 있다.

3) 비타민 E(vitamin E)

비타민 E는 항산화제로 작용하는데 만성 흡수장애 증후군, 미숙아, 과량의 불포화 지방산에 의해 결핍될 수 있다. 이럴 때 미숙아의 용혈성 빈혈, 혈소판 부착력과 수의 상승, 미숙아의 산소 중독증 증가, 크레아틴뇨(creatinuria), 평활근과 골격근 병변, 근력 저하 등이 초래될 수 있다.

4) 비타민 K(vitamin K)

비타민 K는 식물에서 합성되는 K_1과 동물이나 미생물에서 발견되는 K_2의 두 가지 형태가 있으며 K_2는 체내 장내 세균에 의해서도 합성된다. 따라서 장기간 항생제를 사용할 때 항생제에 의한 식욕 감퇴, 지방변, 몸속 질소 평형의 변화와 같은 영양 상태의 변화 외에도 장내 세균의 변화로 말미암은 비타민 K의 합성 저하도 고려해야 한다. 비타민 K는 혈액 응고 인자 II, VII, IX, X의 합성에 반드시 필요한데 출생 직후 신생아들에게 예방적 비타민 K를 주사한 이후로 현저히 신생아 출혈 질환의 빈도가 감소하였다. 영아기에는 주로 생후 1-2개월의 모유 영양아에서 결핍이 관찰되기 쉬우며, 연장아의 경우 다량의 살리실산(salicylate)이나 디쿠마롤(dicumarol)의 치료 후 또는 간질환, 장관 흡수 장애 시에 결핍되는 경우가 흔하다.

5) 비타민 B_1(티아민, thiamine)

비타민 B_1은 인과 함께 결합하여 thiamine pyrophosphate가 되어 피루빈산 탄수화물 대사 과정에서 산화적 탈탄산 반응(oxidative decarboxylation)을 담당하는데 결핍되면 울혈성 심부전, 빈맥, 사지 부종 등과 같은 습성 각기병(wet beriberi) 증상과 신경염, 감각 신경 이상, 안절부절, 식욕 부진, 쉰 목소리와 같은 건성 각기병(dry beriberi) 증상을 보일 수 있다.

6) 비타민 B_2(리보플라빈, riboflavin)

비타민 B_2는 탈수소효소의 조효소인 flavin mononucelotide(FMN)과 flavin adenine dinucleotide(FAD)의 구성 성분으로 체내에서 일어나는 산화, 환원 반응을 촉매하는 역할을 하며, 결핍될 경우 눈부심(photophobia), 시력 감퇴,

눈의 가려움 및 작열감, 감각 혈관 침윤, 설염, 지루성 피부염, 성장 부진, 구순증(cheilosis) 등을 유발할 수 있다.

7) 나이아신(Niacin)

나이아신은 니코틴산(nicotinic acid)과 니코틴아미드(nicotinamide)가 있으며 결핍할 때에는 초기에는 피로, 식욕 감퇴, 체중 감소, 설염으로 시작하나, 햇빛에 노출되는 부위의 피부염(dermatitis), 설사(diarrhea), 치매(dementia)의 3D 증상을 보이는 펠라그라(pellagra)로 진행된다.

8) 엽산(folate)

엽산은 아미노산과 핵산의 합성에 필수적인 영양소로 세포 분열과 성장에 중요하다. 따라서 흡수장애로 결핍되면 거대적혈모구 빈혈(megaloblastic anemia), 설염, 세포 면역 저하, 인두 궤양, 성장 장애 등이 초래될 수 있다.

9) 비타민 B_6(피리독신, pyridoxine)

피리독신은 간과 적혈구 등에서 인산과 결합하여 인산 피리독살(pyridoxal phosphate)과 인산 피리독신(pyridoxine phosphate)로 전환되어 영양소 대사에 조효소로 작용한다. 이는 장내 세균에 의해서 합성되기 때문에 결핍이 매우 드물지만, 간혹 인산 피리독살 혹은 피리독신과 복합체를 형성하는 약제[이소니아지드(isoniazid), 페니실라민(penicillamine)] 등에 의해 결핍을 보일 수 있다. 결핍 시에는 피부염, 구순증, 구내염, 말초 신경염, 소구성 저색소성 빈혈, 영아기 경련 등을 유발할 수 있으며, 과잉 시에는 촉감 이상, 통증, 발열과 진행성 실조를 동반한 감각신경 병변을 가져올 수 있다.

10) 비타민 B_{12}(시아노코발라민, cyanocobalamin)

비타민 B_{12}는 엽산 조효소를 활성화하는데 관여할 뿐 아니라 신경섬유를 보호하는 수초를 정상적으로 유지하는데도 이바지한다. 그리고 체내의 핵산 합성에 관여하므로 부족 시 적혈구 분열이 이루어지지 않아 적혈구가 커지고 수는 감소하여 거대악성빈혈이 초래된다. 이는 식이 결핍보다는 흡수장애로 오며, 또한 위절제, 만성소화장애증(celiac disease), 소장 염증, 약물(PAS, neomycin)의 장기 복용 시에도 초래될 수 있다. 결핍 시에는 거대 악성 빈혈 외에도 메틸말론산뇨증(methylmalonic aciduria), 호모시스틴뇨증(homocystinuria), 척수 신경섬유 말이집 탈락으로 말미암은 신경장애도 초래될 수 있다.

11) 비타민 C(ascorbic acid)

비타민 C는 수용성 환경에서 강력한 환원제로 작용하며 콜라겐 형성, 카르니틴과 스테로이드의 합성, 철의 흡수 촉진, 상처 회복, 아미노산, 포도당 대사 등에 관여한다. 따라서 결핍 시에는 잇몸, 점막, 관절강, 안구의 출혈, 혈뇨, 경막하 출혈, 골막하 출혈 시 통증으로 특징적인 개구리 자세, 골절, 괴혈병성 염주(rosary), 창상 회복 지연, 특징적인 무릎 부위 X 선 소견[골간 및 골핵의 젖빛유리(ground glass) 소견, 골파손 등]을 보이는 괴혈병(scurvy)이 초래된다. 과잉 섭취될 경우에는 구역, 설사, 심한 복통, 옥살산뇨증(oxaluria), 신결석(renal stone) 등이 유발될 수 있다.

2. 영아의 영양(feeding of infants)

(1) 모유 영양(breast feeding)

모유는 이유식이 시작되는 생후 4~6개월 이전까지 유일하며 완전한 영양 공급원이다. 모유는 호흡기 감염, 중이염, 장염 등 각종 감염을 줄여주며, 알레르기 감소, 신경 발달과 인지능력 향상에 도움을 주고 어머니와 안정된 유대감 형성에 크게 이바지한다. 최근에는 과학적인 방법으로 분유와 비교하여 영양학적, 면역학적 측면에서의 모유의 우월성이 많이 알려진 실정이다.

1) 모유 영양의 장점

① 영아에 유리한 점

i) 모유는 자연적으로 사람에게 특별히 알맞게 만들어진 가장 훌륭한 영양소로 어느 우유 제품보다 영양 면에서 우수하며 생후 6개월간은 모유만으로도 영양 공급이 충분하다.

ii) 모유는 첫해 동안 뇌 발달에 중요한 이바지를 하는데 이는 뇌 발달에 중요한 도코사헥사엔산(docosahexaenoic acid, DHA: 뇌 기능과 망막 기능 유지), 콜레스테롤, 타우린, 장쇄불포화지방산 등을 함유하고 있기 때문이다.

iii) 모유는 이외에도 무기질, 미네랄 등 필수 영양소의 흡수와 소화가 용이한 형태로 포함된 영양 식품이다.

iv) 모유는 신선하고 무균상태이며 항상 수유하기에 적당한 온도를 유지하고 있어 쉽게 먹일 수 있고 경제적으로도 유리하다.

v) 모유는 감염 예방에 분유보다 효과적인데, 이는 모유 내 함유된 분비형 면역글로불린 A(secretory IgA), 항균성 및 항바이러스성 항체, 대식세포, 백혈구, 락토페린(lactoferrin; 철 결합 단백, 대장균 등의 성장을 억제), 리소자임(lysozyme), 파이브로넥틴(fibronectin), 뉴클레오타이드(nucleotide)와 같은 방어 인자들의 기여에 의한 결과로 여겨진다.

vi) 모유 수유아에서 각종 세균성 또는 바이러스성 위장관염 및 설사뿐 아니라 하부 호흡기 감염, 중이염, 패혈증, 균혈증, 세균성 수막염, 요로 감염, 보툴리눔독소증(botulism), 괴사성 장염의 빈도가 분유 수유아에 비해서 현저히 감소한다고 알려졌다.

vii) 모유는 그 자체의 면역학적 방어력으로 1형 당뇨병, 림프종, 만성소화장애증(celiac disease), 궤양성 대장염의 발병을 줄이는 것으로 추정되고 있다.

viii) 모유 수유를 하는 경우 아토피성 피부염, 천식의 발생률이 낮고, 발병하더라도 증상이 경미하며 모유 수유를 중단한 후에도 오랜 기간 예방 효과가 있는 것으로 보고되기도 한다. 또한, 우유 알레르기나 불내성(intolerance)에 의한 증세 감소에도 도움이 되는 것으로 알려졌다.

ix) 모유 내 함유된 호르몬(코티솔, 인슐린, 갑상선 호르몬 등), 성장인자 등은 출생 직후의 미숙한 장점막 발달을 촉진한다고 알려졌다.

x) 모유는 인지능력 발달에도 도움을 주며, 망막 기능 발달에도 도움을 주어 시력을 좋게 할 수 있다는 보고가 있다.

xi) 모유 수유를 통해 어머니와 영아의 정신 심리학적 만족감이 높아질 수 있다.

② 산모에 유리한 점

i) 모유 수유는 옥시토신(oxytocin)을 증가시켜 자궁 수축을 촉진시키므로 산후 출혈을 감소시키고 자궁도 빨리 임신 전 크기로 줄어들게 해 주므로 출산 후 전신 회복에 도움이 된다.

ii) 임신 전의 몸무게로 빨리 회복되어 출산 후 비만 발생이 줄어든다고 한다.

iii) 모유 수유에 의한 무월경으로 출산 후에도 월경에 의한 실혈을 감소시켜주어 출산 후 회복에도 도움을 준다.

iv) 전적으로 모유를 수유하면 배란이 늦춰지게 되어 다음 임신을 지연시킬 수 있다.

v) 산후 뼈의 재골화를 촉진하고 유방암과 난소암의 빈도를 감소시킨다고 알려졌다.

③ 사회 경제적 이득

사회적으로는 모유 수유를 통해 양육비를 감소시킬 수 있고 보건 의료비 감소 효과도 기대할 수 있다.

2) 모유와 우유의 영양성분 비교

모유는 주변 상황이나 신체 조건에 따라서 달라지는 액체이기는 하나, 성분의 분비 기전은 수유모의 영양 공급에 따라 조절되지 않으므로 수유모의 영양 상태에 영향을 받지 않고 거의 일정하게 유지된다. 단 비타민 B군과 셀레니움 등의 일부 성분은 섭취량에 영향을 받는 것으로 알려졌다.

표 13-1. 모유와 우유 성분 비교

성 분	모 유	우 유
탄수화물(g/dL)		
유당	7.3	4.0
올리고당	1.2	0.1
단백질(g/dL)		
카세인	0.2	2.6
α -락트알부민	0.2	0.2

락토페린	0.2	Trace
분비형 면역글로불린 A	0.2	Trace
β -락토글로불린	0	0.5
지질(%)		
중성지방	4.0	4.0
인지질	0.04	0.04
무기질과 전해질(mM)		
나트륨	5.0	15
칼륨	15.0	43
염소	15.0	24
칼슘	7.5	30
마그네슘	1.4	5
인산염	1.8	11
중탄산염	6.0	5

위 표는 '모유 수유하여야 하는 이유와 현 실태. 2003년 소아과 연수강좌. 대한 소아소화기영양학회'에서 인용함.

3) 초유의 성분

초유는 임신 후반기부터 출산 후 2-4일까지 분비되는 모유로 짙은 레몬색 및 노란색으로 하루 10~40 mL 분비되며, 단백질, 칼슘 및 기타 무기질은 다량 함유됐지만 탄수화물과 지방은 적게 함유되어 있다. 초유는 면역학적 요소(면역글로불린 A, 락토페린, 백혈구 등) 등도 많이 함유하고 있어 감염 방지에 매우 효과가 있다.

4) 모유 수유를 성공하기 위한 유의 사항

모유 수유가 성공하기 위해서는 수유모에게 사전 교육을 시행하고 주위에서 돕는 것이 매우 중요하다. 특히 분만 후 퇴원 시까지의 기간이 모유 수유 성공에 중요한데 출산 후 되도록 빨리(30분-1시간) 모유 수유를 시작하도록 한다. 제왕 절개 분만 시에도 산모의 상태가 정상이면 바로 수유를 해야 하는데 마취 분만 시에는 깨어난 직후 바로 수유를 하도록 권한다. 의학적으로 필요하지 않은 한 신생아에게 모유 이외의 다른 음식을 주지 않도록 노력해야 하며 아이가 원하면 언제든지 수유하도록 하는데 대개 1일 8-12회 정도의 빈도로 수유한다. 유두 혼돈을 피하고자 모유 수유 시에는 고무 젖꼭지나 우유병을 빨리지 말아야 하며 퇴원 후 2-3일에 전화로 수유 상황을 확인하고 지도할 수 있도록 하는 노력이 필요하다. 산모에게 충분한 식사를 공급하고 평온한 정신 상태가 유지되도록 하는 것은 안정적 모유 수유를 위해 중요하다. 산모에게는 모유 수유 첫 1주일 동안은 젖이 많지 않고 계속 빨리면 양이 는다는 것을 알려주어 젖을 규칙적으로 완전히 비울 수 있도록 해야 한다. 지속적으로 젖을 빨리면 젖 분비가 자극되어 앞으로 원활한 수유가 가능해진다. 젖을 물기와 빨기가 정상인지 확인하기 위해서는 기저귀 수를 세어보는 것이 도움이 된다.

5) 모유 수유 시의 문제점

① 유두 동통(sore nipple)

유두 동통은 흔하게 모유 수유 시 경험하게 되는 증상으로 수유 시작 2~3일 동안 가벼운 통증은 느낄 수 있으나 곧 소실된다. 그러나 지속하는 심한 통증이 있다면 정상은 아니고 합병증이 있다고 추정할 수 있다. 유두 통증은 거의 항상 아이가 제대로 젖을 빨지 못하고 있다는 의미이니 가능한 제대로 빨도록 주의를 기울여야 한다.

② 유방 울혈(engorgement)

아기가 출생 후 2~4일이 지나면 유방이 꽉 찬 느낌이 들고 팽팽해지며 예민해지는데 대개는 유선염과는 달리 수 일 이내 가라앉는다. 만약 유방 통증이 심할 경우는 산모에게 진통제를 투여하고 적절한 젖빨리기가 되는지 살펴보아야 한다. 젖을 먹인 이후에는 찬 찜질을 하는 것이 좋고 수유 후에 젖을 짜내는 것이 울혈을 줄이고 통증을 감소시켜준다.

③ 유선염(mastitis)

유선염은 유방에 통증, 발적, 발열을 동반하는 감염으로 황색 포도상구균이 그 주요 원인균이다. 유선염이 있다고 해서 모유를 중단할 필요는 없으며 수유 때문에 아기에게 문제가 생기지는 않는다. 우선 양측 젖을 아프지 않은 쪽부터 모두 빨리고 산모가 안정을 취할 수 있도록 하며 산모에게 적절한 항생제를 투약하도록 하여야 한다.

④ 모유 황달

신생아에서 황달이 생길 경우에도 이 때문에 모유 수유를 중단해야 할 경우는 매우 드물며, 실제로 1~2일 만이라도 수유를 중단하는 경우 다시 모유 수유를 하는 것이 매우 힘들어질 수도 있으니 일시적으로 중단하는 것을 결정할 때는 신중을 기해야 한다.

6) 모유 수유의 금기

① 모체의 활동성 결핵, HIV, 치료받지 않은 임질, 범발성 헤르페스 감염, 심한 만성 질환 및 영양실조의 경우는 모유 수유를 금한다.
② 갈락토스혈증(galactosemia)에 이환된 영아는 모유 수유는 금기이다.
③ 모체의 B형 간염은 출생 후 B형간염 면역글로불린(HBIG)과 B형간염 백신을 주사하면 모유 수유를 해도 된다.
④ 모체가 매독에 걸린 경우는 분만 직전 새로 감염된 경우 제외하고 수유할 수 있다.
⑤ 분만과 관련된 심한 출혈, 패혈증, 자간증의 경우는 회복되면 수유할 수 있다.
⑥ 모유를 통해 영아에게 영향을 줄 수 있는 약물을 모체가 복용 중인 경우는 복용을 일시 중단하는 것이 바람직하다.

7) 모유 수유의 기간과 보충식

모유 수유만으로도 생후 6개월간은 다른 음식을 따로 먹일 필요가 없으나 이후 적어도 1년간은 이유식을 추가하면서 수유를 하여야 영양 결핍을 피할 수 있다. 비타민 D는 수유모의 비타민 D 결핍, 일광 노출 부족 시 보충이 필요하며 철분은 저장이 부족한 미숙아나 빈혈 시 보충이 필요하다. 불소(fluoride, F⁻)는 첫 6개월 동안은 금기이며, 6개월-3세 사이에 먹는 물의 불소양이 아주 부족할 때만 선별적으로 보충이 필요하다. 세계보건기구(WHO)는 생후 2년까지 모유 수유를 지속할 것을 추천하고 있다.

(2) 영유아 조제유

생후 1세까지 영아에게 모유를 대체할 수 있는 식품인 조제유(infant formula)는 정상아를 위한 표준 또는 일반 조제유와 특수한 상황의 환아를 위한 특수 조제유로 구분된다. 이와 같은 표준 조제유만으로도 생후 6개월에서 1년까지 영아의 성장과 발달에 필요한 영양을 충분히 공급할 수 있으나 조제유(분유)는 모유와는 또 다른 영양학적 특징을 가지고 있다.

1) 표준 조제유

① 영양학적 특징

우유 단백에는 모유보다 카세인의 함량이 높으므로 분유는 카세인 함량을 낮추고 유청 단백질 함량을 높여 모유 수준에 맞추었으며 면역 글로불린과 라이소자임 등을 첨가하여 제조된다. 탄수화물의 경우, 우유는 모유보다 유당 함량이 낮으므로 유당을 모유 수준에 맞게 분유에는 추가되었다. 지방의 경우, 우유는 포화지방산이 많으므로 불포화지방산인 리놀레산이 들어 있는 식물성 지방을 추가하여 제조한다. 표준 조제유에는 철분을 강화하여 모유보다 분유에 철분 함량이 높으나 흡수율은 모유 내 철분보다 떨어진다.

② 인공영양의 기법 및 주의점

다양한 표준 조제유가 시판되고 있으나 그 주요 성분은 서로 거의 비슷하며 조유 농도는 13-14%이고 전유는 열량은 66-70 kcal/100 mL 정도이다.

조유는 어느 정도 규칙적인 시간에 일정량 먹이며 (표 13-2), 우유가 남아 있다고 다 먹이기 위해 강제로 먹여서는 안 된다. 하루 분유 총 수유 총량은 1,000 mL를 넘기지 않도록 하고 1회 먹이는 최대량은 240 mL 이내로 한다. 조제유 수유 후 아기가 기분이 좋고 만족해하고 충분한 체중 증가가 보이면 필요한 충분한 양을 수유했다고 판단할 수 있다.

2) 특수 조제유

① 대두 단백 분유(soy formula)

대두에서 분리한 단백을 기조로 제조된 분유로 지방은 일반 조제분유와 비슷하나 식물성 유지로 강화되어 있다. 대두 단백 분유의 탄수화물은 유당을

표 13-2. 조유 처방 계획[1)]

월령	체중(kg)	1회량(mL)	수유횟수
0~1/2	3.3	80	7~8
1/2~1	4.2	120	6~7
1~2	5.0	160	6
2~3	6.0	160	6
3~4	6.9	200	5
4~5	7.4	200	5
5~6	7.8	200-220	4~5

칼로리 소요량 : 110(110~120) kal/kg
수분 소요량 : 150(130~160) mL/kg
우유 100 mL = 약 70 kcal
위 표는 '소아의 영양. 홍창의 소아과학. 제9판. 2007'에서 인용함.

포함하지 않으며 sucrose, 전분 등으로 구성되어 있어 설사를 동반한 위장염으로 심하고 지속적으로 유당 불내증이 생긴 경우와 선천적 유당 분해 효소가 결핍된 일차성 유당 불내증, 갈락토스혈증, 채식주의자 등에 사용될 수 있다.

② 단백질 가수분해 조제유

단백질 가수분해 조제유는 저알레르기 조제유라고도 하는데 이는 우유 알레르기 환아에게 수유 시 90%이상 알레르기 증상을 나타내지 않는 안전한 우유를 말한다. 따라서, 저알레르기 분유(유단백 가수 분해 분유: hypoallergenic formula)는 우유 알레르기, 대두 단백 알레르기, 또는 위장관 질환이나 간질환으로 인한 흡수장애에 사용될 수 있다. 이는 단백질을 가수분해하는 정도에 따라서 분자량이 3,000 Dalton 이하인 완전 가수분해 조제유와, 3,000~10,000 Dalton인 불완전 가수분해 조제유로 구분될 수 있다. 완전 가수분해 조제유의 경우 보다 안전한 대체유이나 맛이 좋지 않고 가격이 비싸며 삼투압이 높아 설사를 유발할 수 있다.

③ 미숙아 분유

미숙아나 저체중아를 위한 조제유는 소화, 면역 등이 미숙한 이들에게 출생 후에도 재태 중에서와 같이 성장할 수 있도록 고안된 조제유이다. 이는 단백질 함량이 높고 유당의 함량은 상대적으로 적으며 지방 공급원으로 중쇄지방(medium-chain triglycerides, MCT)을 함유하고 있고 칼슘, 인산염 등이 강화되어 있다.

④ 저인산 분유

저칼슘혈증의 환아를 위해 고안된 분유로 칼슘 대 인의 비율이 3-4:1로 조정되어 있다.

⑤ 선천성 대사 질환용 특수 분유

선천성 대사이상 질환을 위한 특수 조제유는 국내에서 약 8종이 생산 판매되고 있는데 PKU (phenylketonuria) formula, MPA (methylmalonic propionic acidomia) formula, BCAA (branched chain amino acid) free formula, Methionine free formula, Leucine free formula, UCD (urea cycle disorder) formula, protein free formula, MCT (medium chain triglycerides) formula 등이 있다.

3. 이유(weaning)기 영양

(1) 이유식의 정의와 필요성

이유는 모유나 우유 대신 다른 반고형식의 음식섭취를 영아에게 주기 시작하여 경도, 양, 종류를 증가시켜 고형식으로 이행해가는 과정이다. 생후 4-6개월이 되면 모유만으로는 충분한 영양을 공급할 수 없어 반드시 필요하며 영아기 정상적인 성장과 발육을 이끌어 나가는 중요한 과정이다. 초기 단일 식품으로 시작하며 반고형식 형태의 음식을 숟가락으로 떠먹이는 것을 원칙으로 한다.

(2) 이유식의 시작 시기

이유식은 받아 삼키는 능력이 준비된 시기, 즉 생후 4-6개월, 체중 6-7 kg 될 때 대개 시작하게 되는데 모유 수유아의 경우 생후 6개월까지는 모유만으로도 충분하므로 생후 6개월 이후에 이유식을 시작할 수 있으나 분유 수유아의 경우 최소한 생후 4개월이 지난 후부터 이유식을 시작할 수 있다. 최소한 생후 4개월이 되어야 혀내밀기 반사가 사라지고 턱이 위아래로 움직이는 씹기 등 구강 운동이 나타나고 이도 나기 시작해 이유식을 받아 삼키는 능력이 갖추어지게 된다고 볼 수 있다. 만약 이 시기보다 일찍 이유식을 시작한다고 해도 영양적으로나 정신적으로 유리하지는 않다. 미숙아는 정도에 따라서 1~2개월 정도 늦게 시작해도 좋으나 건강한 영아는 늦게 이유식을 시작하는 것은 영양학적으로나 적응 면에서 나쁜 결과를 가져올 수 있다.

(3) 이유식의 단계

1) 이유 초기(생후 4-6개월, 하루 1번 반유동식)

충분한 영양 공급보다는 수저로 먹는 것을 익히는 시기로 미음, 달걀노른자, 야채 미음, 과일즙 등을 먹인다.

2) 이유 중기(생후 7-9개월, 하루 2번 반고형식)

잇몸으로 부셔서 먹을 수 있는 묽은 죽, 으깬 야채나, 생선, 완숙한 달걀, 두부 등 부드러운 반고형식을 준다. 이 시기에는 음식을 어느 정도 굴릴 수 있게 된다.

3) 이유 후기(생후 10-12개월, 하루 3번 고형식)

묽은 밥이나 된죽, 죽밥, 다진 고기, 잘게 썬 야채, 다진 고기 등 고형식을 먹일 수 있고 과자나 빵 등을 직접 손으로 집어 먹게 하여 조절 능력을 길러주며 혼자 컵을 쥐고 먹을 수 있도록 한다.

4) 이유 완료기(만 1세 이후)

어른과 같이 하루 세 번 밥을 먹고 식간에 간식을 주도록 한다. 이때는 성인용 식사를 이용하여 잘게 자르거나 부드럽게 삶아 주면 되는데 생선, 달걀, 고기 등의 단백으로 영양분의 약 1/3을 섭취하고 그 외 다섯 가지 식품군을 고루 섭취하도록 한다.

5) 이유식의 기본 원칙 및 유의할 점

① 이유 초기에 철분 함유된 단일 곡식을 반유동식으로 숟가락 이용하여 먹이는 것이 바람직하다.

② 일정한 시간에 일정한 장소를 정해 이유를 하며, 모유나 분유 수유 전에 먼저 주도록 한다. 돌 전후에는 어른들의 식사 시간에 같이 식사하도록 하는 것이 좋으며, 사레가 드는 것을 방지하기 위해 올바르게 앉은 자세에서 식사하도록 한다.

③ 한 번에 한 가지씩 음식을 주는데 양은 한 수저에서 시작하여 2~3일 간격으로 점차 증량해가며, 새로운 음식 첨가 시 약 1주일 간격을 두고 시도한다.

④ 위생적으로 조리하여야 하며 먹다 남은 이유식은 버려야 한다. 체온 정도로 데워 먹이는 것이 바람직한데 전자레인지는 골고루 데워지지 않을 수 있으므로 될 수 있는 대로 사용하지 않는 것이 좋다.

⑤ 설탕과 조미료는 첨가하지 않으나 참기름, 마가린은 이유 후기에 첨가할 수 있다.

⑥ 콩, 당근, 소시지 등은 흡인되기 쉬우므로 먹이지 않는 것이 좋다.

⑦ 달걀을 먹일 경우는 완숙한 달걀을 이용하며 이유 초기에는 노른자만 주고 이후에는 달걀 전체를 주는데 알레르기 가족력이 있는 아기는 흰자를 주는 것을 이유식 후기에 시도한다.

⑧ 생우유는 철분이나 비타민이 부족하므로 대부분의 영양 섭취가 가능한 1세 전후에 주는 것이 바람직하다.

⑨ 시판 이유식을 우유병에 담아 수유하는 것은 바람직하지 않으며, 선식, 라면, 딱딱한 음식은 이유식으로 적합하지 않다. 또한, 알레르기를 일으키기 쉬운 메밀, 땅콩, 돼지고기, 고등어, 새우, 조개류, 토마토, 딸기, 귤, 복숭아, 초콜릿 등은 생후 12개월 이후에 먹인다.

참고문헌

1. 안효섭. 소아의 영양. 홍창의 소아과학. 제9판. 대한교과서(주), 74-102, 2007

2. 대한소아과학회. 임상에서의 소아의 영양. 광문 출판사, 2002
3. 서정완. 영유아의 영양. 임상소아과학 시리즈(8): 소아소화기 영양학. Korean J Ped. 47(3): 519-31, 2004
4. 서정완. 모유 수유하여야 하는 이유와 현 실태. 소아과 연수강좌; 대한 소아소화기영양학회. 1-18, 2003
5. 서정완. 평생건강을 위한 든든한 기초: 모유와 영아기 영양. 소아 청소년 영양 심포지엄; 대한 소아소화기영양학회. 1-7, 2010
6. 신손문. 모유 수유와 관련된 의학적 문제 해결. 소아과 연수강좌; 대한 소아소화기영양학회. 19-28, 2003
7. 심재건. 성공적인 모유 수유를 위한 FAQ. 소아과 연수강좌; 대한 소아소화기영양학회. 29-40, 2003
8. 김경아. 모유수유 지침. 임신중 감염과 모유수유: 대한주산의학회 춘계 연수강좌; 대한주산의학회. 68-81, 2003
9. 엄지현. 국내 시판 영유아 조제유의 종류 및 적응증의 초신 지견. 대한 소아소화기 영양학회 춘계심포지엄; 대한 소아소화기영양학회. 7-14, 2008
10. 박재욱. 특수 분유의 종류와 올바른 사용 지침. 임상소아과학 시리즈(8):소아소화기 영양학. Korean J Ped. 47(3): 532-45, 2004
11. 엄지현. 이유식의 실제. 소아 영양 심포지엄; 대한 소아소화기영양학회. 25-9, 2007
12. Heird WC. Nutrition. In: Kliegman RM, Behrman RE, Jenson HB, Stanton BF. Nelson Textbook of Pediatrics, 18th ed, WB Sounders Co, 209-66, 2008

임신과 수유기의 영양

제 14 장

건강한 임신을 위해서는 적절한 체중을 유지하고, 균형 잡힌 식사를 하는 것이 중요하다. 모체의 수정 전 체중과 임신 중 체중증가는 출생체중에 커다란 영향을 준다. 발육제한 태아는 소아와 어른 시기에 심혈관질환, 비만 및 당뇨병 등이 증가하며, 모체의 비만과 고혈당증과 관련하여 생긴 과도한 태아의 성장도 역시 이러한 문제가 증가한다고 알려져 있다. 임신 중에는 모체의 신체 유지와 아울러 태아와 태반, 자궁의 성장과 출산 후 수유를 위해 균형 잡힌 영양소의 공급이 매우 중요하며 수유부는 충분한 휴식과 수면, 적당한 운동을 하는 것이 필요하다.

1. 임신전 영양(nutrition prior to pregnancy)

건강한 임신을 위해서는 다음의 습관을 가져야 한다.

i) 적절한 체중을 유지한다.: 저체중과 과체중 모두 불임과 관계될 수 있으며 모체와 태아의 합병증을 증가시킬 수 있으므로 적절한 체중을 유지하는 것이 중요하다.

ii) 균형 잡힌 식사를 한다.

iii) 흡연, 음주, 그리고 약물복용 등은 임신에 해를 줌으로 이들에서 벗어난다.

(1) 모체의 체중(maternal weight)

모체의 체중은 아이의 건강에 대한 가장 믿을만한 지표이다. 모체의 수정전 체중과 임신 중 체중증가는 출생체중에 커다란 영향을 준다.

1) 수정전 모체의 체중

수정전 모체의 체중은 태아의 성장에 영향을 준다. 임신 중 체중증가가 같은 경우이어도 체중이 부족한 모체는 체중이 큰 모체에 비해 체중이 더 작은 아이를 낳는다. 임신전 모체의 체질량지수(body mass index, BMI)는 임신 중 체중증가와 무관하게 태아체중에 영향을 준다. 체중이 부족한 모체의 경우는 (특히 임신 중 체중증가가 충분하지 못했을 때) 저출생체중아의 위험이 증가한다. 더불어 조기분만과 유아사망의 빈도도 증가한다.

체중초과나 비만이 있는 모체의 경우는 저출생체중아의 빈도가 감소한다. 반면에 출생체중이 증가한 경우 출생외상과 제왕절개수술이 증가하는데, 임신 중 체중을 줄이기 위한 식이요법을 해서는 안 된다. 체중초과 여성의 경우는 임신이 되기 전에 적절한 체중을 만들기 위해 노력하고, 임신 중에 심한 체중증가를 피해야 한다.

주산기 결과는 임신동안만큼 수정시의 모체의 영양과 대사 상태에 의해 영향을 받을 수 있다. 기관형성(organogenesis)은 많은 임신부에서 임신되었다는 것을 알기 이전인 임신 제1삼분기 초기에 일어난다. 그러므로 임신을 하려면 임신 전부터 영양과 대사 상태를 적절하게 해야 한다. 예를 들면 임신전 당뇨병이 있는 경우는 임신 전부터 혈당 조절을 잘 해야 선천성 기형의 발생이 적다. 혈당조절은 당화혈색소(HbA1c)로 검사한다.

2) 임신중 체중증가

임신중 다이어트의 양과 질은 모체와 태아의 건강에 중요하게 영향을 미친다. 임신중 모체의 체중증가는 출생체중과 관계가 많으며 이는 아이의 건강과 향후 발육에도 관계가 깊다. 모성 체중증가와 신생아 체중증가는 양(+)의 상관관계를 갖으며 임신 후기의 모체의 영양은 신생아 체중에 지대한 영향을 준다. 임신전 체중미달과 임신중 적은 체중증가는 저출생체중아(2,500 g 미만) 분만을 증가시키고, 임신전 과체중과 임신중 많은 체중증가는 거대아 분만을 증가시킨다. 임신중 체중증가가 부족한 경우와 체중증가가 너무 큰 경우 모두에서 조산이 증가한다. 모체의 과도한 체중증가는 여러 가지 안 좋은 주산기 결과와 동반된다. 임신 중 비만이 있는 경우는 자연유산과 신경관결손(neural tube defect, NTD)과 심장기형을 포함한 선천성 기형이 증가한다. 또한 비만은 당뇨병, 조산, 제왕절개분만, 그리고 자궁내 태아사망의 빈도를 증가시킨다.

3) 태아 프로그래밍(fetal programming, in-utero programming, gestational programming)

발육제한 태아는 소아와 어른 시기에 심혈관질환, 비만 및 당뇨병 등이 증가하며, 모체의 비만과 고혈당증과 관련하여 생긴 과도한 태아의 성장도 역시 이런 문제가 증가한다. 즉, 태아시기의 영양과 내분비 상태는 영구히 구조, 생리, 대사에 변화를 초래하여 그 태아가 다음에 성인이 되었을 때 심혈관, 대사 및 내분비 질환을 일으킬 수도 있다.

2. 임신중 영양(nutrition during pregnancy)

임신중에는 모체의 신체 유지와 아울러 태아와 태반, 자궁의 성장과 출산후 수유를 위해 영양소의 공급이 필요하다. 임신 중에 일어나는 혈액량과 체액의 증가 역시 단백질과 무기질의 공급을 필요로 한다. 임신중 모체의 적절한 영양은 태아건강 뿐만 아니라 분만후 아이 건강의 기초가 이미 이때부터 형성되기 시작하므로 건강한 아기의 분만과 산모의 건강을 위하여 임신기에는 영양에 대한 많은 배려가 필요하다. 임신중에는 비임신기에 비해 열량, 단백질, 무기질 및 비타민의 필요량이 증가되며, 이에는 균형 잡힌 식사를 하는 것이 매우 중요하다.

(1) 임신중 체중증가의 권고

정상적인 임신부는 태아와 태반 그리고 양수가 5 kg, 자궁의 증대와 모성 혈액량의 증가 및 유방발육 등으로 4 kg, 그리고 모체의 지방축적으로 3.5 kg이 증가하여 모두 하여 임신 중에는 12.5 kg의 체중증가가 있다.

임신 8주에서 20주까지는 300 g/주, 20주에서 분만까지는 450 g/주 정도의 체중증가가 바람직하다. 실제는 임신 제2삼분기 중반까지는 현저한 체중증가가 없다. 일반적으로 임신 20-22주부터 체중이 증가하기 시작하면 정상적인 양상으로 간주한다.

표 13-1. 단태임신에서 체질량지수에 따른 임신 중 체중증가 권고안

체중에 따른 분류	BMI (kg/m²)	임신 중 체중증가(kg)
저체중	〈 19.8	12.5-18
정상	19.8-26	11.5-16
과체중	26-29	7-11.5
비만	〉 29	≥ 7

BMI(체질량지수) = 현재체중(kg) / [(신장(m)]^2
T쌍태임신: 16-20kg의 체중증가를 권고함
청소년 (〈 초경 2년 이내): 범위의 상한
단신 여성 (〈 157 cm): 범위의 하한

비만은 임신성 고혈압, 자간전증, 임신성 당뇨병, 거대아, 그리고 제왕절개분만의 위험이 증가한다. 임신 중 체중증가가 10 kg 미만인 경우는 자간전증, 유도분만의 실패, 아두골반불균형, 제왕절개분만, 거대아분만의 위험이 더 낮다. 모체의 분해대사(catabolism)는 태아의 성장과 발달에 좋지 않으므로 비만여성(BMI ≥ 30 kg/m^2)이라 할지라도 임신 중 체중이 감소해서는 안되고, 또한 체중증가를 7 kg 미만으로 제한하여야 한다.

(2) 임신과 수유중인 여성의 영양권장량

표 13-2. 가임기, 임신기, 수유기의 영양권장량

영양소	가임기	임신기	수유기
에너지 (kcal)	2,200	2,500	2,600
단백질 (g)	50	60	65
비타민 A (μg)	800	800	1,300
D (μg)	5	10	12
E (mg)	8	10	12
C (mg)	60	70	95

B_6 (mg)	1.6	2.2	2.1
B_{12} (μg)	2.0	2.2	2.6
Thiamin (mg)	1.1	1.5	1.6
Riboflavin (mg)	1.3	1.6	1.8
Niacin (mg)	15	17	20
Folate (μg)	180	400	280
Calcium (mg)	800	1,200	1,200
Phosphorus (mg)	800	1,200	1,200
Magnesium (mg)	280	320	355
Iron (mg)	15	30	15
Zinc (mg)	12	15	19
Iodine (μg)	150	175	200
Selenium (μg)	55	65	75

1) 칼로리(calori)

임신 중 칼로리 섭취가 부족하면 단백질이 태아의 성장과 발달에 쓰이지 못하고 대사가 되어버린다. 임신 중에는 80,000 kcal가 추가로 필요한데 이는 하루 100-300 kcal에 해당하고 주로 임신 후반기에 필요하다. 만약 칼로리가 부적절하게 섭취되면 성장과 발달에 중요한 역할을 하는 단백질이 에너지를 위해 대사되어 균형이 깨진다. 필요한 영양소가 골고루 포함된 음식으로 칼로리를 추가하는 것이 바람직하다.

2) 단백질(protein)

임신 중 단백질은 태아, 태반, 자궁, 유방의 성장과 발달, 모체 혈액량 증가 등에 필요하다. 대부분의 단백질은 육고기, 우유, 달걀, 치즈, 가금류, 물고기 같은 동물성 식품에서 공급받는 게 바람직하다. 붉은색 육류와 전지방 낙농품과 같은 동물성 단백질을 많이 섭취하게 되면 지방과 칼로리가 과도하게 되므로, 정상 또는 비만 여성에서는 닭고기와 생선 같은 동물성 단백질, 저지방 또는 무지방 낙농품, 그리고 콩류의 식물성 단백질을 권장하는 것이 바람직하다.

3) 무기질(mineral)

철을 제외한 다른 무기질들은 균형 있는 식사를 할 때 대개 섭취된다.

① 철(iron)

철은 균형 있는 식사를 해도 임신 중 철 요구량에는 부족하다.

i) 임신후반기와 수유기 중에는 원소 철(elemental iron)을 최소 하루 30 mg 공급해준다.

ii) 철을 하루 60-100 mg을 공급해야 하는 경우는 다음과 같다: 체격이 큰 모성, 쌍태임신, 임신 중 철분복용을 늦게 시작한 경우, 철분을 불규칙하게 복용한 경우, 혈색소가 약간 감소된 경우.

iii) 철을 하루 200 mg 공급해야 하는 경우는 다음과 같다: 철결핍성 빈혈이 현저한 경우.

철은 간, 육고기, 달걀, 마른 콩, 녹색채소, 마른 과일 등에 포함되어 있다. 철 보충시 흡수를 도와주는 것은 감귤주스, 비타민 C 등이다. 흡수를 방해하는 것으로는 커피, 차, 우유, 칼슘보충제 등이며 시간대를 달리해서 먹는다. 철분제는 식간에 복용하면 흡수가 더 촉진된다.

② 칼슘(calcium)

임신 중 약 30 g의 칼슘이 체내에 저류되며 그중 대부분은 태아에게 필요하다. 주로 태아 골격의 골화에 이용되며 대개 임신 제3삼분기 동안에 필요하다. 이 정도의 칼슘은 모체 전체 칼슘 량의 2.5%에 불과하다. 칼슘은 대부분이 뼈에 있으며 태아성장에 필요시는 쉽게 뼈에서 이동되어 이용된다.

임신 중에는 장에서 칼슘 흡수가 증가하며, 체내 축적량도 계속 증가한다. 칼슘요구량은 임신 전이나 임신 시 그리고 수유 시에도 1,200 mg으로 동일하다. 칼슘이 함유된 음식은 저지방 우유, 치즈, 요구르트 등이다. 자간전증 발생의 예방을 위한 칼슘공급이 도움이 된다는 것은 아직 증명이 안 된 상태이며, 임신 중 칼슘의 일반적인 복용은 권장되지 않고 있다. 유제품 음식을 적절히 섭취한 경우는 칼슘공급이 필요 없으나 그러지 못한 경우는 이의 공급이 필요할 수 있다.

4) 비타민

대부분의 비타민은 일반적인 식사로 보충된다. 균형 있는 식사를 하는 단태 임신부에서는 모두에서 종합비타민제를 처방할 필요는 없다.

① 엽산(folic acid)

신경관결손(neural tube defect) 아이를 낳았던 경우, 다태임신, 항경련제를 복용, 용혈성 빈혈, 그리고 오래가는 구토 등에서는 엽산의 공급이 필요하다.

이전에 신경관결손 아이를 분만하였던 경우는 3%에서 재발하는데 착상 1-3개월 전부터 임신 제1삼분기 동안에 엽산을 하루 4 mg을 주면 신경관결손의 재발을 70% 감소시킨다. 이전에 신경관결손 아이를 낳지 않았어도 착상전과 임신 제1삼분기 동안에 엽산을 하루 0.4 mg 주면 기형아출생을 예방하는 효과가 있다. 모든 가임여성은 신경관결손의 위험을 줄이기 위해 하루 0.4 mg의 엽산을 식사나 보충제로 복용할 것을 권유고 있다.

최근 엽산이 기형아 출산 예방에 효과가 있는 것으로 알려져 있어, 미국의 경우 임신 3개월 전부터 남녀를 불문하고 하루 400 ㎍의 엽산을 섭취할 것을 권하고 있다. 미국 FDA (1998)는 빵, 밀가루, 옥수수가루, 쌀, 국수, 마카로니(macaroni), 그리고 다른 곡류 제품에 엽산 첨가를 요구하고 있다. 그러한 정책 후 신경관결손이 26% 감소하였으며 구강안면 갈림기형(orofacial cleft anomalies)의 빈도도 약간 감소하였다.

(3) 임신중 영양관리 지침

i) 일반적으로 맛을 낼 수 있는 소금과 먹고 싶은 만큼의 식사를 할 수 있도록 한다.

ii) 사회경제적으로 가난한 여성의 경우는 충분한 양의 식사를 할 수 있도록 한다.

iii) 정상 비만지수를 가진 여성은 11.5-16 kg의 임신 중 체중증가를 유지할 수 있게 한다.

iv) 이전에 주기적으로 섭취한 음식을 조사하여 불합리한 식사 여부를 알아본다.

v) 철분제를 하루 최소 27 mg 처방한다.

vi) 임신 28-32주에 혈색소와 헤마토크리트를 측정하여 심한 감소가 있는지 확인한다.

◦ 단태임신에 의해 필요량이 증가된 모든 영양소는 철분을 제외하고는 균형 있는 식사에 의해 제공될 수 있다.

1) 자주 먹는 생선과 해산식품에서의 수은

수은이 많이 함유된 생선으로는 상어, 돔 종류, 황새치, 고등어 등이 있는데 이들은 임신 중에는 피하는 것이 권장된다. 연어, 새우, 참치통조림, 대구, 메기 등은 수은 함유가 작다. 일반적으로 생선이 더 크고 더 오래될수록 수은 함유량이 더 많다.

2) 채식주의자(vegetarian)

철저한 채식주의자는 실제 그리 많지 않다. 비타민 B_{12}는 동물성 식품에 존재하므로 철저한 채식주의자의 경우는 비타민 B_{12}의 결핍이 오게 된다. 철저한 채식주의자에서는 칼슘, 비타민 D, 리보플라빈, 그리고 철분의 섭취도 부족할 수 있다.

◉ **임신과 수유중 특이한 상황에 있는 여성에서의 보충**(Institute of Medicine, 1990)

i) 철저한 채식주의자는 비타민 D 10 ㎍(400 IU)과 비타민 B_{12} 2 ㎍를 보충한다.

ii) 칼슘의 하루 섭취가 600 mg 미만인 25세 미만 여성은 칼슘 600 mg을 보충한다.

iii) 비타민 D첨가 우유의 섭취가 낮은 여성(특히 햇빛 노출이 적은 경우)은 비타민 D 10 ㎍(400 IU)을 보충한다.

3) 임신 중 영양소에 의한 독성

임신 중 비타민-무기질 공급이 너무 많을 때는(예를 들면, 10배) 영양소의 독성이 나올 수도 있다. 독성을 일으킬 수 있는 영양소로는 철, 아연, 셀레니움, 그리고 비타민 A, B_6, C 및 D 등이다. 특히 비타민 A는 하루 10,000 IU 이상 섭취 시는 기형을 일으킬 수도 있다. 임신 중에는 매일 권장량의 2배 이상 섭취는 피해야 한다.

4) 다태임신(multiple gestation)

다태임신 때는 한 태아당 하루 300 kcal 정도의 칼로리 섭취를 증가시켜야 한다. 체질량지수가 정상인 쌍태임신부의 적절한 체중증가는 18 kg이다. 삼태임신부의 체중증가는 최소 22-27 kg이며 이를 위해서는 하루에 5번 이상 식사를 하여야 가능할 수 있다. 다태임신부는 비타민 공급을 해주는 것이 특히 도움이 되며 칼슘, 마그네슘 및 아연 같은 무기질도 추가로 공급해 줌으로서 예후를 향상시킬 수 있다. 사춘기임신, 다태임신, 과량흡연, 마약-알코올 남용의 임신부는 비타민과 무기질을 공급해주어야 한다.

3. 수유기의 영양(nutrition during lactation)

모유수유는 아이와 엄마 모두의 건강에 많은 유익함을 준다. 유즙분비에는 프로락틴과 옥시토신이 관여하는데 프로락틴은 유즙의 생산에 관여하며 모유수유 기간에는 이의 분비가 높은 상태를 유지한다. 옥시토신은 젖샘(mammary gland)을 수축시켜 유즙이 젖샘관으로 내려가도록 한다.

수유부는 편안한 마음과 안정된 정신 상태를 유지해야 하므로 충분한 휴식과 수면, 적당한 운동을 하는 것이 필요하다. 임신기나 수유기에는 비임신기에 비해 열량, 단백질, 무기질 및 비타민의 필요량이 증가되며, 이에는 균형 잡힌 식사를 하는 것이 매우 중요하다.

분만 후에는 대부분의 여성들은 임신중 축적된 체중과 지방을 줄이기 위해 많은 노력을 한다. 수유를 하는 여성은 비수유 여성에 비해 지방 소실이 더 느릴 수 있지만 체중감소율은 비슷하다. 산후 체중감소에 대한 수유의 영향은 미약하다.

(1) 임신후 체중정체(weight retention after pregnancy)

임신중 증가된 체중이 분만직후 모두 감소하지는 않는다. 임신중 평균 체중증가는 13.0±4.8 kg이며 분만직후 5.5 kg이 감소하고, 분만 2주 후 4 kg이 감소하며, 분만 2주후부터 6개월까지 2.5 kg 감소하고, 결국 1.4±4.8 kg의 체중이 남게 된다.

임신 중에 체중증가가 많았을수록 산후에 체중감소가 더 많고, 임신 중 체중증가가 많을수록 산후에 체중정체가 더 증가하며 또한 비만의 빈도도 더 증가한다. 경산부에서 임신 중 체중증가가 더 많으며 이는 장기적인 비만과 관련이 있다. 임신 시작 때에 과체중이거나 비만시는 장기적인 체중 증가도 증가한다.

참고문헌

1. 산과학 (4판) (대한산부인과학회): 148-152쪽. 2007
2. Williams OBSTETRICS, 23rd ed, pp.200-205. 2009
3. Creasy & Resnik's MATERNAL-FETAL MEDICINE, 6th ed, pp.143-150. 2008
4. Reece EA, Hobbins JC, Gant jr NF: CLINICAL OBSTETRICS; The Fetus & Mother, 3rd ed, pp.645-654. 2007
5. Danforth's OBSTETRICS AND GYNECOLOGY, th ed, pp.12-19. 2008
6. Gabbe SG. Simpson JL. Niebyl JR, Galan H: Obstetrics; Normal and Problem Pregnancies, 5th ed, pp.124-129. 2007

노인에서의 영양

제15장

영양은 건강과 기능에 기여하는 중요한 요인이고, 영양상태가 육체적 및 정신적 안녕에 미치는 영향은 특히 노인들에서 더 크다. 노인들은 젊은 사람들에 비하여 영양상태의 장애를 보이기 쉽고 공중보건학적인 관점에서 영양결핍의 위험성이 높다.

건강한 노인들도 생리적인 식욕부진(physiologic anorexia)을 가지고 있어 질병을 앓게 되면 심각한 체중감소를 가져오게 되는 주요한 위험인자로 작용하게 된다는 것이 잘 알려져 있다. 노인들은 갈증에 대한 감각이 감소되어 있어 탈수되기 쉬운 위험성이 높다. 노화는 근육감소증(sarcopenia)라고 표현하는 근육량, 특히 IIa형 근육섬유의 감소와 관련되어 있다. 근육감소증의 원인으로는 식이 섭취의 감소, 운동 부족, 호르몬의 감소, 사이토카인 생산의 감소 등을 들 수 있다. 단백질-에너지 영양실조는 노인에 있어서 사망률 증가, 욕창, 면역기능저하, 감염, 고관절골절, 낙상, 인지능력감소, 피부 열상, 빈혈, 부종, 그리고 생활의 질 저하를 포함한 파괴적인 효과를 가져올 수 있다. 영양실조의 징후는 노령의 장애자에게 추가적인 기능적인 장애를 예측하게 하고 약점의 한 원인으로 작용할 수 있다. 그리고 식이 섭취의 감소는 비타민과 미네랄 섭취의 감소를 가져오고, 상기 요소들을 악화시키고, 섬망이 생길 가능성을 증가시킨다.

1. 영양상태의 변천

전세계적으로 노령 인구에서 가장 많은 사망원인으로는 혈관질환 및 만성질환을 들 수 있다. 이러한 질환을 예방하기 위해서는 신체적 활동, 영양식이 및 흡연이나 약물중독의 회피를 포함한 건강한 생활습관이 중요한 의미를 지닌다. 불행하게도 연령구조의 극적인 변화와 더불어 식이 습관 및 신체적 활동 패턴이 만성 질환의 위험성을 증가시키는 방향으로 특징적인 변화를 보여주고 있다. 이것을 Popkin 등은 "영양상태의 변천(nutrition transition)"이라고 표현하였고, 전세계 국가들을 통틀어 빠르게 그리고 예측 가능한 패턴으로 나타나고 있다. 기본적으로 전통적인 농촌 사회에서 인구 밀집된 도시사회로의 변화와 더불어 고섬유 저지방 식이로부터 동물성 지방, 당류, 그리고 식이 섬유가 적은 정제식품이 풍부한 식이로의 변화를 보인다. 음식물의 다양성에 따라 전체적인 영양소 섭취는 호전되지만, 고지방, 고당류 식품과 정제식품으로의 변화는 적절한 영양 상태를 넘어서 비만과 만성질환을 빠르게 증가시키는 방향으로 결과를 초래하게 된다.

2. 노화와 관련된 영양실조의 병태생리

연령의 증가가 반드시 영양상태의 악화와 관련된 것은 아니다. 그러나 연령과 관련된 내과적, 정신과적, 사회적, 경제적 문제들이 영양상태가 악화될 가능성을 증가시키게 된다. 영양부족의 위험인자들로는 식욕감소, 저작장애, 연하곤란, 부동, 치매, 우울증, 사회적 고립, 스트레스 등이 될 수 있다.

(1) 식욕부진 및 음식섭취 감소

나이가 증가함에 따라 음식 섭취량의 감소를 보이게 된다. 이것은 매우 건강한 노인에서도 나타난다. 음식물 섭취의 절대량에서뿐만 아니라 20~30세 때와 비교하여 백분율로 표시한 수치 모두에서 남자가 여자보다 음식 섭취량의 더 큰 감소를 보인다.

음식의 즐거움은 맛과 향에 따라 결정된다. 나이가 증가함에 따라 정비측 후각(orthonasal smell)과 후비측 후각(retronasal smell) 모두가 감소된다. 후비측 후각은 구강 후부로부터 코인두 쪽으로 방향족 아미노산을 밀어내는 능력과 관계된다. 이것은 적절한 씹는 힘을 필요로 하고, 따라서 치아 기능의 장애를 보이고 교근의 기능이 감소되어 있는 사람들에서는 떨어져 있게 된다. 후비측 냄새 감지의 기능은 음식의 즐거움과 관련된 중요한 요소로 여겨진다. Ritchie 등은 치아 상태가 지역사회에서 거주하는 노인에서 체중감소의 중요한 예측인자라고 보고한 바 있다.

노화로 인한 식욕부진에 관련된 두 번째 요인으로는 노화가 진행함에 따라 나타나는 위장관 기능의 변화를 들 수 있다. 많은 양의 음식에 대한 위장의 배출(emptying)이 나이가 증가함에 따라 지연되고, 이것이 젊은 사람에서보다 노인들에서 같은 양의 음식에 대해서 더 큰 포만감을 느끼는 것과 관련이 있다. 노인에서는 위장 기저부에서 반응성 이완의 감소를 보임으로서 전정부로 더 빨리 음식물의 이동을 일으키게 된다. 전정부 확장(antral stretch)이 식사 중에 포만감을 유발하는 주요한 신호로 생각된다. 그래서, 조기포만(early filling)과 지연 비움(delayed emptying)이 젊은 사람들에서보다 노인들에서 조기에 포만감을 유발하게 된다.

콜레시스토키닌(cholecystokinin)은 위장관 포만감 유발신호로 잘 알려져 있다. 콜레시스토키닌 농도는 젊은 사람에 비하여 노인에서 기저치 및 십이지장 내 지방 주입에 의한 자극치 모두 증가되어 있다. 이것은 젊은 사람보다 노인에서 십이지장 내 포도당이 지방보다 포만감을 덜 일으키는 이유를 설명해 준다. 그러나 또다른 식욕부진성 위장관 호르몬인 글루카곤유사펩티드-1(glucagon-like peptide-1)은 나이가 증가함에 따라 혈중 농도가 변하지는 않는다.

렙틴(leptin)은 지방세포에서 분비되는 펩티드 호르몬의 일종으로 음식물 섭취를 감소시키고 에너지 대사를 촉진시킨다. 중년에 비만이 증가함에 따라 렙틴 농도가 증가한다. 그 후에 노인 여성에서는 체지방량이 감소함에 따라 렙틴 농도가 감소한다. 그러나 노인 남성에서는 체지방량이 감소함에도 불구하고 렙틴 농도는 실제적으로 증가한다. 이는 남성은 나이가 증가함에 따라 테스토스테론이 감소하고 테스토스테론의 감소가 렙틴을 증가시켜서 남성 노인에서 과도한 식욕부진을 일으키는 것으로 생각된다.

노인에서 영양부족의 주요한 원인은 음식섭취의 감소이며, 대부분 복합적으로 나타나는 몇 가지 요인에 의한다. 식욕 저하가 흔히 관찰되고 그 외에 신체활동의 감소나 고정(immobilization), 통증, 사회적인 고립, 많은 질병들(악성종양, 우울증, 치매 등)과 관련되어 있다. 치매에서는 식사장애 그 자체가 질환 초기단계의 한 증상이다. 미각이나 후각의 장애는 가령에 따라 흔히 관찰되고 식욕 감소에 기여하게 된다. 건강한 일부 노인들에서 식이제한과 장수 사이의 믿음 또는 콜레스테롤공포증으로 인해 부적절한 음식섭취를 보이기도 한다.

신체활동의 감소, 고정, 편측마비(hemiplegia) 뿐만 아니라 시각장애나 파킨슨병을 앓고 있는 환자에서의 심한 진전 등이 음식을 준비할 수 있는 능력을 감소시킬 수 있다. 중풍 환자들은 연하곤란과 자가급식 능력(self-feeding ability)의 장애로 인해 음식섭취 감소의 높은 위험성을 보인다. 음식물 섭취 감소의 다른 흔한 원인으로는 입안건조, 통증, 또는 치아손실이나 부적절한 치아 관리로 인한 저작장애와 같은 구강 문제를 들 수 있다.

그 외에 의인성 원인으로는 요양소 등에서 단조로운 또는 맛없는 음식과 불충분한 간호 및 식사 보조의 부실이다. 입원(또는 병원 스태프의 부주의)이 노인병 환자의 부적절한 영양 섭취의 한 위험인자이다: 조사된 497명의 환자 중 21%에서 계산된 에너지 요구량의 50% 미만으로 병원 내 일일 영양 섭취량의 부족을 보인다. 환자들이 흔히 금식을 하도록 지시를 받으면서도 다른 경로를 통한 적절한 영양 보조를 받지 못하는 경우가 많다. 낮은 음식 섭취를 보이는 또다른 의인성 원인으로는 다중약물요법(polypharmacy)을 들 수 있는데, 이것은 노인들에서 병원에 입원한 모든 원인의 10% 정도로 추산된다. 몇 가지 약물은 식욕과 미각의 감소, 오심, 또는 정신장애로 인하여 음식의 섭취를 감소시킨다. 항암화학요법을 받는 환자들에서 점막염(mucositis), 식욕감소, 오심과 구토가 종양 그 자체로 인한 불량한 영양 상태를 더욱 악화시킬 수 있다.

(2) 소화기 질환, 소화불량 및 흡수장애

소화기 질환이 불량한 영양상태를 일으키는 위험인자이다. 일반적으로 설사는 흡수장애와 관련되며, 또 일부 환자에서 설사는 회피 전략(avoidance strategy)으로 인해 음식물 섭취가 감소한다. 또한, 노인에서만 특별히 발생하는 몇 가지 소화기 질환이 있다.

일반적으로 연령이 증가하더라도 장 흡수가 영향을 받을 정도로 저하되지는 않는다. 그러나 무위산증(achlorhydria)은 노인에서 더 흔하다. 위축성 위염은 흡수장애의 흔한 원인 중 하나이며, 이 질환은 나이가 증가함에 따라 유병율이 증가한다. 위산 분비의 감소는 소장에서의 세균 과증식의 위험성을 증가시키고, 칼슘, 철, 엽산, 비타민 B_6, 단백결합 비타민 B_{12}의 수용성과 생체이용율에 장애를 가져온다. 그럼에도 불구하고 이 환자들에서는 소화불량 증상이 덜하기 때문에 위염, 식도염, 궤양질환 등이 노인에서는 과소평가되기 쉽다. 많은 다른 악성종양에서처럼 소화기 종양의 발병율은 연령이 증가함에 따라 증가한다. 위암과 대장직장암은 폐색이나 식욕감소로 인해 경구 음식물 섭취의 감소를 보일 뿐만 아니라 소화와 영양소의 흡수에 장애를 보인다. 영양실조의 극적인 진행이 췌장암 증상 중의 하나이며, 식욕감소, 소화불량, 종양으로 인한 단백분해의 증가 등이 관여한다. 물론 만성 염증성 장질환, 단장증후군(short bowel syndrome), 췌장염 또는 만성소화장애증(celiac disease)과 같이 노인에서 더 흔하지는 않은 다른 질환들도 소화에 장애를 일으키고/또는 영양소의 흡수에 장애를 가져온다. 만성적인 설사제의 사용도 흡수장애를 일으킨다.

(3) 탈수(dehydration)

노인들은 수분 제한에 대한 적절한 갈증반응을 갖고 있지 못한다. 이것은 부분적으로는 mu opioid drinking drive의 변화에서 기인한다. 건강한 노인들과 병든 노인들 모두 건강한 젊은 사람에 비하여 총체액(total body water), 세포외액, 세포내액 모두 더 낮다. 노인에서 하루에 6잔 정도의 음료수를 복용하면 탈수를 예방하는 데 충분하다.

(4) 대사과다증(hypermetabolism)

기초 에너지 소모(resting energy expenditure)의 증가가 호흡기 또는 요로계 감염, 패혈증, 간경화, 갑상선기능항진증 또는 치매나 파킨슨병과 관련된 과다활동과 같은 몇 가지 질환에서 관찰된다. 일부 소모성 질환(cardiac cachexia 또는 만성폐쇄성폐질환과 같은)과 일부 악성종양에서는 대사과다증이 식욕부진과 관련된다. 기초 에너지 소모의 증가는 수술 후 기간 또는 외상 및 화상 후에 또는 욕창이 있는 환자에서 잘 나타난다. 티록신(thyroxine)이나 테오필린(theophylline)의 부적절한 치료도 대사과다증을 유발한다.

3. 영양실조의 유병률

노인 인구에서 영양부족에 대한 유병율 데이터는 선택된 인구집단, 공공시설의 환경, 정의에 사용된 진단기준에 따라 다양한 범위를 보인다.

넓은 범위의 정의-하나 또는 그 이상의 영양 지표의 비정상-를 이용하면, 요양시설에 있는 노인병 환자들에서는 1~83% 정도, 가정에서 거주하는 비교적 건강한 노인들에서는 2~32% 정도이다. 단백질-에너지 영양실조로 정의한 경우 유병율은 병원에 있는 환자의 30~65%, 다른 요양시설에 있는 경우에는 25~60% 정도이다.

노인에서의 비타민 상태의 장애는 독립적인 현상이 아니고 질병의 이환과 밀접하게 관련되어 있다. 비타민 장애는 영양이 좋은 환자들보다는 단백질-에너지 영양상태가 불량한 환자들에서 더 흔하다. 심한 의학적인 문제들을 가지고 있는 노인들은 단백질-에너지 영양부족이 발생할 위험성이 높으며 또한 미세영양소의 부족을 동반하기 쉽다.

4. 노인에서 영양실조의 임상적인 영향

일반적으로 영양부족, 질환 및 질환 합병증 사이에 강한 상관관계가 있으나, 인과관계는 때로 구별하기 어렵다.

영양부족의 진단기준이 불확실하고 기저질환의 영향과 영양상태의 영향을 서로 구별하는데 어려움이 있기 때문에, 영양부족과 의학적인 상태의 악화 사이의 관련성을 입증하기는 어렵다. 이를 위해서는 특성화된 집단, 진단기준의 명확한 정의, 바이어스나 잘못된 해석을 피하기 위한 데이터의 신중한 통계학적 분석을 이용한 연구가 필요하다. 합병증에 대한 가장 강한 예측인자로는 일상생활활동 점수(ADL, Activities of Daily Living score)의 Katz index였고, 다음으로 혈청 알부민 농도, 평상시 퍼센트체중(usual weight percent), 처방된 약물의 종류, 신장질환의 유무, 개개인의 경제적 수입, 욕창의 유무, 연하곤란, 상완근중간둘레 순이었다. 단백질-에너지 영양실조가 병원 내 유병율의 가장 강한 독립인자이다. 생명을 위협하는 합병증의 발생에 대한 중요한 예측인자는 혈청 알부민 농도, 체질량지수, 신장질환의 유무, Katz Index, 입원하기 전년도의 체중감소이다. 단백질-에너지 영양실조가 노인병 환자들의 병원 경과 상에서 생명을 위협하는 유병율의 독립적인 위험인자이다.

내과의 노인 환자들에서 단백질-에너지 영양부족의 장기적인 결과 즉, 적어도 3가지 영양변수(체중지수, 삼두박근 피부주름두께, 상완근 근육둘레, 혈청 알부민 농도, 지연성 과민성 피부반응을 포함한)가 정상범위 이하의 환자는 입원 후 9개월 간의 누적사망율이 정상 영양상태를 보이는 환자에 비하여 유의하게 높다. 울혈성 심부전, 복합장기부전(multiple organ disease), 단백질-에너지 영양실조가 사망의 예측인자이다. 그러나 복합장기부전과 같은 복잡한 의료상황에서 영양불량 환자는 감염과 욕창의 빈도가 증가하였으며, 일주일 후의 영양실조는 입원 30일째의 불량한 예후를 나타내는 독립적인 위험인자였다(사망이나 Barthel Index score ≤50). 저알부민혈증은 급성 중풍의 3개월 후 시점에서 감염 합병증, 재원 기간 동안에 나쁜 기능적인 결과 사망률이 증가한다.

일반적으로 나쁜 영양상태는 노인에서 대퇴골절이 발생하는 주요한 위험인자이다. 또한 심한 영양실조 상태의 대퇴골절 환자는 적절하게 영양공급된 환자보다 다 높은 사망률을 보인다.

알쯔하이머 병을 가진 환자들에서 오메가-3와 오메가-6 지방산을 1:4의 비율로 함유한 필수지방산 제제는 학습능력을 향상시킨다. 로바스타틴(lovastatin)에 의한 고콜레스테롤혈증의 치료는 건강한 노인들에서 집중력(attention)과 정신운동속도(psychomotor speed)를 유의하게 감소시킨다.

5. 노인에서의 영양요법

(1) 경구 섭취의 증가

노인 환자에서는 흔히 경구 영양 섭취가 감소된다. 그러므로 노인에서의 일차적인 영양학적인 전략은 경구 음식의 섭취를 증가시키는데 목표를 두어야 한다. 병원 음식의 40% 이상이 버려지고 있으며 그로 인해 필요로 하는 에너지와 단백질 섭취량의 80% 미만 정도만이 섭취되고 있다

영양 섭취 강화 식단군에서 권장량에 근접한 음식 섭취를 유도할 수 있다. 식사 중간의 간식이 노인에서 에너지 섭취를 향상시키는데 도움이 된다.

낮은 경구 음식 섭취를 야기하는 몇 가지 다른 의학적, 사회적 그리고 정신과적인 요인들이 있다. 많은 경우에서 음식 섭취를 증가시키기 위하여 환자와 그 가족들을 상담하고 동기를 부여하는 것이 도움이 될 수 있다. 요양소에 거주하는 노인들에서 영양지원(nutritional support)의 효용성은 주로 요양소 관계자의 인식과 동기 부여에 의존한다. 어떤 경우에는 언어치료사, 물리치료사 또는 다른 전문가에 의한 부가적인 지원이 환자가 먹을 수 있는 능력을 향상시키는데 필요하다.

(2) 특정한 영양소의 보충

미세영양소의 결핍이 확인된 환자에서 그에 따른 공급이 임상적인 결과를 향상시키는 데 특히 권고된다. 대퇴골절의 발생률에 대한 칼슘과 비타민 D의 긍정적인 효과가 있다. 흔히 관찰되는 혈청 비타민 B_{12} 농도의 감소도 교정이 필요하다. 철이나 아연 섭취의 감소는 육류나 낙농식품의 섭취 증가에 의해 예방된다. 약물 치료는 권장되는 경구 섭취를 충족시키지 못하는 일부 환자들에서 필요하다. 임상적인 측면에서 미세영양소의 결핍은 진단하기 어렵기 때문에 보충이 충분히 이루어져야 한다.

(3) 장관영양

고밀도 에너지와 고품질 단백질의 장관유동식을 통한 보충이 현재 이용되고 병원식에 효과적으로 추가될 수 있다. 과거에 튜브영양(tube feeding)을 고려했던 많은 환자들에서 이러한 유동식이 적절한 대체방법이 될 수 있다. 즉 비경구영양은 심하게 영양불량 상태에 놓인 환자에서나 의학적 상황이 일주일 이상 적절한 장관영양소 섭취가 제한될 때에 적용이 된다. 비위영양관(nasogastric tube)을 통한 주입은 일정 기간 동안 장관영양을 받고 있는 환자의 대부분에서 적절한 방법이다. 두경부암, 식도암 또는 장기간의 연하장애를

보이는 환자와 같은 일부 질환에서 장기간의 경구영양이 예상될 때에는 경피적내시경위루술(percutaneous endoscopic gastrostomy, PEG)이 적용된다. 경피적내시경위루술을 통한 급식은 신경학적 질환이나 진행된 치매를 보이는 환자에서 흔히 이용된다.

(4) 식욕촉진제

노인에서 식욕촉진제의 사용이 연구되고 있다.

항세로토닌물질인 cyproheptadine acetate는 효과가 별로 없으며 섬망(delirium)을 유발한다. Megestrol acetate는 암과 AIDS가 있는 환자에서 체중 증가를 가져온다. 카나비스(cannabis)의 식욕 촉진 효과는 역사적으로 오래전부터 알려져 왔다. Dronabinol (Mannol)은 합성 tetrahydrocannabinol로서 AIDS 및 암 환자에서 오심을 감소시키고 식욕을 촉진시킨다. Oxoglutarate와 성장호르몬은 허약한 노인들에서 체중 증가를 가져온다. 수년 전에 노인에서 영양 상태를 호전시키는 것으로 알려졌다. 성장호르몬의 동화작용은 그 후 수년 동안 재확인되었다. 그러나 위독한 환자들에서 성장호르몬 투여가 사망률을 증가시키는 것으로 보고되어 아직 연구가 더 필요한 실정이다.

(5) 식이제한과 장수

식이제한이 수명을 연장시킨다는 것이 보고되었다. 칼로리 제한은 자유기(free radicals)와 당화(glycation)를 감소시키고 T 세포 매개성 면역기능을 향상시킨다고 알려져 있다. 영장류에서 칼로리 제한은 내장비만을 감소시키고 공복혈당, 인슐린, 24시간 에너지 소모량을 감소시킨다. 또한 칼로리 제한 영장류에서는 콜레스테롤 감소, 고밀도지단백 2B의 증가, 골밀도의 감소를 가져온다.

식이제한에 대한 풀리지 않는 한 가지 의문은 식이제한이 포획된 동물들에서 단지 과도한 비만을 감소시키는 것인가, 아니면 정말로 체지방을 정상 수치 이하로 감소시키는가 하는 것이다. 야생의 에티오피아 개코원숭이에 대한 실험에서 체지방의 지표로서 렙틴 농도를 이용하였다. 이 연구에서는 렙틴 농도가 미국의 포획된 개코원숭이에서보다 현저히 낮았으며 식이제한 동물에서 기대되는 수치보다도 낮았다. 이것은 칼로리 제한이 단지 과도하게 비만한 동물을 정상 상태로 되돌릴 뿐이라는 사실을 말해준다.

우리나라도 노년 인구층이 급증하고 있으며, 이에 국가적인 노인 복지 정책이 확대 시행되고 있음에도 불구하고 영양이 불량한 노인은 오히려 증가하는 추세이다. 노년기에는 노화의 진행에 따른 신체적인 변화와 함께 식욕의 감소, 외로움, 사회에서의 소외감, 경제 수준의 저하 등의 심리적, 사회 경제적인 요인에 의하여 적절한 영양 공급이 이루어지기 어려우며 영양 위험 요인이 증가한다.

노인에서의 영양평가를 위해서는 다차원적인 접근이 필요하며 전문가의 인식과 사회 제반 여건이 갖추어져야 한다. 노인의 영양상태는 양적으로 부족할 뿐만 아니라 질적으로도 불량하므로 식사의 섭취량을 증가시키는 것 뿐만 아니라 식사의 질을 높여 영양 상태를 개선함으로써 전반적인 건강 증진을 도모하여야 하며 이를 위한 다양한 영양학적인 치료가 요구된다.

참고문헌

1. David L. Katz: Nutrition in clinical practice. 2nd ed. Lippincott Williams & Wilkins, 2008
2. Lisa Hark, Gail Morrison: medical nutrition & disease-a case-based approach. 4th ed. Wiley-Blackwell, 2009
3. L. Katleen Mahan, Sylvia Escott-Stump: Krause's Food & Nutrition Therapy. 12th ed. Saunders, 2008
4. Paul Insel, R. Elaine Turner, Don Ross: Nutrition. 3rd ed. Jones and Bartlett Publishers, 2007
5. Ellie Whitney, Sharon Rady Rolfes: Understanding Nutrition. 11th ed. Thomson Wadsworth, 2008

PART 04

여러 질환에서의 영양

비만에서의 영양

제 16 장

전세계적으로 비만은 증가 추세에 있으며, 최근 20~30년 동안 2~3배의 증가율을 보이고 있다. 우리나라에서 비만의 유병률은 성인 인구의 5% 이내로 알려져 왔으나 아시아-태평양 비만 기준인 체질량지수 25 kg/m^2 이상을 비만으로 분류하면 그 유병률은 성인 인구의 25%에 이른다. 이 비율은 점차 증가할 것으로 생각되며 소아 비만도 늘어나고 있는 실정이다.

현재 비만이 사회문제화되고 전세계적인 관심의 대상이 되고 있는 것은 비만으로 인해 발생할 수 있는 많은 관련된 질환과 그로 인한 사회보건학적인 문제 때문일 것이다. 체중이 증가한 사람에서 여러 가지 병이 잘 동반된다는 사실은 이미 널리 알려져 있으며 이로 인해 생명과 관계되는 심각한 건강상의 문제를 초래한다. 체질량지수가 25를 넘어서면 남녀 모두에서 체질량지수의 증가에 비례하여 사망률이 증가한다. 반면에 체중의 감소는 유병율 및 사망률을 줄일 수 있는데, 10% 정도의 체중감소는 관상동맥질환의 발병률을 약 20% 정도 감소시키는 효과가 있을 것으로 생각된다.

여러 역학연구에서 비만과 관련된다고 알려져 있는 대표적인 질환으로는 당뇨병, 심혈관계 질환(고혈압, 협심증과 심근경색증 등의 심장병, 동맥경화증, 뇌졸중 등), 고지혈증, 고뇨산혈증, 소화기 질환(지방간, 담석 등), 호흡기 질환(수면무호흡 증후군, 폐기능 저하 등), 암, 퇴행성 관절염, 생식기능장애 등이다.

표 16-1. 비만의 건강 위험(WHO, 1988)

매우 증가 RR 〉 3	중등도 증가 RR 2~3	약간증가 RR 1~2
제2형 당뇨병	관상동맥질환	암(유방암, 자궁내막암, 대장암)
담낭질환	고혈압	성호르몬 이상
이상지질혈증	골관절염	다낭성난소증후군
대사증후군	고요산혈증과 통풍	임신이상
호흡곤란		요통
수면중 무호흡		마취위험증가
		모친 비만시 태아이상

1. 비만의 동반 질환

(1) 당뇨병

제2형 당뇨병은 모든 성별과 인종에서 비만과 강력한 관련이 있다. 비만의 정도와 기간이 클수록 제2형 당뇨병의 위험은 증가하며, 특히 복부 비만에서 현저하다. 건강 전문가 연구에서 BMI 24 kg/m^2 미만에서 당뇨병의 위험은 적었으나, BMI가 증가할수록 위험도가 증가하여 BMI 35 kg/m^{2}의 상대 위험도는 40배, 즉 4,000% 증가하였다. 여성을 대상으로 한 간호사 건강연구에서도 유사한 결과였으나, 위험도가 가장 낮은 BMI는 22 kg/m^{2}로 건강 전문가 연구에서보다 낮았다. 그러나 BMI 35 kg/m^2 이상에서 당뇨병의 상대 위험도는 60.9배로 6,000% 이상이었다.

체중의 증가는 당뇨병 위험을 증가시킨다. 서구에서 제2형 당뇨병의 80% 이상에서 비만과 관련이 있다. 당뇨병 환자 1,170만 명 중 약 2/3는 비만으로 사망한다. 18세의 BMI를 기준으로 20 kg의 체중 증가는 당뇨병 위험도를 15배 증가시키며, 20 kg의 감량은 위험도를 거의 0으로 만든다. 건강 전문가 연구에서 체중 증가는 제2형 당뇨병 발생의 위험도를 증가시켰으나, 3 kg의 체중 감량은 위험도를 감소시켰다.

미국의 통계에 의하면 경도의 비만증 환자에서 당뇨병의 발생위험도는 일반인의 2배이며, 중등도 비만에서는 5배, 심한 비만에서는 10배의 증가를 보여준다. 또한 인종에 따른 차이는 있지만 제2형 당뇨병 환자의 대부분이 비만형이며 당뇨병의 진행과 함께 비비만형의 형태로 발전함을 알 수 있다. 이처럼 당뇨병의 발병에 중요한 역할을 하는 비만을 치료하는 것이 당뇨병의 예방과 치료에 중요한 역할을 함은 쉽게 알 수 있다. 이미 발병된 당뇨병 환자에서 체중감량이 췌장도세포를 정상으로 회복시키지는 못하지만 체중의 감소로 혈당조절에 도움이 되고 혈당강하제의 사용을 감소시킬 수는 있다.

(2) 고혈압

비만 및 과체중이 고혈압의 위험과 관련이 있다고 알려져 있음은 주지의 사실이다. 여러 동물실험에서도 고지방식이로 체중이 과도하게 증가되면 거의 대부분에서 혈압도 상승한다는 사실이 확인되어 있으며, 임상적 연구에서도 정상혈압이거나 고혈압인 비만환자에서 효과적인 체중의 감소는 강압효과가 확인되었으며 이는 섭취하는 염분의 영향을 배제하고도 나타났었다.

Framingham 심장 연구에서도 남성 고혈압 환자에서는 약 78%, 여성 고혈압 환자에서는 65%가 비만과 연관이 있다고 제시하고 있다. 또한 단순한 체질량지수(BMI)나 하체 비만(lower body obesity)보다도 중심형 비만(central obesity)에서 고혈압이 더 빈번하다는 점은 단순한 비만측정보다도 체지방 분포를 고려하는 점이 중요할 수 있다.

일반적으로 지방조직의 증가가 고혈압과 관련된다고 알려져 있지만 그 기전은 아직 완전히 이해되고 있지는 않다. 최근 지방조직은 유리 지방산(free fatty acid), 렙틴(leptin)을 다량 함유하고 있으며, 또한 안지오텐신 II의 전구물질인 안지오텐시노겐을 많이 포함하고 있다는 사실이 알려졌다. 즉 고농도의 지방산은 교감신경 활성도(sympathetic activity)를 항진시키며, 또한 이러한 증가된 교감신경 활성도에 대한 혈관 수축반응도 증가시킨다는 사실이 확인되었다.

비만과 고혈압의 연계에는 렙틴(leptin)이 중요한 역할을 하리라고 보여진다. 렙틴은 주로 백색지방세포에서 생산되는 펩티드로서 혈관에 교감신경 작용을 증가시켜 혈압을 증가시키게 된다. 그러나 이러한 급성효과는 동시에 내피에서 유래된 nitric oxide(NO)에 의해 경감된다. 그러나 장기간의 렙틴의 자극으로 신장에서의 나트륨 재흡수의 증가로 혈압이 증가되는 기전을 갖게 된다. 또한 렙틴의 작용으로 뇌하수체에서 분비되어 강압효과를 나타내는 신경펩티드-Y(neuropeptide-Y, NPY)가 감소되어 혈압 상승효과가 나타나기도 한다. 실제로 고혈압 환자에서 혈장 렙틴 농도는 증가되어 있으며, 지방조직과 혈압과의 관련성에 중요한 역할을 한다.

(3) 심장질환

미국 여성에서 관상동맥질환의 발병 위험률은 BMI 21에 비해 BMI 29에서 3.3배 증가하고, BMI 27~29 사이에서는 상대 위험도가 1.8배 증가하였다. 체중 증가는 최초의 BMI와 관계없이 위험도가 증가되었으며, 20kg 이상의 체중 증가에서 현저하였다.

고지혈증은 BMI와 관련되어 심장질환의 위험을 높인다. BMI와 중성지방은 양의 상관관계가 있다. 그러나 BMI와 HDL 콜레스테롤이 역상관관계가 보다 중요하며, 중성지방의 증가보다 HDL 콜레스테롤 저하가 더 위험하기 때문이다. 복부 비만 또한 지질대사 이상에 중요하다. WHR보다는 허리둘레가 중성지방이나 HDL 콜레스테롤 수치와 관련이 높다. 복부 비만과 중성지방 사이에는 양의 상관관계가 있고, HDL 콜레스테롤과는 역상관 관계가 있음은 많은 연구에서 확인되었다. 구체적인 분석에서 허리둘레는 WHR 보다 강한 상관성이 있다. 다른 위험인자에서처럼 체중감소는 콜레스테롤 수치를 낮추고 HDL 콜레스테롤을 상승시킨다.

체중 증가는 다양한 심혈관질환을 일으킨다. 체중의 증가에 따라 심장의 중량도 증가하며, 심부하가 증가하기 때문이다. 그러나 전체 체중에 대한 심장 중량의 비는 정상인보다 낮다. 비만에 의한 심장의 과부하는 심근증과 심부전을 일으킨다. 체중감소는 심장의 중량을 감소시키며, 그 정도는 남녀 모두 체중감소에 비례한다.

(4) 담낭 질환

담관 결석은 비만에서 흔히 나타나는 간담도 질환이다. BMI 24 kg/m^2 미만에서는 임상증상이 있는 담석증이 100,000명당 250여명 정도이다. BMI가 증가할수록 담석증의 발병률도 증가하여, BMI 30 kg/m^{2}를 넘으면 발병률이 급격히 증가한다.

담석 발생 증가 이유에 대한 설명의 하나는 체내 전체 지방에 비해 콜레스테롤 대사가 증가하기 때문이라고 한다. 콜레스테롤 생산은 체지방 증가에 비례하며, 체지방이 1 kg 증가할 때마다 약 20 mg의 콜레스테롤이 생산된다. 따라서 체중이 10 kg 증가하면 달걀노른자에 들어있는 양만큼의 콜레스테롤이 매일 만들어진다. 증가된 콜레스테롤은 담즙내로 다량 배설된다. 담즙 내에 담즙산 및 인지질에 비해 콜레스테롤 농도가 상대적으로 높으면 콜레스테롤 담석 발생 가능성이 높아진다. 다른 결석형성 촉진 인자가 추가적으로 담석 발생에 관여한다.

비만에서 소화기계에 일어나는 두 번째 변화는 간에 지방의 축적이다. 비만 환자에서 지방간은 특징적이며, 고인슐린혈증에 의한 VLDL 생산 증가를 반영한다. 간에 지방 축적은 중성지방의 대사율에 비해 VLDL 분비가 따라가지 못함을 의미한다.

(5) 골, 관절, 근육, 연결 조직, 피부

비만에서 퇴행성관절염 발생이 증가한다. 무릎과 발목에 생긴 관절염은 체중 증가에 의한 관절의 직접 손상 때문이다. 그러나 체중 부하가 없는 관절에도 관절염이 생기는 것을 보면 연골이나 골 대사에 영향을 주는 다른 인자가 있을 것으로 생각된다.

비만에서 다양한 피부 변화가 일어난다. 피부선조(striae)는 매우 흔하며, 지방 축적의 증가 압력에 이기지 못해 나타나는 피부 변화이다. 목이나 관절 신전 부위에 생기는 흑색 극피종(acanthosis nigricans)도 비만에서 흔히 동반되나 악성 질환과는 관련이 없다. 비만 여성에서 다모증은 성선 호르몬의 변화를 반영한다.

(6) 호흡기계의 변화

중증 비만에서 폐기능의 변화가 일어난다. 이것은 복압의 증가로 횡격막을 눌러 잔류 폐 용적(residual lung volume)이 감소되기 때문이다. 남성에서 총 체지방과 관계없이 복부 내장 지방의 증가는 환기 능력에 영향을 준다.

비만에 동반된 수면 무호흡증(sleep apnea)은 심각한 문제이다. 수면 무호흡증은 남성에서 흔하고, 코골이 지수나 최대 야간 소음 강도와 관계가 있다.

야간 산소 포화도도 유의하게 저하된다. 목둘레가 크고 인두 주위에 지방 분포가 많으면 중증 무호흡증이 발생한다.

(7) 암

암의 종류에 따라 비만한 사람에게 유의하게 증가하게 된다. 비만한 사람에서 흔히 발생하는 암은, 남성에서 대장암, 직장암, 전립선암이며, 여성에서 생식기계의 암과 담낭암이다. 비만한 여성에서 자궁내막암의 위험이 높은 이유는 지방 조직에서 에스트로겐 생산이 증가하기 때문이며, 폐경 후 여성에서 지방 조직 증가와 관련이 있다. 유방암은 총 체지방보다 복부 지방량과 관련이 높으며, 컴퓨터 촬영으로 측정한 복부 지방의 증가량과 유방암 위험도는 유의한 상관이 있었다.

(8) 내분비 변화

비만에 동반된 내분비계의 변화에서 가장 중요한 것은 생식기계의 변화이다. 여성에서 월경이 불규칙해지고, 무배란 주기가 증가하며, 임신 능력이 떨어진다. 임신 중에도 임신 중독증 발생이 증가하며, 고혈압과 제왕절개술의 빈도도 높다.

(9) 정신사회적 기능

비만은 사회적 낙인으로 거부되는 경우가 흔하며, 교육, 취업, 의료 등에서 광범위하게 나타난다. 이러한 결과는 비만한 청소년이 성인으로 성장할 때 교육 정도와 결혼 여부, 수입에서 나타난다. 이러한 차이는 남성보다 여성에서 현저하다.

2. 비만의 진단

가장 간단한 비만의 진단 방법은 키와 체중의 측정이다. 표준체중에 대한 실제 체중의 초과분 백분율로 표현되는 비만도를 비롯하여 키에 대한 체중의 지수에 대해 여러 가지가 개발되어 왔으나, 그 중에서 체질량지수(BMI, 체중을 키의 제곱으로 나눈 값, kg/m^2)가 가장 널리 사용된다. 최근 임상에서 BMI가 표준체중표 대신 널리 사용되고 있으며, 체지방 판정 및 과체중, 비만을 결정짓는 지표로 권장되고 있다. BMI는 체중(킬로그램, kg)을 키(미터, meters)의 제곱으로 나눈 값이다(BMI=kg/m^2). BMI는 체중보다 체지방 평가에 유용하다.

서양인에서 BMI 29 이상에서부터 사망률과 이환율이 급격히 증가하나 동양인에서는 25부터 증가되며, 서양인의 최적 BMI가 25 근처인 것에 비해 동양인에서는 21-22 부근으로 차이가 있다. 더욱이 서양인에서 BMI 30 이상을 비만으로 했을 경우 인구집단의 대략 25%가 비만에 해당되나, 동양인에서 이러한 기준을 적용하면 비만은 1～2%에 불과하여 동반질환이 악화된 후에 치료를 시작해야하는 비만 대책의 지연이 우려된다. 따라서 아시아 지역에서는 세계보건기구의 진단기준과 달리 BMI 25 이상을 비만으로 규정하고 있으며, 우리나라 비만학회에서도 이러한 지침을 이용하고 있다(표 16-2).

표 16-2. 아시아 성인에서 BMI와 허리둘레에 따른 동반질환 위험도

분 류	체질량지수 (kg/m^2)	동반질환의 위험도 허리둘레	
		≤ 90 cm (남성) ≤ 80 cm (여성)	〉90 cm (남성) 〉80 cm (여성)
저체중	〈 18.5	낮다(다른 임상질환의 위험은 높다)	보통
정상 범위	18.5～22.9	보통	증가
과체중:	≥ 23		
위험체중	23～24.9	증가	중등도
1단계 비만	25～29.9	중등도	고도
2단계 비만	≥ 30	고도	매우 고도

허리둘레는 비만의 위험도 판정에 이용되며 특히 고도 비만이 많지 않고 복부에 지방이 축적되어 동반질환의 빈도가 높은 아시아에서 중요하다. 내장지방의 축적이 대사증후군으로 총칭되는 비만의 동반질환 증가와 관련성이 높음은 많은 역학조사에서 밝혀졌다. 이러한 내장지방의 축적을 엄격하게는 컴퓨터 단층촬영과 같은 방법으로 평가가 필요하나 임상에서는 허리둘레 측정을 이용한다.

세계보건기구의 기준치는 남성에서 102 cm 이상, 여성에서 88 cm 이상을 위험도 증가로 규정하고 있다. 그러나 허리둘레는 인종, 성별에 따라 크게 차

이가 있어 아시아 비만 기준에서는 남성에서 90 cm 이상, 여성에서 80 cm 이상으로 규정하고 있다(표 16-2).

3. 비만의 영양요법

체중을 정상으로 만드는 것은 실제적이지 않으며, 체중감소 전략의 궁극적 목표는 아니다. 중등도의 체중감소도 기본적으로 건강에 도움이 된다. 체중 조절 전략에는 식사, 운동, 일상 습관과 사고방식 등의 조절이 동반되어야 한다. 과식하는 습관이나, 운동 부족 행동을 발견하고, 교정해야 한다. 체중감소와 유지는 생활 습관 태도를 변화시키는 방법에 의해 이루어질 수 있다. 이러한 방법은 구체적으로 WHO의 지침에 제시되어 있다. 많은 나라에서 만성질환에 대한 생활 습관 수정 프로그램을 가지고 있다.

국가마다 지역의 경험과 자료에 의한 식사 지침을 가지고 있다. 아시아 일부지역은 당질과 지방질이 풍부한 식사를 하고, 단백질은 적게 섭취한다. 식사 조절에서 총 칼로리를 줄이는 것이 필요하며, 정제된 당질 섭취를 줄여 복합 당질로 대체하고, 지방질 섭취를 줄인다. 표 16-3에서 제시된 일반적인 영양 원칙은 보편적인 예방 전략을 위한 식사조절이다.

모든 체중 유지 전략에는 식품과 건강한 식습관에 대한 교육이 포함되어야 한다. 식사 치료는 근본적으로 칼로리 섭취를 줄이기 위해 환자에게 식사 방법을 지시하는 것이다. 식사요법은 건강 식품의 섭취를 기본으로 하며, 개별화된 에너지 제한식사(에너지 고정식)와 저지방, 고당질 자유식사는 치료 효과를 높인다. 비만 환자는 유행하는 다이어트 요법은 피해야 한다.

영양소 비율을 조정한 식사의 종류와 상관없이 섭취 열량을 제한하는 것이 체중감소를 가져오는 가장 강력한 방법이다. 특히 다른 생활습관과 함께 변화(예: 활동량 증가)가 이루어질 때 체중감소가 잘 이루어진다. 체중감소를 비교한 여러 연구를 보면, 식사만 조절한 경우, 운동만 시행한 경우, 식사와 운동 모두를 시행한 경우 중 운동만 시행한 그룹에 비해 식사 조절, 식사와 운동을 함께 조절한 그룹이 체중감소가 더 컸다. 식사 조절과, 식사와 운동 조절그룹을 비교한 연구들을 보면 식사와 운동 조절 그룹의 체중감소가 더 큰 경향을 보였다.

비만 환자들은 아주 엄격한 열량 제한이 체중감소를 가져온다고 생각하지만 적절한 섭취 열량의 감소와 건강하고 균형 잡힌 식사가 더 많은 체중감소를 가져오고 건강상의 개선 효과 및 장기간의 체중 유지에도 도움이 된다. 초저열량식은 휴식 시 에너지 소비량을 중정도의 열량 제한식을 한 그룹에 비해 크게 감소시켜서 6개월 후에는 체중감소 정도가 두 그룹 간에 차이가 없다. 중정도의 열량제한식(열량 요구량의 70%, 1,400 kcal)이 초저열량식(785 kcal)보다 더 많은 체중감소를 나타낸다. 초저열량식은 체중감소를 가져오겠지만, 박탈감, 폭식, 죄책감, 자기혐오, 체중의 다시 증가, 실패감 등으로 예전의 좋지

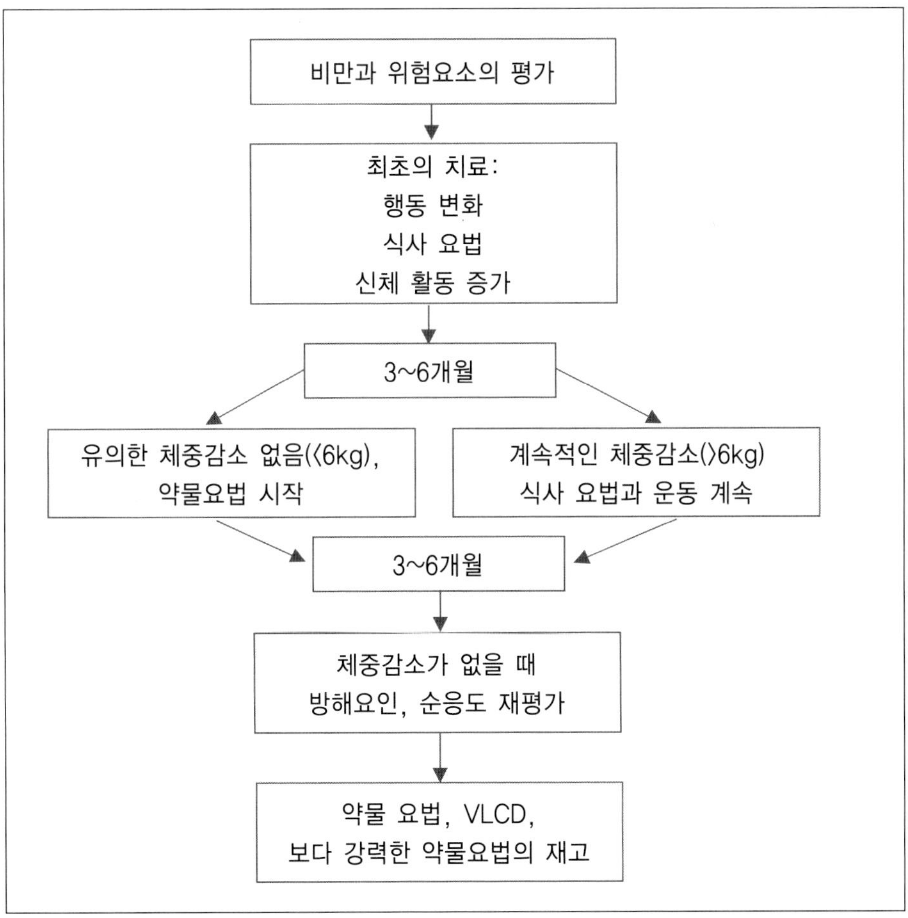

그림 16-1. 아시아-태평양 비만 치료 지침에서 비만 관리 절차

표 16-3. 비만에 관련된 영양 공급의 원칙

- 식품은 아시아-태평양 지역의 국가에 따라 다양하므로 이에 따라 선택되어야 한다.
- 식사의 분배는 하루 중에 균일하도록 하고, 체중 조절을 위해 식사를 거르지 않도록 한다.
- 식사 양을 충분히 해서 식간에 간식을 먹지 않도록 한다.
- 지방질은 1일 총 에너지 섭취의 20~30% 이하로 제한한다.
- 당질은 총 에너지의 55~65%가 되도록 한다.
- 단백질은 총 에너지의 15%를 넘지 않도록 한다.
- 신선한 과일, 채소, 전곡 식품의 섭취를 권장한다.
- 음주를 제한한다.

+ 지방질 섭취 양은 국가에 따라 다르다. 아시아 일부 국가는 20% 이하로 제한해야 하고, 일부 태평양 제도에서는 30% 정도도 충분하다.

못한 식습관으로 다시 돌아가게 한다. 현실적인 식사 중재가 체중감소의 효율을 높일 수가 있다.

열량 제한은 없이 저지방과 복합 탄수화물 식사를 한 그룹과 열량 제한식을 한 그룹을 비교한 연구에서는 두 가지 모두 유사한 체중감소를 가져온 것으로 나타났다. 전자의 그룹이 식사 순응도, 삶의 질(quality of life)에 대한 평가 점수도 양호하였다. 이런 요소들이 장기적으로 식사 패턴의 변화를 가져와 체중감소 및 유지를 위해서 중요한 역할을 할 것이다. 체중 유지단계에 들어선 환자들에게는 식사의 불필요한 제한은 하지 않고 지속적으로 체중을 유지하도록 해주어야 한다. 이 2가지가 비만 치료를 위한 장기 영양 치료 중재에서는 현재까지 가장 성공적인 연구 결과이다.

비만인들은 자가 식사 기록 시 30~50% 정도 적게 기록하는 경향이 있어 스스로 식품 선택을 해서 열량 제한식을 실천하는 경우 체중감소가 다소 미미한 수준을 보인다. 이에 대한 보완으로 1인 분량과 영양소 구성이 미리 정해진 식품을 보조적으로 사용한 연구에서 훨씬 더 많은 체중감소를 가져올 수가 있다. 부분제어식사(portion-controlled meal)는 식사 준비가 간편하고 문제 식품을 섭취할 기회를 줄이게 되는 것이 장점이다. 또한, 섭취하는 식품의 가짓수를 줄이는 것이 음식 섭취량의 감소와 관련이 있다.

식사대용식품(meal replacement)은 1인 분량을 조절하는 가장 흔한 방식인데 음식의 분량과 열량이 정해져 있어서 식사 조절이 용이하다는 것이 장점이다. 6개의 무작위대조연구들을 메타 분석한 연구결과 1년 동안의 치료 기간 동안 식사대용식품을 섭취한 참가자들은 일반적인 열량 제한식을 한 그룹에 비해서 체중 감량을 2.4~3.4 kg 더 할 수 있었다. 하루에 2번의 식사와 2번의 간식을 식사대용식품으로 한 그룹에서 치료 3개월 동안 7.8%의 체중을 감량할 수 있었다. 대조군인 스스로 식품을 선택해서 저열량 식사를 하는 그룹은 체중의 1.5%만을 감량할 수 있었다. 2년 후에는 처음 체중에 비해 11.3%의 체중감소를 유지하였고 4년 후에는 초기 체중에 비해 8.4%의 감소된 체중을 유지할 수 있었다.

행동수정요법을 통한 체중 감량 프로그램에 참여해서 체중 감량에 성공한 사람들도 먹은 음식의 양이나 가지수를 적게 기록하는 것은 계속적인 문제로 남아있다. 식사 기록이 열량 제한식의 기본으로 꼭 사용되어야 하는 것은 아니지만 식사 섭취를 스스로 모니터링하는 그룹이 그렇지 않은 그룹에 비해 지속적으로 체중을 줄일 수 있었다. 식사 섭취 자가 기록 방법은 정확성은 떨어진다고 하지만 지속적인 행동 수정을 위해서 사용되어야 하는 방법이다.

지속적으로 행동요법을 사용하는 사람이 보다 성공적으로 감소된 체중을 잘 유지할 수 있다. 체중 유지를 위해서 가장 많이 사용된 방법은 저지방 식사, 활동량 늘이기, 주기적인 체중 측정이다. 식사 내 지방 섭취량을 줄이는 것이 체중 유지의 성공적인 요소이다. 정상 체중의 성인도 저지방식을 실천하면 특별히 열량 제한식을 하지 않아도 체중을 잘 유지할 수 있다. 그러나 체중감소가 최종 목표가 되어서는 안 되고, 평생 동안 건강한 습관을 가지고 유지하는 것이 궁극적인 목표가 되어야 한다. 이런 긍정적인 변화를 어떻게 유도하고 장기간 유지하게 할 수 있는가가 중요하게 고려되어야 한다.

참고문헌

1. 손숙미 등: 임상영양학. 교문사, 2006
2. 대한비만학회: 비만치료지침 2009. 대한비만학회, 2009
3. David L. Katz: Nutrition in clinical practice. 2nd ed. Lippincott Williams & Wilkins, 2008
4. Lisa Hark, Gail Morrison: medical nutrition & disease-a case-based

approach. 4th ed. Wiley-Blackwell, 2009

5. L. Katleen Mahan, Sylvia Escott-Stump: Krause's Food & Nutrition Therapy. 12th ed. Saunders, 2008

내분비질환에서의 영양

제17장

현대 사회의 물질적인 풍요를 비롯한 인류의 생활환경의 급격하고 다양한 변화로 인해 성인병을 비롯한 많은 질환들이 증가하고 있으며 이러한 질환들에 있어 가장 중요한 일차적인 치료는 생활 습관을 개선시키고 적절한 영양요법을 시행하는 것이다. 비만, 동맥경화증, 당뇨병, 고혈압, 고지혈증 등이 여기에 해당한다. 당뇨병을 치료하는 데 있어서 새로운 많은 방법들이 연구되고 있지만, 그 어떤 치료법보다 생활양식을 바르게 개선시키는 것이 중요하며, 그 중 가장 기본이 되는 것이 식사요법이다. 이상지질혈증에서도 약물치료에 우선하고 먼저 치료적 생활습관의 개선이 반드시 선행되어야 하며, 특히 식사요법이 가장 중요한 치료법이라고 할 수 있다.

1. 당뇨병

임상영양요법은 당뇨병 관리와 당뇨병 자기관리 교육의 필수요소이다. 아직도 영양과 당뇨병에 관련해서는 잘못된 개념들이 많다. 더욱이 거의 증명되지 않은 영양권고 사항들이 실제 임상에서 당뇨병 환자들에게 추천되어 왔고 현재도 그렇게 하고 있는 곳이 많다.

역사적으로 당뇨병과 당뇨병성 합병증에 관한 영양권고들은 과학적인 지식과 임상경험, 그리고 전문가의 의견일치에 기반을 두고 있다. 그러나 그러한 권고 사항을 만들기 위해 사용되는 증거의 수준을 결정하는 것이 어려울 때가 자주 있다. 이 문제를 해결하기 위해 2002년 미국당뇨병학회에서는 증거 등급 체계를 이용한 증거의 수준에 따라 분류된 원칙과 권고를 제시하였다. 이 권고안의 목표는 의사와 환자에게 유용한 영양요법에 대한 인식을 증가시킴으로써 당뇨병의 관리수준을 높이고자 한 것이다.

(1) 당뇨병 임상영양요법의 목표

1) 적절한 대사 상태를 만들고 유지함

i) 정상혈당 또는 당뇨 합병증의 위험을 안전하게 예방하거나 감소시킬 수 있을 정도로 정상에 가까운 혈당
ii) 대혈관 합병증 위험을 감소시킬 수 있을 정도의 지방 및 지단백
iii) 혈관합병증의 위험을 감소시킬 수 있을 정도의 혈압

2) 당뇨병의 만성합병증을 예방 및 치료

i) 비만, 이상지질혈증, 심혈관계질환, 고혈압, 신장합병증의 예방과 치료에 적당하도록 영양섭취와 생활양식의 수정
ii) 건강한 음식선택과 육체적인 활동을 통한 건강의 증진
iii) 개인의 기호와 변화 의지를 존중하고, 개인적, 문화적인 선호와 생활양식을 고려하여 영양학적인 필요성 취급

(2) 제1형 당뇨병 및 제2형 당뇨병의 임상영양요법

당뇨병 환자에서 식이요법의 목적은 고혈당에 의한 증상 발생을 예방하고 저혈당 및 급성 혼수로 인한 합병증 발생 및 진행을 억제하여 삶의 질을 개선시키는 데 있다. 당뇨병 환자 개인의 혈당 조절을 위한 목적과 목표는 환자 개인의 특성에 따라 환자 자신뿐만 아니라 가족과 함께 목표를 설정하는 적극적인 관리가 필요하다. 적절한 체중 조절과 유지를 위하여 적절한 열량 공급이 필요하고, 고혈당으로 인한 체중감소와 근육소실을 예방할 수 있도록 적절한 혈당 조절에 도달하며, 영양부족 또는 영양결핍의 예방을 위한 균형 잡힌

영양소를 섭취하도록 하고, 고혈압, 고지혈증, 또는 다른 질환의 관리에 도움을 주며, 삶의 질, 전신적인 건강 및 환자 자신에게 만족감을 줄 수 있도록 하는 것이 식이요법의 목표이다.

1) 탄수화물

많은 요소들이 식사에 대한 혈당 반응에 영향을 준다. 당질의 형태(포도당, 과당, 자당, 젖당), 전분의 종류(amylose, amylopectin, 저항성 전분), 요리과정(전분의 젤라틴화 정도, 입자의 크기, 세포질의 형태), 식품의 형태 등이 혈당에 영향을 미친다. 또한 소화를 지연시키는 지방, 렉틴(lectin), 피트산(phytates), 탄닌(tannin) 등의 천연성분과 전분-단백질, 전분-지방 혼합물 등이 혈당에 영향을 준다. 공복혈당과 식후혈당, 내당능 장애의 정도, 탄수화물의 지연효과 등이 식사에 대한 혈당반응에 영향을 미친다. 그러나 제1형 및 제2형 당뇨병 환자에서 여러 가지 종류의 전분이나 자당을 섭취시킨 직후부터 6주간의 혈당 변화를 비교해 보면 탄수화물의 양만 일정하다면 별다른 차이가 나타나지 않는다. 그러므로 식사나 간식의 총탄수화물 양이 그 종류나 형태보다 더 중요할 것이다. 제1형 당뇨병 환자의 연구는 식전에 투여하는 인슐린 용량과 식사에 포함된 총 탄수화물 양에 대한 식후혈당 사이에 강한 상관관계가 있음을 보여주고 있다. 그러므로 식전에 투여하는 인슐린 양은 식사에 포함된 탄수화물 양에 따라 적절히 조절해 주어야 한다. 매일 일정한 양의 인슐린을 투여하는 환자는 탄수화물 섭취 양을 매일 일정하게 한다.

제2형 당뇨병 환자가 체중을 유지하기 위한 식사에서 탄수화물을 단일불포화지방으로 대체하면 식후혈당과 중성지방이 감소한다. 그러나 지방섭취가 증가하면 체중이 증가할 수 있으므로 탄수화물로 할 것이냐 단일불포화지방으로 할 것이냐는 영양판정, 대사상태, 치료목표에 따라 개별화 한다.

2) 단백질

전통적인 인슐린 요법으로 치료하고 있는 제1형 당뇨병 환자에서는 단백질 대사가 항진되어 있으므로 혈당을 정상에 가깝게 조절하고 충분한 단백질 섭취를 하는 것이 필요하다. 그런데 대부분의 성인은 일반적으로 1일 필요량의 150% 이상의 많은 단백질을 섭취하므로 당뇨병 환자들은 평소 식사섭취로도 단백질 영양불량의 위험은 막는다.

일반적인 정도의 단백질 섭취가 당뇨병성 신증을 악화시키지는 않는다. 그러나 20% 이상의 에너지를 단백질로 오랫동안 섭취할 경우 신증 발생에 어떤 영향을 미칠 지에 대해서는 증명된 바 없다. 따라서 총에너지의 20% 이상을 단백질로 섭취하는 것은 피하는 것이 바람직하다.

3) 식이 지방

당뇨병 환자에서 일차적인 지방 섭취 목표는 포화지방과 식이 콜레스테롤을 억제하는 것이다. 포화지방은 혈중 LDL 콜레스테롤의 주요 식사인자이다. 더욱이 당뇨병 환자는 일반인보다 식이 콜레스테롤에 더 예민하다.

일반인의 경우 저포화지방 저지방 식사는 혈중 총콜레스테롤, LDL-콜레스테롤, 중성지방을 감소시키나, HDL-콜레스테롤에 대한 반응은 다양하다. 식이 중 총지방과 포화지방의 양과 혈중 총콜레스테롤과 LDL, HDL-콜레스테롤의 변화가 양의 상관관계를 보인다. 저지방 식사와 운동을 하게 되면 혈중 콜레스테롤, LDL-콜레스테롤, 중성지방을 더 감소시키고 HDL 콜레스테롤의 감소를 막는다. 당뇨병 환자의 목표도 일반인과 같다.

4) 미량영양소

노인, 임산부, 수유부, 엄격한 채식주의자들, 열량제한 식사요법을 하는 사람들 같이 특별한 경우에는 종합 비타민 제제가 유용하다.

당뇨병은 산화 스트레스가 증가된 상태일 수 있기 때문에 당뇨병 환자에서 항산화 비타민을 처방하는 것에 관심이 많다. 일반적으로 비타민 C, 비타민 E, 셀레늄, 베타카로틴 그리고 다른 카로티노이드 계통의 항산화제들의 과량 투여로 인한 심혈관계 질환, 당뇨병, 또는 암에 대한 예방 효과는 증명되지 않았다. 비록 일부 연구에서 항산화제들의 투여와 심혈관계의 긍정적인 효과에 대한 연관성을 시사한 바 있었지만, 대규모 위약 비교 연구에서 효과를 입증하는데 실패하였고, 어떤 경우에는 항산화 비타민들의 부작용이 생길 수 있음을 시사한다.

칼륨, 마그네슘, 아연, 크롬과 같은 무기질의 결핍이 당대사의 이상을 악화시킬 수도 있다. 칼륨 또는 마그네슘 부족은 혈액검사로 쉽게 발견할 수 있지만, 아연, 크롬의 부족을 알아내는 것은 더 어렵다.

(3) 당뇨병의 급성 합병증과 동반질환의 치료와 예방을 위한 임상영양요법

1) 급성 합병증

음식섭취, 운동량, 약물의 변화가 저혈당을 가져올 수 있다. 저혈당의 치료를 위해서는 포도당 또는 탄수화물을 포함한 음식의 섭취가 필요하다. 급성 혈당 반응은 음식에 포함된 탄수화물양보다 포도당 함량과 상관관계를 가진다. 인슐린에 의해 유발된 저혈당증에서는 경구로 10 g의 포도당을 먹었을 때 30분이 지나면 혈당을 40 mg/dL 정도 상승시키고, 20 g의 경구 포도당은 45분이 지나면 혈당을 60 mg/dL 정도 상승시킨다. 이런 경우에 혈당은 포도당 섭취 60분 이후부터 떨어지기 시작한다.

순수한 포도당이 좋은 치료지만, 포도당을 함유하고 있는 어떤 형태의 탄수화물도 혈당을 상승시킨다. 저혈당 치료에서 탄수화물에 단백질을 첨가하는 것은 혈당 반응에 어떤 영향도 미치지 않으며, 그 후에 일어날 수 있는 저혈당을 예방하는 효과도 없다. 그러나 지방의 첨가는 급성 포도당 반응을 지연시킬 수 있다. 저혈당 동안 위배출 시간은 평상시에 비해 2배나 빠르며, 액상 음식과 고형음식 간의 차이도 없다.

제1형 당뇨병 환자에서 급성 질환은 당뇨병성 케톤산증의 위험을 증가시킨다. 급성 질환 동안 인슐린은 지속적으로 필요하다. 또한 길항호르몬의 상승은 인슐린 요구량을 증가시킨다. 급성 질환 중에는 혈당측정과 혈중 혹은 소변의 케톤 측정, 적정한 양의 수액섭취가 필요하며, 특히 혈당이 100 mg/dL 미만인 경우에는 탄수화물 섭취가 필요하다. 성인에서 매일 150~200 g(3~4시간마다 45~50 g 정도의 탄수화물은 3~4회)의 탄수화물섭취가 혈당을 적정 수준으로 유지하고 기아에 의한 케톤산증을 예방하기 위해 필요하다.

2) 고혈압

고혈압 관리를 위한 임상영양요법은 체중감량과 염분 섭취 제한에 중점을 둔다. 고려해야 할 다른 변수로는 알코올, 칼륨, 칼슘 그리고 식사의 구성(총지방, 포화지방, 콜레스테롤) 등을 들 수 있다. 과일과 채소를 포함하는 저지방식사

(5~9회/일)와 저지방 낙농제품(2~4회/일)은 칼륨, 마그네슘, 칼슘을 많이 포함하고 있으며 혈압을 어느 정도 감소시켜줄 수 있다.

당뇨병 환자에서는 체중감량과 혈압강하 효과 사이에는 일반적인 연관성이 있으나 그 반응의 정도는 매우 다양하게 나타난다. 적정량의 체중 감량으로 혈압강하 효과를 볼 수 있다. 혈압을 낮추는데 칼륨의 보충이 효과가 있다는 임상연구가 보고된 적은 있으나, 칼슘과 마그네슘 보충 효과가 있다는 증거는 없다.

3) 이상지질혈증

혈장 LDL 콜레스테롤이 증가된 성인에서는 포화지방산과 트랜스지방산을 전체 섭취 열량의 10% 미만으로 낮추어야 하며 7% 미만까지 낮추는 것이 바람직하다. 포화지방산을 대치한다면 탄수화물이나 단일불포화지방산으로 대치하는 것이 좋다. 혈장 LDL 콜레스테롤 감소는 식물 stanol/sterols을 추가하거나 수용성 섬유소를 증가시킬 경우 더 효과를 볼 수 있다.

비만한 제1형 당뇨병 환자나 대부분의 제2형 당뇨병 환자의 이상지질혈증은 혈장 중성지방 농도가 증가하고, HDL 콜레스테롤, LDL 콜레스테롤이 감소하는 양상으로 나타나며, 이는 혈당 조절이 잘 되더라도 지속된다. 이런 이상지질혈증은 복부지방, 특히 내장지방이 증가되는 체지방의 증가와 밀접한 관련이 있다. 이런 사람들에서 추천되는 식생활 개선 방법은 1) 포화지방 섭취량은 총열량의 7% 미만, 일일 콜레스테롤 섭취량은 200 mg 미만으로 제한하고, 2) 수용성 섬유소 섭취(10~25 g/일)와 식물 stanol/sterols 섭취(2 g/일)를 증가시키며, 3) 적절한 체중감량, 4) 활동량 증가 등을 들 수 있다. 식사 중 지질 섭취 제한과 체중 감량으로 혈장 중성지방을 감소시킬 수 있고 혈장 LDL 콜레스테롤은 어느 정도 낮출 수 있다. 포화지방산을 탄수화물로 대체하는 것은 전부는 아니지만 대부분의 연구에서 혈장 LDL 콜레스테롤을 개선시키고 단일불포화지방산은 호전시키거나 유지시키는 것으로 나타났다. 단일불포화지방산도 포화지방산을 대체하는데 사용될 수 있다. 그러나 지질 섭취를 늘릴 경우 총 섭취열량을 높이고 체중증가를 초래할 수 있다. 규칙적인 운동도 혈장 중성지방을 낮추고 인슐린 감수성을 개선시킨다.

약물 투여에도 불구하고 지속적으로 혈장 중성지방 농도가 증가되어 있는 환자들에게는 ω-3 지방산을 포함하는 생선기름을 보충해 주는 것이 권장되기도 한다. 그러나 생선기름은 혈장 LDL 콜레스테롤을 증가시킬 수 있으므로 주의가 요구된다. 혈장 중성지방 농도가 1,000 mg/dL를 초과하는 환자들은 킬로미크론혈증 증후군(chylomicronemia syndrome)과 췌장염의 위험이 증가되므로 모든 형태의 지질 섭취를 제한하고 지질강하제의 투여를 시작한다.

4) 신증

다수의 식이 관련 인자들이 신증의 예방 효과를 가지는 것으로 밝혀졌다. 미세단백뇨가 있는 제1형 혹은 제2형 당뇨병 환자에서는 단지 소량의 단백질 섭취 감소만으로도 사구체여과율을 호전시키고 뇨중 알부민 배설률을 감소시키는 것으로 알려져 있다. 현성 신증이 동반된 제1형 당뇨병 환자를 대상으로 한 연구 결과 단백질 섭취를 0.8 g/kg/일로 제한할 경우 사구체여과율의 감소를 지연시키는 것으로 나타났다. 그러나 이런 단백질 섭취 제한은 만성신부전 환자에서 좋은 영양 상태를 유지할 수 있어야 한다는 사실이 전제되어야 한다. 단백질 섭취 제한이나 다른 신장질환 치료식의 계획은 당뇨병의 임상영양요법에 숙달된 자격인증 영양사에 의해 수립되어야 한다.

2. 이상지질혈증

심혈관질환은 관상동맥질환, 뇌혈관질환, 그리고 말초혈관질환 등을 포함하는 질환군으로 우리나라에서도 중요한 사망 원인이 되고 있다. 우리나라 통계청 자료를 근거로 추정하면 향후 우리나라의 심혈관질환으로 인한 사망률은 감소하지만 유병률은 증가하며 특히 허혈성 심장질환이나 허혈성 뇌졸중의 발생과 이에 의한 사망률은 증가하는 양상으로 나타날 것으로 예상된다.

심혈관질환의 위험인자에 대해서는 이미 잘 알려져 있다. 한국의 남성 공무원과 사립학교 교직원 115,000명을 대상으로 6년간 추적한 연구인 Korea Medical Insurance Corporation (KMIC) 연구를 보면 한국인 남자에서 심혈관질환의 위험인자는 고혈압, 흡연, 고콜레스테롤혈증 및 고혈당 등으로 서구 다른 나라에서 밝혀진 위험인자와 비슷한 양상을 보였다. 특히 최근 이상지질혈증 환자의 증가와 더불어 죽상동맥경화증에 의한 심혈관질환이 증가되며 따라서 이상지질혈증의 치료에 좀 더 적극적인 자세가 필요하며 이것이 심혈관질환의 예방에 도움이 된다.

(1) 한국인의 혈청 지질 농도 분포와 심혈관질환의 위험도

한국인의 혈청 지질 농도 분포는 20세 이상의 성인을 대상으로 한 2005년 국민건강영양조사 자료를 살펴보면 총콜레스테롤 농도는 남자의 경우 40대까지는 연령이 증가할수록 증가하다가 50대부터 감소하는 반면, 여자의 경우는 60대까지 지속적으로 증가하다가 이후 감소하는 추세를 보였다. LDL 콜레스테롤 농도는 총콜레스테롤 농도에서와 같이 남자의 경우 40대까지는 연령이 증가할수록 증가하다가 50대부터 감소하는 반면, 여자의 경우는 60대까지 지속적으로 증가하다가 이후 감소하였다. 중성지방 농도는 남자의 경우에 40대까지는 연령이 높아질수록 증가하다가 이후 감소하는 반면, 여자의 경우에는 60대까지 지속적으로 증가하다가 이후 감소하였다. HDL 콜레스테롤 농도는 남자의 경우 연령에 따른 뚜렷한 변화 양상을 보이지 않았으나, 여자의 경우에는 연령이 증가함에 따라 지속적으로 감소하는 경향을 보였다.

우리나라의 경우 혈청지질 수치와 심혈관질환의 관련성을 연구하고자 2001년 이전의 과거 종합검진자료를 이용한 코호트 연구를 개발하였다. 연구 대상자는 31만 명으로서 13년간 추적되었으며, 평균연령은 남자 47.3세, 여자 47.8세였다. 이 연구에 의하면 총콜레스테롤치를 160 미만으로 기준하였을 때 230 이상이면 허혈성심질환에 걸릴 위험이 남자 1.7배, 여자 1.4배 높았다. 중성지방의 경우는 100 미만을 기준으로 하였을 때 중성지방 250 이상에서 허혈성심질환에 걸릴 위험이 남자 1.4배, 여자 1.5배 높았다. LDL 콜레스테롤의 경우는 100 미만을 기준으로 하였을 때 LDL 콜레스테롤 150 이상에서 허혈성심질환에 걸릴 위험이 남자 1.5배, 여자 1.2배 높았다. HDL 콜레스테롤의 경우는 40 미만을 기준으로 하였을 때 HDL 콜레스테롤 70 이상에서 허혈성심질환에 걸릴 위험이 남녀 모두 0.7배였다.

(2) 이상지질혈증의 진단 및 치료 지침

현재 가장 많이 이용되고 있는 치료 지침으로는 미국의 National Cholesterol

Education Program (NCEP)에서 제시하는 지침으로, 2001년 NCEP의 ATP III는 콜레스테롤 치료에 대한 근거 중심 지침을 제시하였다. 그 후로 스타틴의 치료 효과에 대한 5개의 대규모 임상연구를 바탕으로 2004년 NCEP의 ATP III를 업데이트하였다.

일본에서는 1987년 이상지질혈증에 대한 지침이 만들어졌는데 그 당시에는 근거를 바탕으로 하기보다는 전문가들의 견해에 의한 점이 많았고 "일본인에서의 이상지질혈증 치료지침"은 1997년에 출간되었다. 이후 2002년 "죽상경화 심혈관질환 치료지침"이 발표되었고 그 후로 일본인을 대상으로 한 여러 역학적, 임상적 근거에 의해 2007년도에 개정되었다.

우리나라에서는 한국지질·동맥경화학회에서 1996년에 고지혈증 치료지침을 처음으로 제정하여 발표하였고, 2003년에 제2판을 발간하였으며, 2005년도에 실시된 국민건강영양조사를 근거로 하여 이상지질혈증의 기준을 새롭게 설정하여 제2판의 수정보완판을 2009년 4월에 발표하였다.

이상지질혈증에는 보통 증상이 없으므로 치료가 필요한 사람을 찾아내기 위해서는 선별검사가 필수적인데, 20세 이상의 성인은 공복 후에 혈청 지질검사(총콜레스테롤, 중성지방, HDL 콜레스테롤, LDL 콜레스테롤)를 적어도 5년에 1회 이상 측정하여야 한다. 치료 방침의 결정 전에는 적어도 2회 이상의 반복측정을 하여야 하며, 측정 결과에 현저한 차이가 있을 경우 세 번째 측정이 필요할 수도 있다.

국민건강영양조사의 결과에서 나타난 지질 농도의 분포를 감안하여 한국지질·동맥경화학회에서 제시한 이상지질혈증 치료지침에서는 표 17-1과 같이 이상지질혈증 진단기준을 정하였다.

이상지질혈증의 치료 기준은 이상지질혈증에 대한 여러 가지 방법의 중재, 주로는 약물치료에 의한 이상지질혈증 치료의 결과를 보여주는 임상 시험들의 결과를 종합하고, 비용-효과적인 측면까지 고려하여 결정하여야 한다. 그러나 한국인들을 대상으로 한 대규모의 임상시험 결과가 없는 상황에서, 현실적으로는 기존의 외국의 지침을 참고하여 전문가들의 의견을 모아 기준을 설정하였다.

표 17-1. 한국인의 이상지질혈증 진단 기준

항목	구분	기준
총콜레스테롤 (mg/dL)	높음	≥ 230
	경계치	200~229
	정상	〈 200
LDL 콜레스테롤 (mg/dL)	높음	≥ 150
	경계치	130~149
	정상	100~129
	적정	〈 100
HDL 콜레스테롤 (mg/dL)	낮음	〈 40
	높음	≥ 60
중성지방 (mg/dL)	높음	≥ 200
	경계치	150~199
	정상	〈 150

(3) 이상지질혈증의 영양요법

비약물적 치료는 고지혈증 환자에서 가장 먼저 고려해야 할 치료법이다. 식이요법 뿐만 아니라 흡연, 비만, 운동 부족과 같은 위험인자들을 교정하고자 하는 생활습관의 개선도 포함된다.

혈청 지질 농도는 포화지방산이나 콜레스테롤의 과다섭취, 과식, 음주 등과 같은 식이요인에 의해 영향을 받는다. 따라서 환자의 식습관 및 영양 상태를 평가하고 문제가 되는 식이요인을 찾아낸 후 맞춤형 영양교육을 실시하고 식이지침을 제시하는 것이 고지혈증의 예방과 치료에 기본이 된다.

연령에 상관없이 콜레스테롤을 낮추는 첫 번째 방법은 식이요법이다. NCEP ATP III 지침은 최소한 3~6개월 정도의 식이요법을 먼저 시행하도록 권장하고 있다. 그러나 4~6주 이내에 LDL 콜레스테롤 목표에 도달하지 못했다면 약물요법을 고려한다. 이 정도의 기간은 식이요법의 효과를 판단하는데 충분하며 고위험군 환자들에서는 처음부터 바로 약물치료를 고려한다.

1) 체중과 에너지

필요한 에너지보다 더 많이 섭취하면 남은 에너지는 간에서 중성지방과 콜레스테롤의 합성을 촉진하게 되어, 결과적으로 혈액 내 콜레스테롤과 중성 지방의 농도를 증가시킨다. 비만한 사람이 체중을 줄이면 간에서 지방 생성이 저하되고, 혈청 중성지질 및 콜레스테롤의 농도가 감소된다고 한다. 따라서 이상지질혈증 환자의 체중이 표준체중보다 무겁다면 먼저 정상체중으로 감량하는 것이 식이요법의 제1원칙이다.

2) 콜레스테롤

혈청 콜레스테롤의 농도는 식품으로 섭취한 콜레스테롤(외인성 콜레스테롤)뿐 아니라 간이나 기타 조직에서 합성된 내인성 콜레스테롤에 영향을 받는다. 콜레스테롤을 거의 섭취하지 않아도 체내 콜레스테롤 합성량은 1일 약 10 g 이상 된다. 반면에 콜레스테롤 섭취가 증가하면 콜레스테롤 체내 합성은 감소하게 된다. 왜냐하면 소장에서 콜레스테롤 흡수가 억제되고, 변으로 더 많은 양을 배설되며, 간에서 콜레스테롤이 더 많이 분해되어 담즙산을 생성하므로 혈청 콜레스테롤 농도를 낮추려는 작용이 일어나기 때문이다. 따라서 콜레스테롤 섭취량과 혈청 콜레스테롤 농도는 비례하지 않는다. 그러나 지속적으로 콜레스테롤 섭취량이 많으면 혈청 콜레스테롤 농도에 영향을 줄 수는 있다. 경우에 따라서 콜레스테롤을 많이 섭취해도 혈청 콜레스테롤 농도에 큰 변화가 없는 경우가 있는가 하면 콜레스테롤을 적당량 섭취하여도 비정상적으로 혈청 콜레스테롤 농도가 높아지는 등 개인차가 있는데, 이에는 각 개인의 유전적인 요인이 중요하게 작용한다.

ATP III의 식이지침에는 혈청 LDL 콜레스테롤의 농도를 낮추기 위해서 콜레스테롤 섭취를 하루 200 mg 이하로 하도록 권장하고 있다. 이를 위해서는 달걀노른자, 오징어, 육류의 내장, 가금류의 껍질 부위 등 고콜레스테롤 식품의 섭취를 제한하는 것이 좋다.

3) 지방

지방은 단위 g당 에너지 생산량이 높아서 고지방식품의 섭취는 체중을 증가시킴으로써 혈청 중성지방 및 콜레스테롤의 농도를 증가시킬 수 있다. 2005년 국민건강영양조사에 의하면 한국인의 평균 지방 섭취량은 총 섭취 에너지의 20%로 ATP III에서 제안한 20~25%보다 적다. 그러나 식생활 패턴의 서구화로 지질의 섭취, 특히 동물성 지질의 섭취가 증가하고 있다. 또한 총 지방 섭취량보다는 지방의 종류가 혈청 콜레스테롤 및 중성지방 농도에 미치는 영향이 크므로 건강을 위해서 섭취하는 지방의 선택에 주의한다.

a) 포화지방산

포화지방산은 동물성 식품에 많이 함유되어 있으며, 총 에너지 섭취량 중 포화지방산이 1% 증가하면 혈청 LDL 콜레스테롤 농도가 2% 상승한다고 알려져 있다. 혈청 콜레스테롤과 LDL 콜레스테롤 농도를 낮추기 위해서는 포화지방산이 많이 함유되어 있는 유제품, 육류뿐 아니라 팜유, 코코넛유 등의 사용도 자제하는 것이 좋으며, 포화지방산 섭취량은 총 에너지 섭취량의 7% 이하가 되도록 한다.

b) 트랜스 지방산

트랜스 지방산은 불포화지방산을 함유한 액체의 식물성 기름에 부분적으로 수소를 첨가하여 고체인 쇼트닝과 마가린 같은 경화유를 만드는 과정에서 생기는 인공 지방산이다. 트랜스 지방산의 과다섭취는 혈청 LDL 콜레스테롤을 상승시키고 HDL 콜레스테롤을 감소시킨다. WHO에서는 트랜스 지방산의 섭취를 총열량의 1% 이하로 제한한다.

c) 단일불포화지방산

올레산(oleic acid)은 대표적인 단일불포화지방산으로 지중해 연안에서 많이 사용되며, 심혈관질환의 위험을 낮추는 식이요인의 하나로 거론된다. 포화지방산을 단일불포화지방산으로 대체하면 LDL 콜레스테롤의 농도를 낮추는 효과가 있다고 하나 이에 대한 임상자료는 많지 않다.

d) 다가불포화지방산

다가불포화지방산은 오메가-6와 오메가-3 지방산으로 구분할 수 있다. 오메가-6 지방산은 혈청 LDL 콜레스테롤, HDL 콜레스테롤, 중성지방 농도를 모두 낮추는 것으로 알려져 있다. 그러나 오메가-6 지방산의 섭취를 증가시키면 총 지방섭취량이 함께 상승하므로 총 에너지 섭취량의 10% 이하가 되도록 하는 게 바람직하다. 반면에 생선과 들기름에 많이 함유되어 있는 오메가-3 지방산은 콜레스테롤에 미치는 영향은 미미하나, 혈청 중성지방 농도를 낮춘다. 오메가-3 지방산은 지단백질 대사 외에도 염증 억제, 혈액 응고 방지, 혈압 강하, 부정맥 방지 등의 작용으로 심혈관계 질환의 예방에 도움이 된다고 알려져 있다. 우리나라처럼 당질을 많이 섭취하여 혈청 중성지방 농도가 높은 경우 생선을 충분히 섭취하는 게 좋다. 미국심장학회는 혈청 중성지방 농도를 낮추기 위해서는 2~4 g/일, 심혈관계 질환의 예방을 위해서는 1 g/일의 오메가-3 지방산 섭취를 권장한다.

4) 식이섬유소

식이섬유소는 수용성(soluble fiber)과 불용성 섬유소(insoluble fiber)로 분류된다. 밀 껍질(wheat bran)과 같은 불용성 섬유소는 혈청 콜레스테롤 농도에 큰 영향을 주지 않으나 변의 양을 늘려주고 장에 머무는 시간을 단축시켜주므로 배변에 도움이 된다. 펙틴(pectin)이나 알긴산 같은 수용성 섬유소는 혈청 콜레스테롤 농도를 낮추어 주는 효과가 있다. 수용성 섬유소를 5~10 g/일 섭취하면 혈청 LDL 콜레스테롤 농도가 5% 낮아진다고 한다. ATP III는 수용성 섬유소를 5~10 g/일 섭취하도록 권장하나 그보다 많은 10~25 g/일의 섭취가 더 도움이 된다.

5) 탄수화물

포화지방산을 탄수화물로 대체하면 단일불포화지방산으로 대체한 경우와 같이 혈청 콜레스테롤 농도가 감소하나, HDL 콜레스테롤이 감소하고 중성지방이 증가하는 문제가 발생할 수 있다. 그러나 식이섬유소와 함께 탄수화물을 섭취하면 혈청 중성지방 증가나 HDL 콜레스테롤 감소 작용이 약화된다. 따라서 잡곡류, 해조류 및 채소, 과일 등과 같이 수용성 식이섬유소를 많이 함유한 탄수화물을 위주로 섭취하고, 섭취량은 총 열량의 60% 이하로 제한하는 것을 권장한다.

6) 알코올

알코올 섭취와 사망률은 J형 곡선으로 표현된다. 즉, 적당한 알코올 섭취는 심혈관질환의 위험을 낮추는 것으로 알려져 있으며, 중성지방이나 콜레스테롤 대사와 음주의 관계는 아직 명확하지 않다. 그러나 과음을 하면 간에서 중성지방 합성을 증진시킬 수 있으므로 하루 2잔 이하로 제한하는 게 바람직하다.

참고문헌

1. 손숙미 등: 임상영양학. 교문사, 2006
2. 한국지질동맥경화학회 치료지침 제정위원회: 이상지질혈증 치료지침. 2판 수정 보완판. 한국지질동맥경화학회, 2009
3. David L. Katz: Nutrition in clinical practice. 2nd ed. Lippincott Williams & Wilkins, 2008
4. Lisa Hark, Gail Morrison: medical nutrition & disease-a case-based approach. 4th ed. Wiley-Blackwell, 2009
5. L. Katleen Mahan, Sylvia Escott-Stump: Krause's Food & Nutrition Therapy. 12th ed. Saunders, 2008

소화기 및 간질환 에서의 영양

제 18 장

위장관의 정상적인 기능은 정상적인 소화, 영양소의 흡수 및 배설에 있어 필수적이다. 위장관의 이상은 병변의 위치, 병태생리, 질환이나 손상의 범위에 따라 다양한 형태로 영양 상태에 영향을 미칠 수 있다. 반대로, 신체의 영양 상태와 섭취된 물질에 대한 노출이 직접적 또는 전신적인 영향에 의해 위장관의 건강 상태에 영향을 줄 수 있다. 섭취한 영양소나 약물의 대사에 있어서 간의 중요한 역할은 잘 알려져 있으며, 간기능은 식이 섭취에 따라 영향을 받을 수 있다. 특수 영양소들은 만성 간질환이나 독성 간염의 자연 경과에 도움을 줄 수도 있다.

1. 서론

우리 몸에서 소화기관은 가장 큰 기관으로 구강을 통해 섭취하는 영양소를 소화시켜 흡수하여 우리 몸의 기능을 원할히 유지시켜 주며 또한 면역글로불린을 생성하거나 많은 림프계열이 있어 면역기관으로서의 역할을 한다. 영양소를 소화시키고 흡수를 담당하는 기관으로서 소화기는 개체의 영양 상태와 밀접한 관계가 있어 소화기 질환 환자는 치료나 검사 목적으로 금식시키거나 여러 가지 동반된 질환자체로 인한 식욕부진으로 음식물 섭취가 감소하게 되면 영양의 불균형을 초래하기 쉽다. 면역기관으로서의 소화기관은 대장 내에 정상적으로 존재하는 세균총과 함께 경구섭취와 장관영양 여부에 따라 면역 조절과 밀접한 연관이 있다.

음식섭취 습관이나 특정한 음식은 많은 소화질환의 발생, 치료 및 예방에 관여하는 것으로 알려져 있고, 식이 조절은 삶의 질 향상과 증상의 개선에 기여한다.

(1) 기본 에너지 대사

우리 몸의 하루 총 에너지 소비(total daily energy expenditure)는 크게 세 가지로 나뉜다. 휴식 상태에서의 소모되는 기초에너지 소비(70~75%), 음식을 섭취하고 이를 소화시키는데 드는 에너지 소비(thermal food energy expenditure, specific dynamic action 8%)와 신체 활동에 쓰이는 에너지 소비(energy expenditure of physical activity)로 구성된다. 체내에서 에너지를 저장할 수 있는 장소는 지방 조직, 간과 근육이다. 가장 많이 에너지를 저장할 수 있는 기관은 지방, 근육 그리고 간의 순서이다. 즉, 70 kg 체중을 가진 성인 남성에서 중성 지방 형태로 최대 120,000 kcal까지 지방 조직에 저장할 수 있으며 근육은 글리코겐과 중성 지방 형태로 1,600 kcal 정도, 간은 글리코겐 형태로 400 kcal 정도를 저장한다. 기아 상태에서는 총 에너지 소비량은 감소하면서, 지방 조직에서 중성 지방 사용이 증가하며, 뇌의 당 요구량을 감소시키고 체내 질소 상태 변화를 초래하는 등 에너지 대사의 변화를 유발한다. 기아 상태가 지속되어 남성은 체질량지수(body mass index, BMI) 13 kg/m^2, 여성은 11 kg/m^2 정도로 감소하게 되면 사망한다.

(2) 영양 지원이 필요한 영양불량

넓은 의미의 단백질 칼로리 영양불량에는 크게 3가지 범주가 있다. 첫째는 저알부민혈증 영양불량으로 일명 콰시오커(kwashiorkor)이며, 둘째는 서서히 진행하는 기아에 의한 마라스무스(marasmus)가 있고, 셋째로 두 가지가 결합된 심한 단백질 칼로리 영양불량이 있다. 콰시오커는 기아가 감염, 수술, 손상 등의 스트레스에 동반되면 저알부민혈증 또는 면역억제 상태가 되고 대사 속도가 증가하며, 글루카곤, 에피네프린, 코티솔과 성장 호르몬 등의 호르몬들이 분비된다. 그 결과 근육조직의 이화, 고혈당증이 생기고, 저알부민혈증이 발생한다. 마라스무스는 열량 결핍에 수 개월 내지 수 년 동안 신체가 적응한 결과로 열량이 부족하면, 신체는 기초대사를 감소시키고 지방을 열량 공급원으로 사용한다. 체지방이 고갈되면 단백질의 이화 작용이 증가하나, 거의 말기까지 혈중 알부민 농도와 면역력은 거의 정상 수준을 유지한다. 중증의 단백질-칼로리 영양불량은 마라스무스 환자가 스트레스에 노출되었을 때 나타나며, 마라스무스와 카시오커의 증상이 복합적으로 나타난다.

(3) 적절한 영양 지원 경로의 선택

적절한 경구 섭취를 지속적으로 하지 못하는 사람에게 영양 공급을 위하여 비경구영양 혹은 장관영양 공급이 필요하게 된다. 구강 섭취를 못하는 사람이 영양 지원을 받아야 하는지 여부는 대체로 1~2주 이상 하루 평균 요구량의 25% 미만의 칼로리를 섭취하는 상태이면 경정맥 또는 장관영양 지원이 필요하다. 영양불량이 심할수록 영양소의 공급을 서서히 증가시키는 것이 중요하다. 치료 시작 시 실제 체중을 기준으로 체중 kg당 단백질은 0.8 g, 총열량은 30 kcal를 넘지 않는 양으로 시작한다. 이 때 전해질 불균형, 심부전, 폐부종, 설사 등의 부작용을 보일 수 있으므로 유의하고, 부작용이 없으면 서서히 공급량을 늘려 일일 단백질 1.5 g/kg, 열량 40 kcal/kg까지 올릴 수 있다. 영양 공급과 함께 물리치료와 적절한 운동을 통해, 체중의 급격한 증가로 인한 과다한 지방의 축적을 막고 골격 근육량을 충분히 증가시켜 대사 장애를 초래하지 않도록 한다. 또한 영양불량이 생기게 된 사회적, 환경적 요인이나질병을 해결하는 것도 매우 중요하다.

소화기 질환에서 영양요법의 목표는 첫째, 영양 상태를 유지 개선하고, 둘째, 질병의 활성을 완화시키며, 셋째, 수술적응증 및 수술 후 합병증을 감소시키는 것이다. 일반적인 적응증은 중증 혹은 재발환자, 영양 상태가 나쁜 환자의 수술 전 준비, 장 누공이나 단장 증후군, 성장 지연 등이 있다. 그러나 영양요법의 시행여부를 결정하는 가장 중요한 요소는 임상적인 경험에 기반한 의사의 결정이며, 따라서 적절한 영양요법의 시행을 위해서는 환자의 영양 상태, 질병의 활성도, 소화관 기능 및 수술 필요성 등에 대한 통합적인 평가가 요구된다.

영양공급은 크게 전비경구영양(total parenteral nutrion, TPN)과 장관영양(enteral nutrition, EN)으로 나누어지며 사용되는 식이는 성분식이(elemental diet), 중합체식이(polymeric diet), 배제식이(exclusion diet) 등이 있다. 성분식이는 각각 영양소의 최소 구성요소로 이루어진 식이로서 단백질은 아미노산으로, 탄수화물은 포도당으로, 지방은 단쇄지방(short chain triglyceride)의 형태로 포함되어 있어 항원성이 전혀 없다. 그러나 맛이 없고 비싸다는 단점이 있다. 중합체식이는 우유, 육류, 달걀, 콩 등에서 얻은 전단백질(whole protein)을 포함하고 있는 식이로서 맛이 좋고 가격이 저렴하다.

2. 역류성 식도질환(reflux esophageal disease)

역류성 식도질환은 산성인 위 내용물이 식도로 역류하여 식도에 염증을 초래하거나 염증을 일으키지는 않으나 가슴앓이 등의 증상을 초래하는 흔한 질환이다.

역류성 식도질환의 치료에 있어서 식이의 역할은 일정하지 않으며 심한 경우 약물치료가 필요하나 가능하면 식이를 조절하는 것이 좋다(표 18-1).

표 18-1. 역류성 식도염의 식이 치료

1. 과식과 기름진 음식을 삼간다.
2. 저녁 취침 전 3-4시간 이내에는 음식을 먹지 않는다.
3. 금연, 금주를 한다.
4. 카페인 섭취를 피한다.
5. 식사 후 가능한 심한 운동을 삼가고 상체를 굽히지 않는다.
6. 몸에 꼭 끼인 옷은 입지 않는다.
7. 적절한 섬유질이 들어 있는 건강하고 완전한 식이를 섭취한다.
8. 산성이거나 자극적인 음식을 섭취하지 않는다.
9. 과체중인 경우 체중조절한다.

식이 조절의 목적은 위 내용물이 식도로의 역류를 방지하고 염증이 있는 식도 점막의 자극과 통증을 예방하며 위산의 분비나 식도의 손상을 감소시키는데 있다. 일반적으로 과식이나 기름진 음식은 위식도 경계부의 압력과 위 음식물의 십이지장 배출을 감소시켜 음식물의 역류를 조장할 수 있다. 야식은 대부분 기름진 음식이 많고 과식할 수 있으며 식사 후 바로 눕게 되면 위내에 남아 있는 음식이 쉽게 역류가 되므로 삼가한다.

식도에 염증이 심한 경우 일시적으로 저지방식과 유동식을 섭취하는 것이 좋으며 이러한 음식은 식도를 팽창시키지 않고 쉽게 식도를 통과하므로 통증을 경감시킬 수 있다. 또한 유동식은 고형식에 비해 쉽게 위에서 십이지장으로 배출되므로 역류 가능성이 줄어든다. 식도에 염증이 있는 경우 산성인 음식 즉, 감귤류 주스, 토마토, 청량음료는 통증을 일으킬 수 있어 삼가는 것이 좋다.

양념류가 소화관 질환에 미치는 영향은 아직 확실치 않으나 일부에서는 소화관 투과성을 증가시키고 알레르기 반응을 일으킬 수 있다. 후추나 양박하는 식도하부 괄약근을 약화시키는 것으로 알려져 있으며, 맥주나 와인과 같은 발효된 술은 위산 분비를 촉진시킨다고 알려져 있어 섭취하지 않는 것이 좋다.

3. 위염(gastritis) 및 소화성궤양(peptic ucer)

만성 위염은 대부분에서 음식 조절 및 약물치료가 필요 없으나 증상이 있는 경우는 증상에 따라 약물 치료한다. 또한 섭취한 음식의 종류에 따라 소화불량 등의 증상의 악화와 직접적인 관련이 없는 것으로 알려져 있으나, 일부에서 증상이 있을 수 있고 증상이 있는 음식은 가능한 초기에 삼가는 것이 좋다. 위축성 위염에서는 비타민 B_{12}, 철분, 칼슘 등의 흡수가 감소되어 결핍될 수 있으므로 섭취에 유의한다.

소화성 궤양은 위산과다, 헬리코박터 감염, 스트레스 및 약물에 의해 위 점막이 결손되어 생기는 질환이다. 단백질은 일시적으로 위산을 완충시키는 역할이 있으나 위산과 펩신 분비를 촉진 시킨다. 과거에 우유는 궤양의 상처를 코팅시키는 것으로 알려져 있으나 우유를 마시는 것은 궤양의 치료에는 의미가 없다. 음식의 pH는 궤양 치료에 큰 의미는 없으며 오렌지 및 포도주스, 청량음료는 pH가 3.0 내외로 일부에서 증상이 심해지는 경우가 있으나 일정하게 나타나는 소견은 아니다. 과음은 위점막 손상을 일으키고 기존 질환을 악화시킬 수 있으며 궤양의 치료를 더디게 한다. 커피를 비롯한 카페인과 일부 조미료는 위산 분비를 촉진 시킬 수 있으나 궤양의 치료에 미치는 영향은 거의 없으나 과량의 섭취는 삼가는 것이 좋다.

4. 변비(constipation)

기원전 430년 히포크라테스는 밀기울을 제거하지 않은 밀가루 빵을 섭취한 경우 변이 장에서 남김없이 시원스레 배출되는 반면, 영양이 보다 풍부한 흰 빵은 변을 적게 만들어낸다는 사실을 관찰하였다. 고대 로마에서는 밀기울의 함량에 반비례하여 양양가 등급을 매기기도 하였다. 그 당시에는 과량의 대장 노폐물은 재흡수 되어 자가 중독을 일으켜 두통이나 불면증을 일으킨다고 믿어 섬유소가 없는 식사를 권장하였는데 이러한 생각들은 오늘날과는 완전히 반대되는 개념이다.

식이섬유의 정의는 불명확하며 매우 다양하다. 식이섬유의 원래의 화학적 정의에 의하면 음식물에 약산과 알칼리를 가한 후 가수분해 되지 않고 남아있는 식물의 성분들을 의미하였고, 1970년대 초반까지 조 식이섬유(crude fiber)라 불려졌다. 현재의 정의는 인체의 위와 소장에서 소화효소에 의해 분해되지 않은 식물의 구성 성분으로 정의하는 것이 일반적이다.

식이섬유는 물리화학적 성질에 따라 수용성과 불용성, 혹은 발효성과 비발효성으로 구분될 수 있다. 수용성 식이섬유는 식이섬유가 물에 녹아서 젤을 형성하는 것을 의미하며 발효성은 소장에서 소화되지 않은 식이섬유가 대장에 도달하여 대장에 존재하는 혐기성 세균에 의해 발효되어 단쇄지방산과 이산화탄소, 메탄, 수소 등의 가스를 발생한다. 리그닌을 제외한 모든 식이섬유는 비전분성 다당류이며 리그닌은 알코올 유도체이다. 수용성 섬유소는 불용성 섬유소에 비해 발효가 매우 많이 일어나며 모든 비전분성 다당류는 정도의 차이는 있지만 대장에서 모두 발효된다.

불용성 식이섬유는 셀룰로오스, 리그닌 등이며 수용성 식이 섬유는 펙틴, 점액질, 식물성 수지(식물성 고무) 등이며 헤미셀룰로오스는 부분적으로 수용성 성질을 갖고 있다. 셀룰로오스는 대부분의 식물세포벽에 존재하며 식물의 종류에 따라 양은 다양하다. 밀기울과 사과 껍질에 풍부하게 함유되어 있고 목화씨의 세포벽은 약 95%가 셀룰로오스로 되어 있으며 대부분의 식물 세포벽에도 10~40% 분포하고 있다. 리그닌은 라틴어로 "나무"란 뜻에서 유래되었다. 리그닌은 식물이 오래된 것일수록 단단하게 하는 역할을 하며 나무 세포벽의 40~50%를 차지한다. 헤미셀룰로오스는 식물 세포벽의 15~30%를 구성하며 일부 수용성을 나타낸다. 펙틴은 젤처럼 되는 경향이 있으며 세포벽의 1~4%를 구성하는 다당질로 과일에 풍부하게 존재한다. 수지는 식물의 상처를 감싸주는 점액성 물질이며 구아검, 카라야검, 아라빅검 등이 있으며 식품의 첨가제로 이용된다. 점액질은 씨앗에서 수분을 잡아두는 역할을 하며 차전차 씨는 점액질이 풍부하여 변비 치료를 위해 이용된다.

식이 섬유의 작용은 첫째, 위와 소장에서 젤 형성작용이다. 수용성 섬유는 수분과 결합하여 빠른 속도로 젤을 형성한다. 따라서 수용성 섬유는 위배출속도를 감소시키고 소장통과시간을 빠르게 하여 소장에서의 당분과 같은 영양소의 흡수를 감소시킨다. 둘째, 대장 세균에 의한 발효 효과이다. 대장 내 섬유소의 증가는 박테리아 개체수의 증가로 대장 내용물의 양이 많아진다. 비전분성 다당류는 대장내 세균에 의해 발효되는데 특히 프로바이오틱스 효과를 가지는 락토바실루스, 비피더스 세균 등의 개체수의 확대를 가져온다. 식이 섬유의 발효에 의한 분해산물인 단쇄지방산은 아세테이트, 프로피온산 및 낙산염 등이 있으며 특히 낙산염은 대장 점막세포에 의해 대사되고 에너지원으로 이용된다. 수소 이온은 장관내 pH를 내리게 하여 대장균, 포도상구균, 연쇄상구균 등 수소이온 농도에 영향을 받는 세균 증식을 억제한다. 식이 섬유는 발효성 정도에 따라 분해 장소의 차이가 있는데 오트밀, 구아검, 펙틴 등 발효성이 높은 성분들은 근위부 대장에서 모두가 발효되고 발효성이 덜한 성분들은 전 대장에 걸쳐서 서서히 일어난다. 셋째, 장청소 및 스펀지 효과이다. 불용성 섬유는 스펀지 효과를 갖는다. 이들은 원위부 대장에서 수분을 잡아두어 대변의 양을 늘리게 된다. 또한 담즙이나 발암 물질과 부착하여 체외로 배출함으로써 암 발생을 억제할 수 있다. 동물실험에서 불용성 섬유는 장내 해로운 성분을 청소하는 역할과 대장 점막세포의 영양 효과, 해로운 물질에 대한 장벽 기능의 강화, 종양 발생의 억제 등의 효과가 있었다. 넷째, 콜레스테롤 저하효과이다. 수용성 섬유 특히 오트밀 섬유는 여러 경로를 통하여 콜레스테롤을 낮추게 된다. 섭취하는 음식물 내에 수용성 섬유가 많으면 소장 내에서 지방과 콜레스테롤의 흡수를 억제하는 효과가 있다. 또한 회장에서 담즙산의 흡수를 억제하여 발효의 결과로 생겨난 단쇄지방산은 직접적으로 간에서 콜레스테롤 생성을 억제한다.

1990년 한국인의 평균 식이 섬유소 섭취량은 17.3 g으로 1985년 일본인의 평균 섭취량 17.3 g과 동일하며 미국 성인의 13.3 g, 1989년 캐나다인의 12.4 g, 프랑스인의 16 g에 비해서는 높은 섭취량을 보이고 있다. 그러나 우리나라 대도시 일부 대학생의 섬유소 섭취량이 15.2 g으로 조사되어 한국인의 경우도 특정 계층에서 구미 선진국에 비해 결코 높지 않은 상태에 있는 것으로 추정한다. 하루에 섭취해야 할 식이섬유의 권장량은 나라마다 약간씩 차이를 보이고 있다. 미국 FDA의 식이섬유 권장 섭취량은 하루 25 g 이상이고, 호주에서의 권장량은 30 g 이상인 것과 비교해서 한국인의 식이 섭취 상태는 다른 나라의 권장 수준에 미달됨을 알 수 있다. 식이 섭취량을 높이기 위해서는 전곡류, 과일류, 채소류의 사용량을 늘려야 한다. 이 중 가장 중요한 식이섬유원은 곡류이고 한식에는 현미, 보리밥, 양식에는 갈색빵, 오트밀, 씨리얼 등에 식이섬유가 풍부하다. 고섬유소 식이를 처방할 때 환자들이 위장관 불편감 등을 최소한으로 줄이기 위해서는 식이섬유의 섭취량을 점차적으로 증가시켜야 한다. 만약 잘 적응하지 못하는 경우는 어떤 식품에 가장 잘 적응하는지를 알기 위해 다양한 종류의 식이섬유를 섭취해 보도록 한다. 매끼 일정한 시간에 동등한 양의 식이섬유를 섭취하는 것이 순응력을 높이고 증상을 개선시킬 수 있는 것으로 알려져 있다.

5. 만성 염증성 장질환(chronic inflammatory bowel diseases)

만성 염증성 장질환, 즉 크론병(crohn's disease)이나 궤양성 대장염(ulcerative colitis)은 내과적 치료에도 불구하고 만성적인 경과를 보이며 경우에 따라 수술이 필요한 경우가 많다. 흔히 영양 결핍이 초래되어 크론병의 약 25~80%에서 영양불량이 발생한다. 만성 염증성 장질환에 동반되는 영양불량의 원인은 경구 섭취 감소, 흡수 불량, 전신성 염증성 반응에 의한 대사율 증가와 염증성 장질환의 치료 약물 등에 의한다. 크론병 환자 중 혈청 알부민과 체중 감소를 이용한 영양위험지표(nutritional risk index, NRI)가 낮은 중증 영양불량 환자를 대상으로 수술 전 정맥영양을 이용한 영양 지원을 하면 비감염성 합병증이 감소한다.

염증성 장질환 치료에서 영양은 매우 중요한 역할을 하지만 크론병의 식이요법, 궤양성 대장염의 식이요법과 같은 특별한 식이 프로토콜은 존재하지 않는다. 대부분의 외래환자들은 체질량을 유지하고 소아청소년기의 성장과 발달을 촉진하는데 충분한 열량과 단백질을 포함한 자유로운 음식섭취로 잘 유지되므로 일부를 제외하고는 대부분의 염증성 장질환 환자에서 정상적인 식생활을 권유하는 것이 좋다. 그러나 유당불내증이 있는 환자에겐 유당을 제한함으로써 복부팽만감 및 설사를 줄일 수 있고, 장협착이 있는 환자에서는 곡류, 과일, 야채 등 섬유질이 많은 음식을 제한한다. 회장 크론병이나 회장 절제술을 받은 환자에서는 저지방식이 요구된다. 염증성 장염 환자에게 영양불량이 동반되면 질환의 중증도가 증가하고 회복이 지연되므로 적극적인 영양 공급을 시도해야 하며 가능하면 비경구영양보다는 장관영양 공급이 바람직하다. 영양 지원은 질환의 진행 정도가 심할수록, 환자의 경구섭취 능력이 떨어질수록 입원 후 1~2일 내에 바로 시작하는 것이 좋으며, 환자의 내성을 고려하여 질환이 경증일 때는 먼저 장관영양을 시도하고, 진행된 상태일 때는 전비경구영양의 사용이 합리적이다. 영양불량 정도를 파악하는데 완벽한 방법은 아니나 혈청 알부민과 체중 감소를 이용한 영양위험지표를 사용하는 것이 임상적으로 도움이 된다. 성분식이를 이용한 장관영양 요법 치료만으로 크론병 대상 환자의 60~80%에서 증상이 완화될 수 있다. 장관 성분식이 요법은 장염의 진행을 악화시키지 않으며, 장을 쉬게 하여 질병 완화작용을 한다. 메타 분석 연구 결과 크론병 치료법 중 영양 치료요법이 스테로이드 치료만큼 효과적이지 않으나 일부에서 관해를 유도하며 스테로이드 초기 치료를 끝낸 환자에게 장관영양요법을 시행하여 반응을 보이는 경우도 있다. 그러나 장관 영양요법

중 성분식의 사용, 장관 내강내의 면역원 투여를 줄이기 위한 목적으로 영양 조성 중 단백질을 배제하는 것, 총 지방량의 섭취량을 감소시켜 장 담즙산의 부하를 줄이거나 특히 리놀레인 산의 조성비를 줄여 eicosanoid 전구체에 의한 염증 반응을 감소시키려는 영양처방은 질병 완화 정도에 효과적이지 못하다. 장관 글루타민 투여는 소장과 대장의 장 투과성이 개선되고, 장용코팅(enteric coated) 오메가-3 지방산을 투여하면 류코트리엔(leukotriene) B_4 등의 염증 매개 물질 생성을 억제해 대조군보다 유의한 호전을 보인 경우도 있으나 만성 염증성 장질환에서 이들 물질에 대한 연구가 더욱 필요하다. 임상적으로 향후 면역영양요법의 방향은 질환의 염증 과정의 억제보다는 점막세포 증식을 통한 장점막 투과성 개선에 비중을 둘 것으로 보인다. 만성적인 설사는 아연, 칼륨, 셀레니움 등의 무기질의 소실을 촉진 시킬 수 있어 비타민이나 무기질의 부족이 동반되기 쉬우므로 영양지원 시 비타민 A와 E 등 지용성 비타민과 비타민 B_6, B_{12} 뿐만 아니라 무기질의 적절한 보충을 요한다. 흡수가 잘 안되거나 고 삼투압성 당, 카페인은 설사를 유발 시킬 수 있으므로 초기에는 제한하는 것이 좋다.

6. 기능성 장질환(functional bowel disorders)

기능성 장질환은 기능성 소화불량증, 과민성 장증후군이 대표적인 질환으로 식이요법이 특별히 알려져 있지 않으며 식이와 증상과의 관련성도 항상 일정하지 않아 식이치료의 중요성이 높지 않은 질환이나 일반적으로 특정한 음식을 섭취하면 불편감이 증가한다고 호소하는 경우가 많다.

복부에 가스가 차서 더부룩함을 호소하는 경우는 저칼로리, 저지방식을 복용함으로써 상부 위장관으로부터 가스의 이동을 촉진시킬 수 있다. 탄수화물 특히 콩류, 수용성 섬유질, 전분, 과당과 같은 포도당 등은 소화가 되지 않고 장내세균에 의해 발효되어 가스를 생성하므로 섭취를 제한하는 것이 좋다.

유당분해효소의 결핍은 동양인에게는 매우 흔한 질환으로 우유를 마신 후 복통, 팽만감, 설사 등이 나타나므로 유제품의 섭취를 제한하는 것이 좋다. 완전한 유당 배제 음식이 절대적으로 필요한 것은 아니고 대부분에서는 우유 약 240 cc 정도나 치즈 등의 가공 식품을 수 주에 걸쳐 서서히 증가시키면 적응이 될 수 있다. 특히 반고형식의 유제품은 위배출시간이 증가하여 증상 완화에 도움이 될 수 있다.

과민성 장증후군(irritable colon)은 배변의 변화와 복통 및 복부 불쾌감을 호소하는 질환으로 흔한 질환중의 하나이다. 과식, 많은 양의 지방식, 카페인, 설탕 및 알코올은 증상의 악화를 초래할 수 있다. 적당량의 섬유식과 증상을 일으키지 않은 다양한 식이 섭취가 중요하다.

7. 단장증후군(short bowel syndrome)

단장 증후군은 소장의 절제 부위와 범위에 따라 증상의 중증도가 결정된다. 소장을 50% 미만 절제한 경우 대체로 개체의 적응이 가능하지만, 75% 이상을 절제할 경우 적합한 영양 지원이 반드시 필요하다. 일반적으로 소장의 광범위절제술(잔존 소장의 길이가 150 cm 이하일 때) 후 유발되는 복합적인 대사 변화와 영양 문제로 나타나는 질환을 단장 증후군이라 하며, 영양요법이 치료의 핵심이다. 특히 수술 후 십이지장 이하 부위부터 항문까지 100 cm 이하의 잔존 장 길이를 갖거나 말단회장과 대장이 제거된 환자는 비경구영양에 의존하며, 2년 이상 비경구영양에 의존하여 영양 공급을 받는 환자일수록 약 94%가 장기능부전을 보여 사망률이 급격히 증가한다. 사망률은 선행 질환의 잔여 여부와 장폐색 등의 합병증 동반 유무에도 영향을 받는다. 비경구영양의 합병증과 균형 잡히지 않거나 부족한 영양 공급은 단장 증후군 환자의 생존율에 영향을 직접 미치므로 사망률을 최소화하기 위해선 정맥을 통한 영양 공급 시 주 영양소뿐만 아니라 미량 원소 등이 부족하지 않도록 주의를 기울여야 한다. 단장 증후군 중 100 cm 이상의 잔여 소장을 유지하여 장관 영양 섭취가 가능한 사람들의 영양소 흡수율을 보면 탄수화물이 가장 흡수가 잘 되며 다음으로 단백질, 지방의 순서로 흡수율에 차이가 있다. 환자들은 영양분을 흡수할 수 있는 공간의 감소로 설사와 지방변 등으로 인하여 배변을 통한 소실이 증가되고 이를 보상하기 위하여 식사량이 증가된 경우가 있고, 고탄수화물과 고단백의 흡수에 잘 적응한다. 설사로 인해 유발된 수액과 전해질 불균형을 교정하기 위하여 나트륨과 포도당을 포함한 등장액을 충분히 섭취하도록 하여 탈수나 전해질 불균형을 예방한다. 칼륨, 칼슘, 마그네슘의 혈청 농도가 떨어질 수 있으며, 대사성 산증이 동반될 수도 있다. 수분은 1일 체중 1 kg당 35 mL나 열량 1 kcal당 1 mL를 보충하여 준다. 수용성 비타민은 잔여 공장이 30~100 cm일 경우 비타민 B_{12}를 제외하고 흡수 장애는 큰 문제가 되지 않는다. 말단회장을 포함하여 100 cm 이상 절제하면 비타민 B_{12} 부족의 문제와 함께 담즙산의 재흡수가 안 되어 지방변과 지용성 비타민 부족증이 동반되므로 지용성 비타민의 보충이 필요하다. 철분, 아연, 구리와 셀레늄 등의 미량원소의 보충도 반드시 고려하여야 한다. 또한 장점막 유지, 면역력과 장점막 기능의 유지를 위하여 프로바이오틱스(probiotics) 투여가 도움이 될 수 있다. 단장 증후군의 경구 식사 섭취 지침은 고단백, 고복합탄수화물, 저지방 식사를 권하며, 고농도의 단순당은 피하고, 소량씩 자주 식사하며, 지방변이 동반될 때는 중쇄 중성지방을 함유한 보충제를 사용하며, 유당 섭취를 제한하며, 소변의 옥살산염(oxalate) 농도가 높거나 신장결석이 동반되면 옥살산염이 많이 함유된 콜라, 초콜렛, 차, 견과류, 녹색 채소, 딸기, 블루베리, 셀러리(celery)와 귤 등을 피한다. 액상이나 씹는 비타민과 무기질을 보충제로 제공하고, 카페인과 알코올은 절제한다.

8. 췌장염(pancreatitis)

췌장염은 원인이 불확실한 경우가 많으나 주로 담관석에 의해 췌관이 막히거나 알코올 복용으로 초래된 경우가 많다. 췌장염의 대부분은 증상이 심하지 않고 가벼운 경과를 밟으며 통증이 심하지 않은 경우 대부분은 일주일 안에 경구 영양 섭취가 가능하다. 그러나 APACHE II score 10 이상 또는 Ranson criteria 3 이상에 해당하는 중증 췌장염에서는 별도의 영양 지원을 고려해야 한다. 췌장염의 증상이 심하여 일주일 이상 경구 섭취가 불가능한 경우에는 영양지원을 시작하며, 진단 당시 환자의 영양 상태나 췌장염의 정도에 따라 그 시기를 앞당겨 입원 48시간 이내에 영양 공급을 시작하는 경우도 있다. Subjective Global Assessment (SGA) score를 이용하여 환자의 영양 상태에 대한 등급을 경증부터 중증까지 A, B, C로 나누어, class C인 경우는 48시간 이내 영양 공급을 시작하여야 한다. 그러나 적극적인 영양 지원이 전반적인 급성 췌장염에 대한 사망률과 합병증 발생 감소에 직접적인 영향을 주지 않는다는 연구가 많다. 이는 경증 췌장염의 초기 상태에는 영양 지원을 함에도 불구하고 췌장염에 의한 사망률이나 이환율에 영향을 주지 않기 때문이다.

질소 평형이 음성인 중증 급성 췌장염에서는 가능한 장관영양 공급을 통한 영양 지원으로 체중을 유지하고, 질소 평형이나 알부민 등 여러 생화학 지표를 호전시켜야 한다. 영양 공급의 경로는 전통적으로 정맥주사를 통한 비경구 영양공급을 가장 많이 사용하고 있으나 장관영양을 통한 영양 공급 또한 전비경구영양이 가질 수 없는 이점을 가지고 있다. 장관영양은 장관이 여러 원인에 의해 폐쇄되어 있거나, 심한 복통, 췌장누공 등의 합병증이 동반되면 사용할 수 없으나, 이들 합병증이 동반되지 않았을 때 장관영양의 효과는 병의 경과와 예후 면에서는 전비경구영양을 이용하였을 때와 큰 차이가 없다. 그러나 장관영양의 장점으로는 저렴한 비용으로 영양을 공급할 수 있고 전비경구영양을 위해 삽입하여야하는 도관과 관련된 여러 합병증 즉 패혈증 등이 발생하지 않는다. 또한 장관을 통하여 공급된 영양분은 장점막의 통합성과 면역력을 유지하고, 장관 내에 정상적으로 존재하는 세균총을 적절히 유지시킴으로써 장내세균 전위에 의한 췌장 주변 혹은 췌장 조직 염증을 방지할 수 있다.

췌장염 초기의 장관영양은 주로 성분 영양소로 구성된 저지방식을 비장관(nasoenteric tube) 삽관으로 투여한다. 비장관은 내시경을 통하여 삽입하고 영양분이 바로 십이지장 하방으로 투여되므로 위팽만을 줄이고 췌장 자극을 최소화한다. 공급이 필요한 열량은 패혈증 등의 심한 염증 상태에서는 에너지 소비가 5~20% 정도 더 요구되기 때문에 대개 Harris-Benedict 공식에 의한 기초 에너지 소비에 20~30%를 추가한다. 복통이 없어지고 혈청 췌장효소 농도가 정상의 3배 미만이며 췌장누공 등의 합병증이 없어지고 장폐쇄증이 없으면 경구 섭취로 전환을 고려한다.

만성 췌장염(chronic pancreatitis)에서 영양 결핍은 음식공포증(sitophobia), 소화액 분비의 감소로 인한 지방변증, 식욕부진, 식후 운동성 변화, 동반되는 알코올 중독증, 알코올성 간질환과, 베타세포 손상에 의한 당뇨병으로 소변으로 포도당이 소실되어 일어날 수 있다. 또한 만성 췌장염이 심해지면 외분비 결핍증이 생기고 이로 인하여 지방의 흡수가 안 되어 대변으로 지방이 배출되는 지방변이 발생되어 하루 100 g 이상의 지방이 소실될 수 있다. 만성 췌장염에 의한 단백질 분해 효소의 분비 장애는 단백질 흡수 장애를 초래하고 저알부민혈증과 단백질-에너지 영양 불량을 일으킬 수 있다. 일반적으로 음식을 먹게 되면 십이지장에 음식물 즉 영양소가 도달되어 이는 췌장효소의 분비를 자극하게 된다. 췌장효소 분비가 자극받게 되면 식후 통증이 생겨 통증에 대한 불안으로 식사하는 것의 두려움과 식욕부진으로 인하여 경구 섭취는 더욱 감소한다. 따라서 이러한 식후 복통과 외분비결핍증을 교정하여 식사를 증가시켜 부족한 영양 공급을 보충하는 방향으로 영양 상태를 교정한다. 통상 시판되는 췌장 외분비효소제는 1알 당 리파제(lipase)가 3,500 IU가 포함되어 있어 8알을 복용하여야 한 끼 식사당 28,000 IU 요구량을 충족한다. 외분비 효소제를 투여함에도 불구하고 지방변이 교정되지 않을 때는 췌장에서 bicarbonate의 분비가 감소되어 산성상태가 되면 췌장효소가 비활성화 되므로 이를 막기 위하여 H_2 길항제나 프로톤 펌프 억제제(proton pump inhibitor)를 사용하여 산도를 낮추는 것이 좋다. 영양적인 측면에서의 치료로는 첫째 금주이며, 금주 후 췌장염의 질환의 진행은 중단되고 75%까지 통증이 감소한다. 둘째, 지방이 강력한 췌장 자극 요인이므로 지방 섭취량은 총 칼로리의 20~25%를 넘지 않도록 하며, 중간사슬 중성 지방이 비록 맛은 떨어지나 췌장 자극을 최소화해 이를 사용한다. 셋째, 부족한 지용성 비타민을 정기적으로 보충하고, 넷째, 셀레니움, 메티오닌 및 비타민 A, C나 E 등의 항산화 영양소가 급성 췌장염의 발생이나 통증에 도움이 되기도 한다. 하지만 개별적인 항산화제의 효과는 잘 알려져 있지 않다.

9. 만성 간질환(chronic liver disease)

만성 간질환, 특히 간경변증(liver cirrhosis) 환자에서는 정상인에 비해 대사가 흔히 항진되어 있어 기초에너지 소비량이 증가하며 이는 간기능 지표가 정상인 보상성 간경변 환자에게서도 볼 수 있는 현상이다. 대사 항진의 기전은 문맥혈류 감소로 인한 노르에피네프린과 에피네프린 증가, 렙틴 등 비만유전자 산물 증가로 교감신경 긴장도가 증가해 기초에너지 소비가 증가한다. 간경변증 환자에서 에너지 대사의 두 번째 특징은 호흡지수(respiratory quotient,

RQ)가 감소하는 것이다. 이는 에너지원을 포도당보다 지방 산화에 의존하는 것으로 만성 간질환자의 공복 상태와 식사 섭취 상태 양쪽 모두에서 정상인보다 낮아 당보다 지방이 주 에너지원으로 사용되며 특히 야간에 더욱 심하게 나타날 수 있다. 이는 간경변증을 포함한 만성 간질환 환자에서 간의 글리코겐 저장 능력이 떨어져 1차 에너지 공급원으로서의 역할을 하지 못해 적절한 당을 제공하지 못하고 자유 지방산의 산화로 필요 에너지를 생산 공급하는 쪽으로 적응된 현상이다. 이러한 현상은 만성 간질환의 합병증으로 인한 식사 섭취의 부족, 변화된 산화 양상에 따른 식사 선호도의 변화와 실제 섭취되는 영양소의 부조화로 인한 영양불량이 진행되어 더욱 뚜렷해질 수 있다. 간경변증 환자에서 에너지 대사의 세 번째 특징은 인슐린 저항성으로 전체 말기 만성 간질환 환자, 즉 간경변 환자의 80% 정도에서 관찰되고 이들 중 약 20%의 환자는 당뇨병으로 진행된다. 인슐린 저항성으로 인하여 정상적으로 당 조절이 이루어지지 않고 간을 포함하여 당을 저장하고 필요할 때 에너지 공급원으로 활용해야 할 세포들에서 당을 받아들이지 못함에 따라 지방 산화가 활성화된다. 에너지 영양불량과 더불어 간의 단백 합성과 대사 장애로 인한 단백질 영양불량이 더 흔하며, 면역 기능 장애와 알부민 등 주요 단백질의 합성 능력이 감소해 영양불량 상태가 심화된다.

간이식(liver transplantation) 예정인 말기 간질환 환자에서 수술 전 기초 에너지 소비가 20% 이상 증가하고 체세포질량이 체중의 35% 이내일 때, 간이식 후의 5년 생존율은 88%에서 53%로 감소한다. 이 지표들은 Child-Pugh 점수와 무관한 독립적인 수술 후 위험 예측 인자로서, 수술 전 영양공급을 통한 적극적인 중재를 하면 이식 후 생존율을 높일 수 있는 가능성을 보여 준다. 기초 에너지 소비의 증가는 주로 간경변증의 간외 징후로 간경변증의 중증도와 연관성이 반드시 일치하지 않으나, 호흡지수는 간실질 기능과 질환의 중증도와 관련성이 있다. 기초에너지 소비와 호흡지수는 Child class C보다는 A나 B 환자에서 적용하여 상대적인 조기 영양 중재로 영양불량의 상태를 교정하고 질환이 영양불량 자체로 더욱 진행하는 것을 지연 혹은 예방한다. 비교적 진행되지 않은 간경변증으로 진단받은 상태에서도 변화된 에너지 대사로 인한 영양불량을 교정하는 것이 도움 되어 적절한 칼로리 및 단백질 공급을 시도하여 단백질 이화와 소실을 막도록 한다. 낮 또는 야간공복 상태에서 소량씩 자주 식사 섭취를 하고 야간에도 칼로리를 공급해 줌으로써 탄수화물과 지질 대사의 변화를 감소시킬 수 있다. 간성 뇌증 환자에서는 필수 아미노산을 사용하여 단백질 에너지 영양불량을 개선시키고 알부민 생성을 증가시켜 뇌혈류 개선에 도움을 줌으로써 간성 뇌증 증상을 개선시킬 수 있다. 아미노산 중의 하나인 L-시스테인은 간의 섬유화로의 진행도 막아준다고 알려져 있다.

10. 프로바이오틱스(probiotics)

프로바이오틱스는 적당한 양을 섭취하였을 때 우리 건강에 도움이 되는 살아있는 균이다. 프로바이오틱스의 인체에서 유용성을 처음으로 주장한 것은 파리의 파스퇴르 연구소에 근무하고 있던 러시아의 과학자 메치니코프(Metchnikoff E)로 1908년 발효 유제품을 섭취하는 불가리아와 러시아 농부들이 장수한다고 보고하였다.

대표적인 프로바이오틱스는 *Lactobacillus acidophilus*와 같은 젖산균(Lactobacillus)과 *Bifidobacterium bifidum*과 같은 비피도박테리아(Bifidobacteria)가 있으며 젖산균은 주로 소장에 분포하고 비피도박테리아는 대장에 분포한다. 이외에 창자알균(Enterococcus), 사슬알균(Streptococcus), 막대균(Bacillus), 클로스트리디움(Clostridim), 대장균(Escherichia coli) 같은 세균류와 호모균(Saccharomyces)과 같은 진균류가 있다.

아무리 효과가 뛰어난 미생물이라도 프로바이오틱스로 사용하려면 다음과 같은 조건을 만족하여야 한다. (1) 인체와 같은 숙주에 도움이 되어야 하며 (2) 장관에 정상적으로 서식이 가능하여야 하고 (3) 섭취 후 상부 위장관을 살아서 통과하여 장관의 정상세균 무리와 경쟁하며 자랄 수 있어야 하고 (4) 병적이지 않고 독소를 생산하지 않아야 하고 (5) 살아있는 상태로 대량으로 증식이 가능하고 (6) 산성 환경이나 담즙산에 저항하여 장관 안에서 생존하고 대사할 수 있고 장에서 부착된 상태를 유지할 수 있어야 하고 (7) 음식이나 약품 제제 안에서 생존이 잘된 상태로 유지되고 보관할 수 있어야 한다.

프로바이오틱스는 과민성 장증후군, 감염성 설사, 헬리코박터 파이로리 감염, 궤양성 대장염, 췌장염 및 복막염 등의 다양한 질환에서 사용에 대한 연구가 진행되고 있다.

참고문헌

1. David L. Katz: Nutrition in clinical practice. 2nd ed. Lippincott Williams & Wilkins, 2008
2. Lisa Hark, Gail Morrison: Medical nutrition & disease- a case-based approach. 4th ed. Wiley-Blackwell, 2009
3. L. Katleen Mahan, Sylvia Escott-Stump: Krause's Food & Nutrition Therapy. 12th ed. Saunders, 2008

심혈관질환에서의 영양

제19장

특정 영양소의 효과를 검사하기가 복잡하고 영양 관련 연구가 어려워, 근거 중심의 표준을 잡기가 어렵다. 일반적인 결론은 심혈관질환의 위험을 낮추기 위해선 과일과 채소의 섭취, 가공하지 않은 곡류(whole grains), 견과류, 콩 종류, 어류, 가금류, 살코기, 저지방 우유 제품, 액체 상태의 식물성 기름의 섭취가 강조되고 있다. 이들 식품의 주요 영양소의 특징들은 미세영양소들과 섬유가 고농도로 있고, 오메가-3 지방산을 포함하는 불포화 지방은 중간 정도의 양을 갖는 것이다. 또한 포화 지방이나 트랜스 지방산, 당류, 고당능(high glycemic effect)을 갖는 전분은 소량을 포함한다. 본 단원에서는 심장질환에서 흔히 영양이 문제가 되는 경우나 질환에 대하여 그 관리까지 살펴보고자 한다.

1. 일반적인 심장질환에서의 식이요법

(1) 목적

심장질환에서 식이요법의 목적은 심근 경색, 협심증, 울혈성 심부전, 고혈압 등에서 심장질환의 위험인자를 줄이기 위함이다.

(2) 심장질환이 있는 환자에서의 영양요법의 적응증

영양상태의 평가 지표로는 다음과 같은 것이 있다. 삼두근 피부 주름 두께, 실제 최근 수술 전에 10 kg 이상의 체중 감소, 몸 전체 칼륨의 양[전신계측기(whole body counter)로 측정], 체지방량, 알부민 및 트랜스페린 값, 전체 백혈구 수 등이다. 그러나 임상에서 심장 수술을 위한 평가로는 병력, 생리적 검사, 혈청 알부민 정도만 측정한다.

표 19-1. 체질량지수와 합병인자에 따른 심혈관질환의 위험도 평가

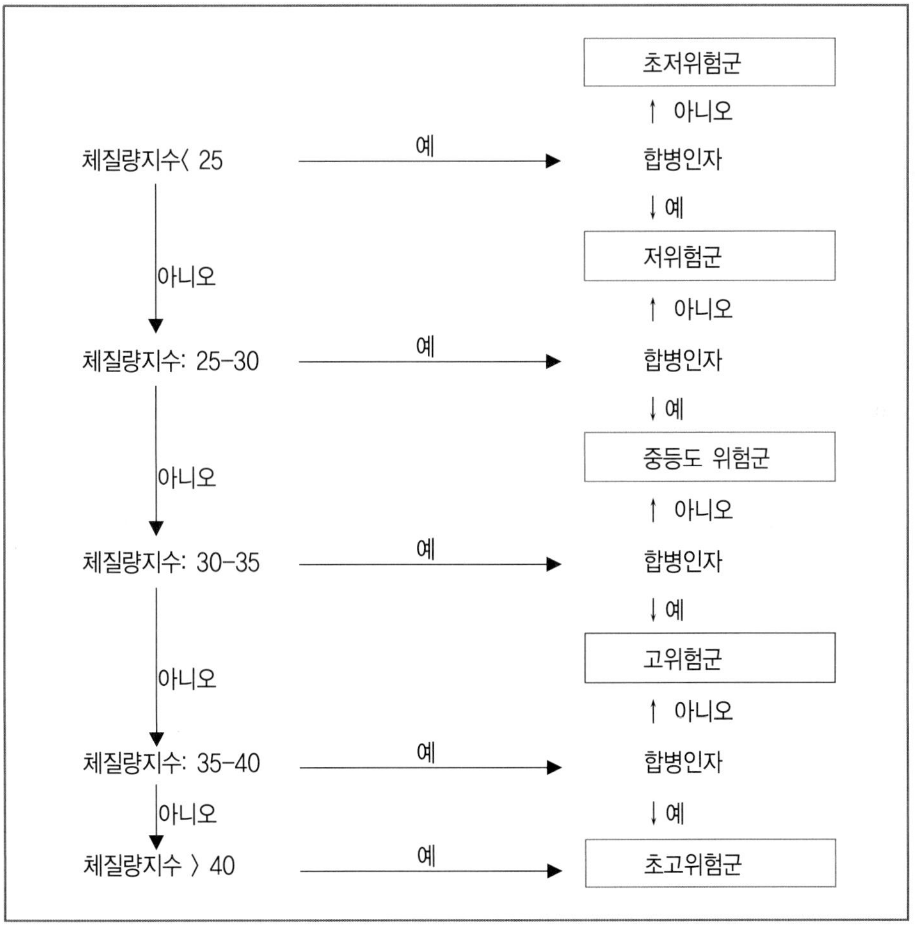

합병인자(complicating factor): 허리-둔부둘레비의 증가(남자: 〉0.9, 여자: 〉0.85), 당뇨병, 고혈압, 고지혈증, 남자, 40세 미만

표 19-2. LDL 콜레스테롤 수치에 따른 치료방침

환자의 분류	치료 전 수치 (mg/dL)		LDL 목표 (mg/dL)	
	식이요법	약물치료	식이요법	약물치료
관상동맥질환이 동반되지 않고 2개 미만의 위험인자를 갖는 경우	≥160	≥190	〈160	〈160
관상동맥질환이 동반되지 않고 2개 또는 그 이상의 위험인자를 갖는 경우	≥130	≥160	〈130	〈130
관상동맥질환이 동반된 경우	〉100	≥130	≤100	≤100

(3) 식이 원칙

1) 정상체중을 유지한다.

① 정상표준체중 = (신장−100) × 0.9

(또는 남자 = [신장(m)]^2 × 22, 여자 = [신장(m)]^2 ×21)

* 최대 허용 체중 : IBW의 115~120% 정도

② 체질량지수(body mass index, BMI) = 체중(kg)/신장(m)^2 (kg/m^2)

* BMI를 30 이하로 유지시킨다.

2) 포화 지방산과 지방 섭취량을 줄인다.

① 콜레스테롤 섭취량은 하루 300 mg 미만으로 줄인다.

② 저지방식으로 포화지방산은 총 칼로리의 10% 이하를 유지한다.

* 계란 노른자, 햄, 우유, 버터, 치즈, 초콜릿, 조개류 등을 금한다.

3) 섬유소가 풍부한 식이를 한다.

식이성 섬유소는 식후혈당 상승을 억제하고(위장 배출 지연), TG와 LDL-콜레스테롤을 감소시키는 효과가 있다.

4) 지나치게 짠 음식을 피한다.

염분 섭취를 제한하여 부종 및 복수를 방지함은 물론 고혈압을 예방한다. 고혈압, 울혈성 심부전, 신부전, 간기능 손상, 임신 중독증 환자 및 부신 피질 호르몬(스테로이드)요법의 환자에게 적용된다. 복수나 부종 없이 정상체중을 유지하며, 하루 3끼 균형 잡힌 식이를 한다. 염분이 많은 저장 식품, 가공 식품, 염장 식품, 조미료의 사용을 줄인다. 허용된 소금이나 간장의 양을 정확히 지킨다.

※ 유의 사항

i) 티아지드(thiazide)계나 푸로세미드(furosemide)계의 이뇨제를 장기간 복용 시 저칼륨혈증에 대비하여 고칼륨 식품을 충분히 섭취하도록 한다.

ii) 칼륨보존성 이뇨제(potassium sparing agent), 안지오텐신 전환효소 억제제, 안지오텐신 수용체 차단제를 복용하는 경우는 고칼륨혈증에 대비한다.

iii) 저염 소금(상품명: 셀틴), 저염 간장 등의 소금 대용품에는 칼륨이 함유되어 있다(저염 간장 100 mL 중 KCl 9 g 함유).

iv) 한국인의 염분 섭취량은 1일 평균 15~20 g이다.

v) 저염 식이시 대부분의 경우 메스꺼움, 식욕부진 등으로 섭취량이 저조하며, 식이에 대한 순응도가 낮은 편이다. 특히 5 g 미만의 저염 식이인 경우 실제로 염분을 전혀 사용할 수 없게 되어 현실적으로 그 순응도는 매우 낮다.

※ 수분 제한식이 필요한 경우

i) 저나트륨혈증으로 인해 뇌부종의 위험이 있거나 심질환 또는 신질환으로 인해 기존의 수분 요구량보다 적은 양의 수분을 필요로 하는 환자에게 적용된다.

ii) 부종, 체내 수분 저류를 방지하며 체내 전해질을 정상 범위로 유지하기 위해 필요하다.

iii) 처방원칙은 처방된 수분 량을 기준으로 식단을 작성하고, 국은 제공하지 않으며, 각각의 식품군을 고루 포함할 수 있는 식단으로 한다.

vi) 수분 제한으로 인한 식사량 제한은 자칫하면 영양불량을 초래할 수 있으므로 수분 제한식의 장기 사용은 바람직하지 않으므로 유의한다.

5) 단당류의 섭취를 제한한다.

6) 알코올은 되도록 삼가한다.

많은 양의 알코올 섭취는 고혈압을 악화시킨다.

표 19-3. 허용식품과 제한식품

고려사항	허용식품	제한식품
콜레스테롤	저지방 어육류(하루 200 g 미만): 닭(껍질제거), 쇠고기(살코기), 돼지고기(살코기), 굴, 게, 광어, 조개(피조개 제외), 참도미, 동태, 가자미, 갈치, 달걀 흰자위 저지방 유제품: 저지방 우유, 락토우유, 두유, 탈지 분유, 저지방 요구르트 식물성 단백질 식품: 두부, 콩비지, 순두부	고지방 어육류: 갈비(소, 돼지), 삼겹살, 돼지머리, 닭 껍질, 기름이 많은 등심 안심, 스팸, 소시지, 미꾸라지, 장어, 핫도그, 쇠고기 갈은 것 기타 고콜레스테롤 식품: 쇠간, 생선알, 새우, 전복, 계란 노른자(주 2회 이하), 오징어(물오징어, 말린 오징어, 오징어채) 고지방 유제품: 목장 우유, 치즈, 아이스크림, 생크림, 블루치즈 드레싱, 전지분유, 밀크셰이크 고지방 빵종류: 롤케익, 비스킷, 머핀, 도넛, 패스츄리
포화 지방산	옥수수 기름, 면실유, 참기름	버터, 라아드, 베이콘 기름, 돼지기름, 닭기름, 코코넛 기름, 팜유, 쇼트닝, 프림, 캐슈넛, 하드 마아가린
조리 방법	조리법: 삶기, 찌기, 굽기	튀김-고기, 닭, 생선 튀김, 후렌치 프라이 부침-전, 부침, 빈대떡, 달걀 프라이
외식	비빔밥, 한정식, 생선구이, 김밥, 초밥, 국수, 매운탕	꼬리 곰탕, 설렁탕, 도가니탕, 해장국, 부대찌개, 곱창전골, 추어탕, 보신탕 등 각종 기름이 많은 탕류, 찌개백반 중국 음식(자장면, 각종 요리), 볶음밥
염분	향신료: 후추가루, 식초, 레몬 주스, 마늘, 파, 생강 신선한 육류: 신선한 생선: 야채류: 빵 종류: 식빵과 하드롤	장류 및 조미료: 소금, 간장, 진간장, 된장, 고추장, 우스터소스, 바비큐 소스, 데리야끼 소스, 화학조미료, 베이킹 파우더 저장식품: 김치류, 젓갈류, 굴비, 자반고등어, 건어물 염분이 많은 스낵류: 포테토칩, 크랙커(솔티), 팝콘, 염분이 함유된 땅콩 가공식품: 치즈, 베이컨, 햄, 어묵, 통조림, 인스턴트 식품(라면, 수프 등) 빵 종류: 비스켓, 머핀, 도넛, 케이크, 버터빵, 치즈빵, 팬케익, 와플, 과자류
섬유소	싱싱한 야채, 과일 등: 전곡류(현미, 잡곡밥):	염분이 첨가된 야채 주스, 토마토 주스(고염), 치즈나 버터, 크림 등이 첨가된 야채, 냉동식품
음료 알코올	생수, 다이어트 콜라, 다이어트 쎄븐업, 주스	소주, 맥주, 포도주, 정종, 위스키, 막걸리 등
단당류	×	사탕, 꿀, 엿, 초콜릿, 케이크, 아이스크림, 과자, 콜라, 사이다 등

2. 고혈압(hypertension)

고혈압의 궁극적인 치료 목적은 혈관 손상을 방지하는데 있으며, 동맥 경화증, 당뇨, 비만 등의 심혈관계 위험 요인들은 고혈압의 치료와 예방에 악영향을 미친다. 특히 동맥 경화증은 혈액 순환의 장애를 초래하여 혈압을 상승시키므로 고혈압을 악화시키는 주요 요인이 된다.

(1) 목적

고혈압의 식사관리는 체중조절과 나트륨 제한에 중점을 둔다. 체중조절을 위하여 저지방, 저칼로리식 및 고혈압에 영향을 줄 수 있는 전해질(마그네슘, 칼륨, 칼슘) 그리고 지방산의 종류도 고려한다.

(2) 식이 원칙

i) 비만의 경우 체중을 감량한다. 체질량지수를 25 kg/m^2 이하로 유지한다.
ii) 알코올 섭취를 제한한다(알코올 30 mL, 여성과 체중이 적은 남자는 15 mL 이하로 제한함).
iii) 저염식을 한다(소금 1일 6 g 이하).
iv) 음식으로 적정량의 칼륨을 섭취한다(90 mEq/일).
v) 음식을 통해 적정량의 칼슘과 마그네슘을 섭취한다.
vi) Dash diet(채소, 과일이 많고 지방이 적은 식이 요법)가 도움이 된다.
vii) 전반적인 심혈관질환을 예방하기 위해서 콜레스테롤 섭취를 줄인다(특히 제2형 당뇨병과 비만 등의 합병증이 수반된 경우).

(3) 영양관리 및 식사지침

1) 체중

정상체중을 유지하도록 하며 체중이 표준 체중의 115% 이상일 경우 체중 감량을 위한 식사조절을 계획하며 이를 지속적으로 유지하도록 한다.

2) 나트륨 섭취

고혈압의 정도에 따라 다음과 같이 나트륨을 제한할 수 있다.

① 1단계 고혈압(140-159/90-99 mmHg): 나트륨 90 mEq/일 (소금으로 5 g/일)

가공식품과 나트륨 함량이 높은 음료를 제한하고, 식탁에서의 염분 사용을 자제한다. 조리 시에는 정해진 양의 염분만 사용하도록 한다. 우유 및 유제품을 하루에 500 cc 이상 섭취하지 않도록 하며 가능한 저염제품을 이용한다.

② 2단계 고혈압(160-179/100-109 mmHg): 나트륨 60~90 mEq/일 (소금으로 3.5-5 g/일)

1단계 고혈압에서 제시한 내용에 다음의 사항이 추가된다. 통조림 식품, 치즈, 마아가린, 샐러드 드레싱 등을 사용할 때 저염 제품(low-salt, salt-free)임을 확인해야 한다. 대부분의 냉동 식품과 즉석식품 등은 사용하지 않도록 하고 빵종류는 하루에 2회 섭취량 이하로 제한한다.

③ 3단계 고혈압(180-209/110-119 mmHg): 나트륨 60 mEq이하/일 (소금으로 3.5 g/일 이하)

나트륨을 22 mEq 이하로 아주 극심하게 제한해야 하며, 이 경우에는 자연식품 중에서도 나트륨을 많이 함유하는 야채류는 제거하고 음료나 조리시 증류수를 이용한다.

3) 알코올

치료 초기에는 금주를 권장하며 알코올과 혈압과의 관계를 평가한 후 소량을 허용할 수 있다. 허용하더라도 알코올은 1일 맥주 1-2캔, 소주 1-2잔, 포도주 120-240 cc정도로 제한한다.

4) 기타

나트륨에 대한 칼륨의 비율을 증가시키고 적절한 칼슘섭취를 하도록 한다. 총 지방량을 제한하는 한편 지방 섭취량 중 불포화 지방량은 증가시킨다.

(4) 조리 및 식이 시 요령

간을 할 때 쓰는 소금이나 간장의 양을 평소 사용량의 절반으로 줄이도록 한다. 식초, 레몬즙, 오렌지즙 등의 신맛을 내는 소스를 이용한다. 겨자, 후추, 와사비 등의 향신료를 이용한다. 생선을 요리해서 먹을 때에는 조림보다는 구이로 조리하며, 간을 미리 하지 않고 찍어 들도록 한다. 식탁 위에 소금, 간장, 젓갈, 장아찌 등의 짠 식품을 따로 놓지 않는다.

(5) 외식의 선택

권장 메뉴로는 된장, 고추장을 적게 넣은 비빔밥, 쌈밥, 한정식, 생선 구이, 김밥, 초밥, 국수(국물제외)가 있다. 피해야 할 메뉴로는 찌개백반, 자장면, 짬뽕 등의 각종 중국 요리, 육개장, 꼬리곰탕, 설렁탕, 도가니탕, 부대찌개, 해장국, 곱창전골, 추어탕, 보신탕 등 기름기 많은 탕류가 있다.

3. 동맥경화증(atherosclerosis) 및 허혈성 심질환(ischemic heart disease)

(1) 목적

염분이나 콜레스테롤의 섭취를 조절하여 심장질환의 위험인자를 줄이기 위하여 계획된 식이이다.

(2) 용도

심근경색증, 협심증, 울혈성 심부전 등의 급성 심혈관질환 환자에 이용된다.

(3) 식이 원칙

i) 정상 체중을 유지한다. 열량 섭취와 운동량 간에 균형을 유지한다.

ii) 포화지방, 트랜스지방, 콜레스테롤, 경화지방(hydrogenated fat)의 섭취를 최소화한다. 포화지방은 총 열량의 7% 이하, 트랜스 지방은 1% 이하, 콜레스테롤 섭취량은 하루 300 mg 이하로 줄인다. 살코기, 야채류, 저지방 우유 제품을 고른다.

iii) 섬유소가 풍부한 식이를 한다. 채소, 과일, 전곡류(whole grain), 기타 수용성 섬유소(soluble fiber)가 많은 식품을 선택한다.

iv) 포타슘이 많은 과일이나 야채, 저지방 우유 제품, 견과류나 전곡류를 고른다. 또한 소디움이 적은(하루 2,300 mg 이하로 섭취) 식품을 준비한다.

v) 단당류의 섭취를 제한한다. 설탕이 든 음료수나 식품을 최소화한다.

vi) 1주에 최소 두 번은 오메가-3 지방산이 많은 물고기(연어, 참치, 정어리)를 섭취한다.

vii) 식물성 스테롤과 스타놀이 함유된 식품을 섭취한다.

viii) 콩제품을 동물성 및 우유 제품 대신에 섭취할 수 있다.

ix) 알코올 섭취는 여자는 하루 한 잔, 남자는 하루 두 잔 이내로 제한한다.

(4) 급성심근경색의 식이 원칙

1) 1단계(중환자실-입원 환자)

처음 24시간 동안의 미음이나 연식의 형태로 나트륨(〈90 mEq, 2,000 mg)과 콜레스테롤 함량이 적은 식사를 제공한다. 식사는 소량씩 주며, 커피나 홍차 같은 카페인이 함유된 음료는 허용되지 않는다. 식사섭취가 불충분하거나 1일 1,200 kcal 이하의 식사를 섭취하는 경우 복합 비타민제의 보충이 필요하다. 만일 체중감량이 필요하다면 칼로리 섭취량을 조절하여야 하며 반드시 적절한 개인에 맞게 식사교육이 이루어져야 한다.

2) 2단계(외래환자-관찰이 요구됨)

1단계 후 약 8주 동안이 2단계에 해당된다. 1단계에서 환자에게 제공하였던 식사에 대한 정보를 검토하여 이를 강화하며, 필요에 따라 보완 수정한다. 환자는 3개월, 6개월, 9개월에 다시 방문하여 혈중 지질을 검사하고 식사 및 운동을 지속적으로 강화해 나갈 수 있도록 한다. 계속해서 나트륨(〈90 mEq, 2,000 mg)과 콜레스테롤 함량이 낮은 식사를 주며 카페인이 포함된 식품은 제한한다. 칼로리 섭취량은 퇴원 후를 고려하여 조정한다.

3) 3단계(외래환자-장기간 관찰 할 필요가 없음)

2단계 이후, 최소 6개월 이상이 3단계에 해당한다. 장기간의 조절을 고려하여 나트륨(〈90 mEq, 2,000 mg), 콜레스테롤, 포화지방산, 카페인 및 칼로리(체중조절을 고려) 등을 개인에 맞게 제한한다.

4. 심부전증(heart failure)

(1) 목적

울혈성 심부전의 식사는 질환의 치료와 심장 악액질, 식욕부진과 섭취부족, 과대사(hypermetabolism), 종양괴사인자(TNF) 증가, 영양약물 상호작용에 따른 문제를 관리하기 위한 것이다. 따라서 이 식사는 나트륨 제한에 중점을 두는데, 심부전의 정도가 심하면 더욱 엄격한 제한이 필요하며, 수분도 종종 제한된다. 식사섭취가 불충분하거나, 1일 1,200 kcal 이하의 섭취를 하는 경우 복합 비타민제제의 보충이 필요하다.

(2) 식이 원칙

i) 모든 심부전 환자에 나트륨 섭취는 하루 2~3 g 이내로 제한한다.
ii) 염분이 많은 저장 식품, 가공 식품, 염장 식품, 조미료의 사용을 줄인다.
iii) 수분 섭취 제한(하루 2 L 이내)은 저나트륨혈증(〈130 mEq/L)이 있거나, 이뇨제나 나트륨의 제한으로도 수분저류가 해결되지 않은 경우 시행한다.
iv) 칼로리 보충은 심한 심부전이나 심장 악액질(cardiac cachexia)이 있는 경우 시행한다.

(3) 유의 사항

티아지드(thiazide), 푸로세미드(furosemide)류의 이뇨제를 장기간 복용 시 저칼륨혈증에 대비하여 고칼륨 식품을 충분히 섭취 하도록 한다. 저염 소금(상품명: 셀틴), 저염 간장 등의 소금 대용품에는 칼륨이 함유되어 있다(저염 간장 100 mL 중 KCl 9 g 함유). 한국인의 염분 섭취량은 1일 평균 15~20 g이다. 저염 식이시 대부분의 경우 메스꺼움, 식욕 부진 등으로 섭취량이 저조하며, 식이에 대한 순응도가 낮은 편이다. 특히 5 g 미만의 저염 식이인 경우 실제로 염분을 전혀 사용할 수 없게 되어 현실적으로 그 순응도는 매우 낮다.

5. 심장 악액질증(cardiac cachexia)

만성 심부전과 관련된 소모성 질환으로 분류한다. 실질적 개선을 위해서는 심장 기능이 개선 되어야 하며 심장 수술 전에 영양을 공급함으로써 이환율과 치사율을 감소시킬 수 있다. 병인은 심박출량 감소로 인하여 세포로 영양분과 산소 이동 장애, 식욕 부진, 영양 소실로 증가된 영양 흡수 불량, 정신적 요인(우울증 등) 등이 있다.

심장 질환에 의한 악액질이 있는 환자에서 심장 수술이 필요한 경우의 조치는 수술 전 1-2주 동안 입원해서 적극적으로 경구로 식이 섭취한다. 수술 후 가능한 빨리 경구 식이를 시작한다. 기계 호흡을 24시간 이상 해야 하는 경우나 영양 섭취 곤란과 관련된 합병증이 빠르게 발생한다면 비경구 영양 요법은 수술 2-3일 후부터 실시한다.

6. 중증의 심장 질환이 있는 환자에서의 비경구 영양 요법

주된 차이점은 나트륨과 수분을 제한하는 것이다. 수분 제한을 위해 중심정맥 경로를 사용할 때는 수분 과부하의 가능성을 최소화하기 위해 고농도의 영양을 제공한다. 디지털리스, 이뇨제가 필요한 좌심실 부전환자는 수분을 하루 1.5~2 L로 제한한다. 정상 신기능, 간기능 환자는 하루 1.5 L 이하로 제한하는 것은 불필요하다.

이뇨제 투여는 신기능이 감소하지 않으면 이뇨제를 신중하게 증가시킴으로써 칼로리가 풍부한 영양 수액을 더 투여할 수 있다. 급성 또는 만성 울혈성 심부전이 있는 환자에서 사용되는 가장 일반적인 강력한 이뇨제는 신 세뇨관과 Henle's loop에 작용하는 이뇨제이다(예: furosemide).

레빈튜브를 이용한 비위장 배액(nasogastric drainage)은 칼로리 소실 없이 수분만을 배출시켜 더 많은 비경구 영양 공급을 가능하게 한다. 수축촉진제(positive inotropic agent)는 영양 수액을 위한 내성이 감소되어 있으므로 비경구로 농축된 형태로 주입한다.

지방 현탁액(Fat emulsion)은 전체 칼로리의 30~40%를 초과하지 않게 사용 가능하다. 혈중 지방산 농도가 증가하여 부작용이 있을 수 있으므로 한계

주입 속도는 2.67 mg/kg/min로 20% 지방 유제를 10~12시간동안 서서히 투여한다. 복잡한 투여방법과 심혈관 인공 판막을 한 환자에서 카테터로 인한 패혈증에 대한 우려 때문에 비경구 영양 요법을 시작한 후 첫 몇 주 동안은 지방 유제 투여를 일단 보류하는 것이 좋다.

7. 항산화물질

신진대사와 에너지를 생산하기 위해 필요한 산화작용은 식물을 썩게 하며 동물의 세포를 노화시킨다. 산화작용이 생기면 분자에서 전자가 이탈하여 불안전한 유기질이 생기는데 이것이 세포를 손상시켜 동맥경화증과 암 같은 질병을 유발 시킬 수 있다. 그런데 식물과 동물에는 이런 유기질을 억제하는 항산화물질이 있다. 특히 야채와 과일에 많이 포함되어 있는데 크랜베리(덩굴월귤), 배, 붉은 포도에 가장 많이 들어 있다. 항산화물질은 각종 야채 특히 비트(빨간 사탕무), 양파, 시금치, 브로콜리, 당근, 양배추에도 많다.

항산화물질은 포도주나 차에도 많다. 적포도주가 그 대표적이지만 홍차, 녹차, 우롱차에도 많다. 그러나 오렌지와 사과주스에는 비교적 적은 양이 들어있다. 와인에는 폴리페놀과 타닌 같은 항산화물질이 많이 포함되어있으며 적포도주를 하루에 1잔 정도 마시면 심장병과 중풍을 예방하는 효과가 있다. 그러나 술을 마시지 않는 사람은 홍차, 녹차, 우롱차 등을 하루에 3~5잔 마시면 와인과 유사한 효과를 기대할 수 있다. 항산화제를 많이 포함한 또 하나의 음식은 초콜릿이다. 검은 초콜릿에 항산화물질이 가장 많이 들어있다. 채소나 과일에 많이 포함되어있는 각종 비타민(A, C, E), 베타카로틴, 폴리페놀, 플라보노이드, 셀레늄, 타닌 등은 강력한 항산화효과를 가지고 있다. 그러나 그동안 시행된 많은 연구에서 제조된 비타민과 건강식품이 심장병과 암을 예방하거나 사망률을 감소시킨다는 과학적 근거는 찾아볼 수 없다. 그러므로 제조된 비타민 또는 건강식품보다 야채와 과일 등 신선한 자연식품을 많이 섭취하는 것이 낫다.

표 19-5. 심혈관질환(동맥경화증)의 위험인자

조절 가능한 것	① 흡연 ② 고혈압 ③ 당뇨병 ④ 고지혈증 ⑤ HDL 저하 ⑥ 비만 ⑦ 고피브리노겐혈증 ⑧ 고호모시스테인혈증 ⑨ 폐경기 ⑩ 운동부족 ⑪ 스트레스 ⑫ 적극적 경쟁적인 성격
조절할 수 없는 것	① 남성 ② 노령화 ③ 동맥경화증의 가족력 ④ ACE 유전자다형성
기타	① hsCRP 증가 ② Lp(a) 증가

참고문헌

1. 전남대학교병원 영양지원팀: 최신 임상 영양학. 고혈압 심장 질환 환자에서의 영양 요법. 전남대학교 출판부. 2003
2. AHA Scientific Statement: Diet and lifestyle recommendations revision 2006, Circulation 114: 82-96. 2006
3. Expert Panel on Detection, Evaluation, and Treatment of High Blood Cholesterol in Adults (Adult Treatment Panel III) Third Report of the National Cholesterol Education Program (NCEP), NIH publication no. 02-5215, V1-V28. 2001
4. Fauci et al: Harrison's Principle of Internal Medicine 17th ed, Part 5 Clinical nutrition, Part 9 Cardiovascular disease. Mc Graw Hill. 2010

신장질환에서의 영양

제20장

신장은 척추를 중심으로 좌우에 1개씩 있으며 허리선 위쪽에 위치해 있다. 신장은 배설·조절·내분비 기관으로서 노폐물의 배설, 산·염기의 평형, 체내 수분과 전해질을 조절하고, 레닌, 1,25-디하이드록시 비타민 D_3, 에리스로포이에틴(erythropoietin) 등을 합성하여 혈압조절, 칼슘의 흡수, 조혈작용에도 관여한다. 신장기능이 저하되면 혈액 중의 노폐물의 양이 증가하고, 수분과 전해질의 불균형으로 인하여 소변량의 감소, 부종 및 고혈압 등의 증상이 나타난다. 식사 중 지방과 당질은 체내에서 대사될 때 노폐물을 남기지 않는 반면, 단백질은 요소, 크레아티닌 및 기타 다른 질소 분해산물을 생성시킨다. 이는 신장을 통해서 반드시 배설되어야 하는데 신장 기능이 저하되면 노폐물의 배설이 어려우므로 단백질 제한식을 해야 한다. 환자마다 노폐물의 양이나 신기능 손실의 진행정도 등이 다르므로 신장질환의 식이요법은 신장질환의 원인, 증상, 투석의 유무, 영양상태 등에 따라 달라진다.

1. 신 증후군(nephrotic syndrome)

신증후군은 신장 내 사구체를 이루는 모세혈관의 이상으로 혈액 내 단백질이 소변으로 하루 3.5 g 이상 배설되는 신장장애를 통틀어 일컫는다. 알부민과 혈장 단백질이 소변으로 다량 배출되어 혈관 밖으로 수분이 빠져나와 축적되면서 부종 증상을 나타낸다. 이러한 단백질 손실은 신증후군 환자의 식욕을 떨어뜨리고 근육 손실과 영양결핍을 일으킨다. 신증후군의 영양치료는 단백뇨, 저알부민혈증, 부종 등을 줄이고 영양 상태를 향상시키기 위해 단백질, 단순 당질, 나트륨을 제한하여 적절한 식이요법을 이행하도록 한다.

(1) 단백질

알부민과 혈장 단백질이 소변으로 다량 배출되기 때문에 이를 보충하고 신증후군의 증상을 개선시키기 위해 1일 3 g/kg 이상의 고단백질 섭취를 권장했다. 하지만 고단백식사는 사구체 손상을 악화시키고 체내 알부민 보유에도 효과적이지 못하면서 오히려 단백뇨를 증가시키는 결과를 나타냈다. 따라서 최근에는 신부전이 동반되지 않은 경우 1일 0.8~1.0 g/kg 의 단백질 섭취를 권장하고 있다. 권장하는 단백질 양은 영양상태, 단백뇨의 정도에 따라 조절할 필요성이 있다.

(2) 열량

환자의 열량 섭취량은 1일 약 35 kcal/kg을 권장하며 이를 충족시켰을 때 체단백의 분해를 막고 근육조직 손실을 최소화할 수 있다. 정상체중 유지와 체중 증가를 위해 적은 양을 자주 섭취하여 적절한 열량 섭취를 해야 한다.

(3) 나트륨

부종과 혈압을 조절하기 위해서 이뇨제 사용과 함께 나트륨의 섭취량을 제한한다. 부종의 정도 등 환자의 증상에 따라 나트륨 섭취를 1일 1,200~2,000 mg으로 조절한다.

표 20-1. 신 증후군의 영양치료지침

항 목	내 용
열 량	· 1일 35 kcal/kg · 부종이 있는 환자는 건체중(dry weight)을 이용함 · 체중을 증가시키거나 유지하고, 단백질 이용을 효율적으로 하기 위해 비 단백질 원으로 칼로리를 충분히 섭취함
단백질	· 1일 0.8~1.0 g/kg (영양불량이나 근육의 소모가 심한 환자, 혈액 내 알부민 농도가 지나치게 낮은 환자는 1.5 g/kg까지도 섭취량을 증가함)
지 방	· 단순불포화지방, 다가불포화지방, 포화지방의 비를 1 : 1 : 1로 하여 총 열량의 20~25% 정도를 지방으로 공급함 · 콜레스테롤은 1일 300 mg 이하로 섭취함
나트륨	· 1일 2,000 mg · 나트륨을 제한하여 부종을 조절함
수 분	· 수분을 제한하여 부종을 완화함
칼 륨	· 부종을 치료하기 위해 사용하는 이뇨제에 따라 고칼륨혈증 또는 저칼륨혈증이 생기기도 하므로 혈액 내 칼륨농도를 잘 관찰하여 환자의 칼륨 섭취량을 결정함

2. 급성 신부전(acute renal failure)

급성 신부전은 신기능이 수 시간 또는 수 일 내에 급격하게 저하되는 것을 말하며 외상, 약물의 오남용, 패혈증 등에 의해 갑작스럽게 세뇨관이 손상되어 사구체여과율의 감소가 나타난다. 급성 신부전 환자에게서 자주 나타나는 영양실조는 사망률을 증가시키는 독립적인 위험요소로 알려져 있어 영양치료가 매우 중요하다. 또한 환자마다 영양상태, 급성 신부전 진행 단계, 요배설률 등이 각기 다르므로 영양치료는 환자의 요구에 맞추는 것이 중요하다. 급성 신부전의 영양치료로 신장 기능이 회복될 때까지 단백질 손실을 막고 영양소 결핍을 예방하도록 한다.

(1) 단백질

단백질 영양섭취 기준은 투석 시행여부에 따라 달라진다. 일반적으로 투석을 시행하지 않고 심한 이화상태가 아닌 경우 단백질은 1일 0.6~0.8 g/kg이 필요하며 회복됨에 따라 단백질 섭취량을 서서히 증가시킨다. 그에 반해 투석을 시행한 경우나 신장기능이 향상된 경우에는 1일 1.0~1.5 g/kg으로 높일 것을 권장한다. 과다한 단백질은 질소 노폐물의 생성으로 인해 신장에 부담을 주지만, 음의 질소평형과 근육소모를 예방하기 위해 적절한 단백질 섭취가 이루어져야 한다.

(2) 열량

급성 신부전은 대사과잉과 근육소모와 같이 대사항진(대사과다증)이 나타나므로 정상 체중 유지를 위해 충분한 열량을 섭취해야 한다. 일반적으로 권장하는 총열량 섭취는 1일 35 kcal/kg 이며 열량 섭취량이 적절한지 확인하기 위해 체중변화를 지켜봐야 한다.

(3) 수분

과수화 또는 탈수된 환자는 수분 평형이 이루어지도록 수분 교정을 해야 한다. 수분 필요량은 요배설량에서 피부, 폐, 땀으로 손실된 수분량에 약 500 mL을 더하여 섭취하도록 한다. 투석을 하는 환자는 좀 더 자유롭게 수분을 섭취할 수 있으며 1일 약 1,000 mL 정도 수분이 허용된다.

표 20-2. 급성 신부전의 영양치료지침

항 목	내 용
열 량	· 1일 35~50 kcal/kg 이상 체중
단백질	· 1일 0.6~0.8 g/kg 제한하여 단백질로 인해 노폐물이 신장에 부담을 주지 않게 함 · 투석 시행 여부에 따라 조절 · 투석을 시행하는 경우에는 1일 1~1.5 g/kg 증가함.
나트륨	· 1일 1,000~2,000 mg · 단, 이뇨시기에는 나트륨 배설량, 부종, 투석 빈도수에 따라 보충이 필요함
칼 륨	· 고칼륨혈증이 있는 경우 1일 2.0 g 이하로 제한 단, 이뇨시기에는 소변량, 칼륨 배설량, 혈액 내 칼륨치, 투석 빈도 수, 사용하는 약제 종류에 따라 보충이 필요함
수 분	· 수분 섭취량은 1일 소변 배설량 + 500 mL로 제한 (이뇨시기에는 충분한 물 섭취가 필요함)

3. 만성 신부전(chronic renal failure)

만성 신부전은 신장 기능이 점진적으로 감소하고 비가역적인 신장 기능의 손상이 특징이다. 만성신부전시에는 식이로부터 만들어진 노폐물과 수분이 신장으로 충분히 배설되지 못하고 혈액 속에 남게 된다. 식이요법을 적절히 이행하지 않으면 신장 기능이 빨리 손상되어 질환이 악화되기도 하지만, 치료와 더불어 적절한 식이요법 이행 시 신장 기능의 악화를 지연시킬 수 있다. 만성 신부전 영양치료는 염분, 단백질, 칼륨과 인의 섭취 조절을 통해 신장에 부담을 줄이고 동시에 충분한 열량 섭취를 통한 좋은 영양 상태를 유지하는 것을 목표로 한다.

(1) 단백질

단백질은 체내 손상된 조직을 회복하고 새로운 근육을 만들며 면역 역할 등 중요한 작용을 한다. 단백질은 체내에서 사용된 후 요소라는 노폐물로 신장을 통해 배설된다. 그러나 신장 기능이 저하된 경우, 과량의 단백질 섭취는 노폐물이 많이 생성되어 몸 밖으로 충분히 배설되지 못하고 체내에 쌓여 점차 식욕이 떨어지며 메스꺼움, 구토 등의 요독증을 유발할 수 있다. 또한 이는 신장에 더 많은 부담을 주어 신장 기능을 악화시킬 수 있으므로 사구체 여과율과 질소 배설률이 감소되면 단백질 섭취를 단계적으로 조절할 필요가 있다.

신장 질환의 진행속도를 늦추기 위하여 저단백 식사가 처방되는데 일반적으로 단백질 섭취량은 단위체중(kg) 당 0.6～0.8 g이 권장된다. 저단백식사는 질소성 노폐물을 적게 생성하므로 요독증의 위험을 낮출 수 있고 고단백 식사보다 인의 함량도 적어 고인산혈증의 위험도 줄일 수 있다. 그러나 신장질환 환자들에게 단백질 영양불량이 발생할 수 있으므로 근육 소모를 방지할 수준의 단백질 섭취는 반드시 필요하다. 섭취하는 단백질의 약 50%는 달걀류, 우유 및 유제품, 육류, 어류와 같은 양질의 단백질을 섭취하여 필수 아미노산을 적절히 섭취할 수 있도록 한다.

(2) 열량

좋은 영양 상태를 유지하기 위해서는 충분한 열량이 필요하다. 만성 신부전

식이요법 이행 시에는 단백질이 제한되므로 열량섭취가 부족한 경우, 이를 보충하기 위해 체단백이 분해되어 열량원으로 사용된다. 그러므로 체중 감소를 방지하고 좋은 영양상태 유지를 위해 충분한 열량 섭취가 필요하다.

투석 전 만성 신부전 환자에게 권장되는 열량은 1일 35 kcal/kg이다. 열량원으로 사용 가능한 음식으로는 신장에 부담이 덜한 사탕, 꿀, 식혜, 당면 등의 식품이 있다. 또한 식물성 기름을 이용하여 튀김, 볶음, 전 등으로 조리하면 섭취 열량을 증가시킬 수 있고 고소한 맛으로 인해 먹기에도 좋다.

(3) 나트륨

소금이나 간장, 된장 등에서 짠맛을 내는 나트륨은 체내에서 수분을 잡아두어 부종을 일으키고 혈압을 올린다. 그러므로 신장 기능이 저하된 환자는 염분의 섭취를 줄여야 한다. 신부전 환자에게 권장되는 염분의 양은 소금으로 1일 5 g 정도이며 이는 한국인 평균 섭취량의 1/3~1/4에 해당하는 양이다. 만

표 20-3. 염분 함량이 높은 식품

어 육 류	곡 류	채 소 류	기 타
염장어육류(햄, 소시지)	인스턴트 면류(라면)	김치류	화학조미료
훈제품	가루스프	단무지	과자(스넥류)
통조림 어육류	튀김가루	장아찌류	
치즈	시리얼		
건어물류			
젓갈류			

표 20-4. 나트륨 섭취를 줄이는 방법

- 염분의 양을 조금씩 줄여 서서히 싱거운 맛에 익숙해지도록 한다.
- 여러 반찬 중 1~2가지만 간을 하거나 향신료(후추, 겨자, 고춧가루, 마늘, 파) 등을 사용하여 싱거운 맛에 변화를 준다.
- 레몬, 식초, 설탕 등으로 새콤달콤하게 조리한다.
- 식사 바로 전에 염분을 첨가하여 짠맛을 더 느낄 수 있도록 한다.
- 조리 시 음식에 간을 하지 않고 양념장을 따로 만들어 식사 시 찍어 먹도록 한다.
- 국물 음식이나 찌개의 국물은 한 번에 많은 염분을 섭취하게 되므로 주의한다.

성 신부전 환자에게 저나트륨 식이를 권장하지만 대부분의 환자가 식욕이 없기 때문에 갑자기 싱겁게 식사를 할 경우에는 심각한 영양불량을 가져올 수 있다. 싱겁게 조리하면서 맛있게 먹을 수 있는 방법을 이용하여 입맛을 잃지 않도록 한다.

(4) 칼륨

칼륨은 근육의 이완과 수축에 관여하는, 인체에 꼭 필요한 무기질이다. 칼륨은 신장을 통해 주로 배설되므로 신장 기능이 저하되어 소변 양이 감소하거나 칼륨 섭취가 많을 경우 혈중 칼륨 농도가 비정상적으로 상승될 수 있다. 투석을 하기 전에는 혈청 칼륨 농도에 따라 개인별로 섭취량을 조절한다. 혈중 칼륨 수치가 상승하면 근육 무력감, 부정맥, 심하면 생명을 위협할 수도 있으므로 칼륨이 많이 함유된 식품은 주의한다. 칼륨은 대부분 모든 식품에 들어 있고 주로 잡곡류, 말린 과일, 견과류, 감자, 고구마, 제철 과일, 채소 등에 포함되어 있다. 또한 식사량이 매우 적을 경우 혈중 칼륨 수치가 낮아질 수 있으므로 칼륨이 많이 함유된 식품은 피하고 적절한 섭취를 유지한다.

(5) 인, 칼슘

인은 체내에서 주로 칼슘과 결합한 형태로 존재하며 뼈와 치아 등을 구성하는 무기질이다. 골 질환을 예방하기 위하여 신장질환 초기단계부터 칼슘과 인의 섭취량을 조절해야 한다. 신부전의 경우 신장에서 배설되는 인의 양이 감소되어 혈액 중의 인 수치가 상승하게 된다. 혈액 내 인 수치가 상승되면 뼈에서 칼슘이 빠져 나오게 되어 뼈를 약하게 하거나 가려움증을 유발 할 수 있다. 혈액 내의 인 수치를 낮추기 위해서는 인이 다량 함유된 식품의 섭취를 줄이고 필요할 경우 인의 장내 흡수를 막기 위하여 인 결합제를 처방한다.

(6) 수분

신부전으로 인해 하루 500 cc 이하로 소변량이 감소하고 혈압이 높거나 부종이 있는 경우에는 수분 섭취량을 소변량 정도로 줄인다. 이때 밥, 과일, 채소, 어육류 등에 포함된 수분은 땀, 대변, 호흡으로 배설되는 수분량과 비슷하므로 무시하고 음료, 국 국물, 상온에서 액체가 되는 식품(얼음)의 섭취를 줄인다. 갈증이 날 때는 허용량 내에서 시원하게 섭취하고 물로 입을 헹궈내는 것도 도움이 된다. 하지만 소변 농축 능력이 떨어져 소변량이 많은 경우에는 특별히 수분을 제한할 필요는 없다.

표 20-5. 만성 신부전의 영양치료지침

항 목	내 용
수분 및 염분	• 1일 염분섭취 5 g 이하로 제한하여 체액의 과잉을 방지하며 수분은 1일 배설량에 500 mL(불감 손실량)를 더한 양으로 제한함.
단백질	• 이화작용의 방지를 위하여 충분한 칼로리를 공급하며 1일 0.6~0.8 g/kg 이하로 제한함
열 량	• 1일 35 kcal/kg 단백질을 효과적으로 이용하기 위하여 충분한 열량 섭취가 요구됨.
칼 륨	• 고칼륨혈증이 발생한 경우 칼륨이 다량 함유된 식품을 제한함.
칼슘-인	• 사구체 여과율이 하루 50 ml/분 이하로 감소하면 인산염 섭취를 1일 800 mg 이하로 제한함.

4. 혈액투석(hemodialysis)

혈액투석은 체내에 축적된 노폐물과 과다한 수분, 전해질을 제거한다. 이러한 규칙적인 투석으로 인해 환자의 전반적인 몸 상태가 일정 수준으로 유지되지만, 음식물을 마음대로 섭취하면 투석으로도 질소성 노폐물과 수분, 전해질을 완전히 제거할 수 없다. 또 투석과 다음 투석 사이에 배설되지 못하고 축적되는 노폐물의 양을 최소화하기 위해서는 적절한 식이요법을 시행해 좋은 영양 상태를 유지하고 요독 증상의 개선과 수분, 전해질을 조절한다.

(1) 단백질

단백질은 혈액과 근육을 만드는데 사용되며, 우리 몸의 여러 기능 조절과 감염 방지를 위해 필요한 영양소이다. 투석환자의 1일 단백질 권장량은 1.2 g/kg이다. 이는 양의 질소 균형 유지를 위해 필요한 양이며 과다한 질소 노폐물을 생성하지 않고 혈액투석을 하는 동안 투석액으로부터 손실된 아미노산을 대체 할 수 있는 양이다. 엄격한 단백질의 제한은 빈혈이나 영양 결핍을 초래할 수 있기 때문에 적절한 단백질 보충이 필요하다. 그러나 지나치게 많은 양의 단백질을 섭취할 경우, 요소 질소 등 많은 노폐물이 체내에 쌓여 요독증을 초래할 수 있으므로 적절한 단백질을 섭취하도록 한다. 혈액투석 환자는 육류, 생선, 계란, 두부 등과 같은 질적으로 우수하고 노폐물 생성이 적은 단백질 위주로 매일 섭취한다.

(2) 열량

열량은 에너지 제공과 체중 유지를 위해 매우 중요하다. 혈액투석 환자는 정상 체중 유지와 적절한 투석치료를 위해서 권장하는 열량섭취가 이루어져야한다. 열량 섭취가 부족할 경우에는 체중이 감소하고 영양부족이 나타난다. 체내 단백질의 분해를 막기 위해 탄수화물은 충분히 공급하고 지방은 혈중 지질 농도에 따라 섭취하도록 한다. 혈액투석 환자의 1일 열량 권장량은 30~35kcal/kg 이며 열량의 구성 비율은 탄수화물 50%, 지방 35%, 단백질 15%가 되도록 한다. 열량을 증가시키기 위해서는 투석 전 식사와 마찬가지로 설탕, 사탕, 꿀, 엿, 잼, 젤리 등 단순당 식품과 참기름, 들기름, 콩기름, 옥수수기름 등으로 튀기거나 볶는 조리법을 이용한다.

표 20-6. 열량 섭취를 증가시킬 수 있는 방법

- 사탕, 젤리, 꿀 등을 집안 곳곳에 두고 눈에 띌 때마다 자연스럽게 먹는다.
- 빵, 떡, 비스킷 등에는 꿀, 버터, 마가린 등을 발라 먹는다.
- 음료수에 설탕이나 전분, 열량 보충물을 첨가하여 마신다.
- 조리할 때는 볶음이나 튀김요리를 자주 한다.

(3) 나트륨, 수분

투석환자의 나트륨 권장량은 환자의 혈압, 체중, 신장 기능 수준에 따라 결정된다. 나트륨과 수분을 잘 조절하고 섭취하는지는 투석 간의 체중 증가를 통해 알 수 있다. 체중 증가가 지나치면 투석 도중에 저혈압이나 근육 경련을 일으킬 수 있다. 또한 과량의 나트륨 섭취는 많은 물을 마시게 하여 부종을 촉발시킨다. 이처럼 나트륨 조절이 되지 않으면 수분 조절이 어렵기 때문에

무엇보다 나트륨 섭취에 주의한다.

혈액투석 환자는 일반적으로 나트륨 섭취량을 3,000 mg 이하로 제한하고 있다. 나트륨 섭취를 줄이기 위해서는 조리 시 소금, 된장, 고추장, 마요네즈 등의 조미료를 평소의 1/3~1/4 정도로 줄이고 김치, 장아찌, 젓갈, 가공식품, 인스턴트식품, 건어물 등의 고염 식품의 섭취를 줄인다. 수분은 1일 소변량에 500 cc 정도 더한 양을 하루 섭취량으로 하고 수분 계산 시에는 물, 우유, 주스, 국 국물과 상온에서 액체가 되는 식품(얼음, 젤라틴) 등도 포함시킨다.

표 20-7. 수분 섭취를 적게 할 수 있는 방법

- 물 대신 얼음을 먹으면 실제 수분 섭취량도 적으면서 갈증도 쉽게 해소된다.
- 술을 마시지 않도록 한다.
- 시원한 레몬 조각을 입에 머금고 있는다.
- 양치질을 자주 해주거나 구강청결제로 입을 헹군다.
- 커피나 차 등 마시는 종류의 기호식품은 되도록 자제한다.
- 수박, 배와 같이 수분 함량이 많은 과일은 조금씩만 먹도록 한다.
- 너무 짜거나 단 음식, 자극성이 강한 음식은 삼간다.
- 사탕을 먹거나 껌을 씹는다.
- 적당량의 운동을 통해 땀을 흘린다.

(4) 칼륨

칼륨은 신경 및 근육계의 정상적인 기능을 유지하는데 중요한 역할을 하는 전해질이다. 혈액 내 칼륨이 증가하면 근육이 약화되고 예고 없이 심장마비를 초래할 수도 있으므로 혈액투석 환자에 있어 칼륨의 제한은 필수적이다. 칼륨은 단순당과 지방질을 제외한 모든 식품에 함유되어 있으므로 혈액 내 칼륨 수치가 정상수치를 유지하도록 칼륨 섭취에 주의해야 한다.

칼륨은 수용성이므로 날 것으로 섭취하는 것보다는 많은 양의 물에 오랜 시간 담아두었다가 데쳐서 조리하는 것이 좋다. 날 것에 비해 얇게 썰어서 흐르는 물에 씻은 것은 10%, 데친 것은 30~50%의 칼륨의 양을 줄일 수 있다. 물에 담그는 것은 칼륨을 파괴시키는 것이 아니라 물 속으로 칼륨을 빼내기 위함이므로 담그거나 익힐 때 사용한 물은 버려야 한다.

(5) 인

혈액투석 환자의 골격을 건강하게 유지하기 위해서는 혈액 내의 칼슘과 인이 적절하게 조절되어야 한다. 신장 기능이 약화되면서 인의 배설도 감소되어 혈액 내 인이 상승하는 경우 뼈로부터 칼슘이 빠져나와 뼈가 아프거나 쉽게 부러지는 등의 문제가 나타난다. 투석으로 완전히 제거되지 않으므로 인이 많이 함유된 우유, 유제품, 잡곡류, 견과류 등의 식품 섭취에 주의한다.

표 20-8. 칼륨 함량이 높은 식품

식품군	식 품
우유군	우유, 치즈, 아이스크림, 요구르트, 분유, 두유
어육류군	굴, 꽃게, 대합, 바지락, 미더덕, 대구, 동태, 병어, 붕어, 아나고, 아구, 대하, 성게알, 해파리, 재치조개, 전복
곡류군	감자, 고구마, 옥수수, 밤, 팥, 녹두, 두류, 콩가루
채소군	고춧잎, 근대, 두릅, 마, 부추, 비름, 산채, 쑥, 쑥갓, 시금치, 연근, 열무, 갓, 냉이, 파슬리, 무말랭이, 물미역, 죽순
과일군	바나나, 멜론, 살구, 키위, 말린 과일, 오렌지, 생복숭아, 오렌지주스
기 타	저염소금, 저염간장, 흑설탕, 코코아, 초콜릿, 커피, 포테이토칩, 견과류(땅콩, 호두, 잣)

표 20-9. 채소 섭취 시 칼륨 함량을 줄이는 방법

- 일반적으로 채소 껍질이나 줄기에는 속이나 잎보다 칼륨이 많으므로 껍질을 벗기거나 잎만 사용한다.
- 칼륨은 수용성이므로 채를 썰거나 잘게 토막을 내어 물에 2시간 동안 담가서 제거되도록 한다.
- 많은 양의 물에 데치거나 끓인 후 물을 버리고 조리한다.

5. 복막투석(peritoneal dialysis)

복막투석은 복강 내에 투석액을 주입하고 1일 3~4회 교환해주며 복막을 통해 체내의 수분과 노폐물을 제거한다. 혈액투석보다 노폐물을 많이 제거하

진 못하지만 매일 투석을 하기 때문에 24시간 지속적으로 노폐물을 제거하여 노폐물 및 전해질의 농도를 거의 일정하게 유지할 수 있는 장점이 있다. 투석 시 환자의 복막을 이용하므로 체내에 필요한 단백질, 수용성 비타민이 빠져나가는 한편 투석액으로부터 당이 일부 흡수되어 비만과 고중성지방혈증을 초래할 수 있으므로 적절한 식이요법이 필요하다.

(1) 단백질

축적된 질소 노폐물은 조금씩 자주 투석되어 질소 균형이 잘 유지되므로 투석을 하는 동안의 아미노산 손실을 대신한다. 투석액으로 노폐물과 더불어 단백질이 많이 손실되므로, 이를 보충하고 좋은 영양 상태를 유지하기 위해 충분한 양의 단백질을 섭취해야 한다. 1일 권장량은 1.3~1.5 g/kg 이며 단백질 영양 불량인 경우나 복막염은 단백질의 손실양이 많으므로 단백질 섭취량을 더 늘린다.

표 20-10. 고단백 식품 내 단백질 함량

식 품	식품의 목측량	단백질함량
어육류	40 g	8 g
계 란	55 g (중 1개)	
치 즈	30 g (1장 반)	
우 유	1컵(200 cc)	

(2) 열량

정상적인 체중 유지와 활동을 위해 적절한 열량 섭취가 필요하며 1일 25~35 kcal/kg을 권장한다. 그러나 복막투석액에 당이 포함된 경우 이로부터 얻는 열량을 감안하여 열량을 섭취한다. 특히 투석 액으로부터 유입되는 열량은 단순당인 포도당에 의한 것이므로 단순당이 많이 포함된 식품(설탕, 탄산음료, 케이크 등)은 피하며 과량의 탄수화물 섭취로 복막투석 시 야기될 수 있는 고중성지방혈증을 예방한다.

(3) 나트륨, 수분

복막투석은 혈액투석에 비해 나트륨, 수분을 엄격하게 제한하지 않는다. 복막투석은 나트륨과 수분의 제거가 쉽기 때문에 나트륨의 균형과 혈압이 잘 조절되어 나트륨 섭취량이 신부전식이나 혈액투석식보다 완화된다. 그러나 한국인 평균 나트륨 섭취량은 높기 때문에 그에 비하면 여전히 싱겁게 섭취해야 하고 젓갈, 장아찌, 가공 식품 등 고염 식품은 피하는 것이 바람직하다. 부종이나 극심한 체중 증가가 있는 경우에는 나트륨과 더불어 수분의 제한이 필요하다.

표 20-11. 소금 1 g에 해당하는 식품

식품명	무게(g)	눈대중	식품명	무게(g)	눈대중
소금	1	1/3차술	마른멸치	50	1컵
조선간장	3	2/3차술	맛김	20	-
왜간장	5	1차술	참치 통조림	50	1/2컵
된장, 고추장	10	1/2차술	마른 오징어	50	1/3마리

(4) 칼륨

복막투석 시에 칼륨이 잘 제거되므로 일반적으로 칼륨을 엄격하게 제한하지는 않는다. 혈액 내 칼륨 수치가 정상수치보다 낮을 경우에는 칼륨이 함유된 식품을 섭취하도록 한다. 그러나 고단백질 식사와 칼륨이 다량 함유된 식품의 잦은 섭취로 인해 고칼륨혈증이 나타난 경우에는 칼륨의 섭취를 줄여야 한다. 칼륨은 대부분의 식품에 함유되어 있으며 특히 채소, 과일, 견과류에 많이 포함되어 있다.

(5) 인

충분한 양의 단백질 섭취와 식사량이 많아지면 인의 섭취량도 함께 증가하여 복막투석 시 인의 제한이 매우 힘들어진다. 혈액 내 인이 상승하는 경우 신성 골이영양증 등 여러 가지 골 질환이 야기되므로 우유 및 유제품의 섭취량을 1일 1/2컵 정도로 유지하고 도정하지 않은 전곡, 옥수수, 현미, 잡곡, 산채, 코코아, 초콜릿, 견과류 등 인 함량이 높은 식품의 섭취를 피한다.

표 20-12. 인 함량이 높은 식품

식품군	식 품
우유군	우유, 치즈, 아이스크림, 요구르트, 분유
어육류군	간, 골(뇌), 참새, 메뚜기, 산토끼, 생멸치, 복어, 낙지, 붕어, 아구, 빙어, 양미리, 연어알, 건어패류, 노래미살, 재치조개, 아나고, 난황, 두류
곡류군	옥수수, 현미, 잡곡, 오트밀, 메밀국수, 메밀묵, 빈대떡, 엿기름, 녹두묵
채소군	양송이, 산채
과일군	말린 과일
기 타	견과류(땅콩, 호두, 잣 등), 땅콩버터, 코코아, 초콜릿, 콜라, 로얄제리, 호박씨, 해바라기 씨, 당밀, 깨, 깻묵

(6) 콜레스테롤, 포화지방산

복막투석시에는 충분한 단백질 섭취를 위한 동물성 식품의 섭취량이 증가하면서 콜레스테롤도 상승하는 경향이 있다. 콜레스테롤이 많은 난황, 생선알, 오징어, 내장육, 조개류, 새우 등의 섭취를 주의해야 한다. 또한 동물성 식품은 포화지방산을 많이 함유하고 있어 콜레스테롤의 합성을 증가시킬 수 있는 고지방육과 버터, 마가린, 커피 프림 등의 섭취도 줄이도록 한다. 고중성지방혈증을 예방하기 위해서는 단순당 식품의 제한과 더불어 알코올(술)의 제한도 필요하다.

복막투석환자의 포만감

조기 포만감으로 인해 충분한 식사 섭취가 어려울 때에는 식사 전에 투석액을 배출시키고 식사가 거의 끝날 때 투석액을 주입시키거나 소량씩 자주 식사하는 방법을 시도해 본다.

표 20-13. 투석치료에 따른 영양소 조절

구 분	혈액 투석	복막 투석
단백질	1.2 g/kg/일	1.3-1.5 g/kg/일
열 량	30-35 kcal/kg/일	25-35 kcal/kg/일
나트륨	3,000 mg이하/일	2,000-4,000 mg/일
칼 륨	1,500-2,500 mg/일	칼륨함량이 높은 식품은 중정도로 사용 고칼륨혈증인 경우 칼륨 섭취량은 60-70 mEq (2,340-2,730 mg)정도로 제한
칼 슘	혈액 내 칼슘수치에 따라 조절	혈액 내 칼슘수치에 따라 조절
인	15-17 mg/kg/일 (표준체중)	17 mg이상/kg/일 (표준체중)
수 분	전날 소변량 + 500 cc	2,000 ml/일 또는 24시간 투석배액 + 24시간 소변량

6. 신결석(renal stone)

신결석은 소변의 성분이 결합하여 결정화로 나타난다. 대표적으로 수산칼슘, 인산칼슘, 요산, 시스틴 등이 있다. 신결석을 치료하기 위해서는 충분한 수분 섭취로 소변을 희석시켜 요중 결정물질의 용해와 배설을 촉진하여 결정의 생성을 저지해야 한다. 신결석의 영양치료로는 충분한 수분 섭취와 결석을 발생시키는 수산, 칼슘, 단백질 등의 특정 영양소의 섭취에 주의한다.

(1) 수분

신결석 환자의 영양치료에서 가장 중요한 것은 많은 양의 물을 섭취하는 것이다. 소변량을 2 L 이상 배출시킬 정도의 수분 섭취를 하여 소변이 희석되도록 한다. 이는 결석 형성 물질의 농도를 상대적으로 낮추기 때문에 수준 섭취량은 2.5-3 L 섭취하도록 한다. 소변의 양을 늘리기 위해 섭취해야 하는 수분의 양은 기온이 올라갈수록, 육체적인 활동이 많을수록 증가한다.

(2) 수산칼슘

수산은 수산칼슘결석을 형성하는데 칼슘보다 더 많은 영향을 끼친다. 칼슘은 수산의 흡수를 저해하므로 엄격한 칼슘 제한은 수산의 흡수를 높여서 소변으로의 수산 배설을 증가시킬 수 있다. 수산칼슘결석은 요중 수산 농도가 높은 것이 원인이고 요중 수산 농도는 식사의 성분에 따라 영향을 많이 받으므로 섭취 시 수산 함량이 많은 식품은 피하고 1일 50 mg 이하로 제한하는 것이 좋다. 칼슘결석 환자는 저칼슘식이를 권장하므로 음의 칼슘 평형을 방지하기 위해 식이로부터 600 mg 이하의 칼슘이 권장된다. 동물성 단백질을 많이 섭취하면 칼슘의 배설이 증가하므로 과량의 생선, 육류, 가금류, 달걀 등은 피하는 것이 좋다.

표 20-14. 수산함량이 높은 식품

채소류	과일류	기타
콩	블루베리	두부
시금치	포도	견과류
호박	딸기	초콜릿
부추	귤	코코아
가지	프루츠 칵테일	땅콩버터
고구마		생맥주

참고문헌

1. 대한영양사협회: 임상영양관리지침서. 대한영양사협회, 2008
2. 대한영양사협회: 만성신부전의 식사(대한영양사협회 교육자료), 대한영양사협회, 2010
3. 김혜영 외 19명. 식이요법. 지구문화사, 2008
4. Linda Kelly DeBruyne, Eleanor Noss Whitney, Kathryn Pinna: Nutrition and Diet Therapy, 7th ed. Cengage Learning, 2008
5. Lisa Hark, Medical Nutrition and Disease: A Case-Based Approach 4th ed. Wiley-Blackwell, 2009

암환자에서의 영양

제21장

지난 몇 년 동안 종양 생물학과 유전체 연구 분야에서의 큰 발전은 암 환자를 효과적으로 치료할 수 있게 하였다. 많은 종양에 대해서 치료를 하고는 있으나 진행된 종양의 경우에 완치되는 경우는 드물다. 그 결과로 암의 치료 과정에서나 완화치료를 받는 도중에 환자의 삶의 질을 개선시키기 위해서 영양 지원(nutritional support)을 하는 것이 중요하게 되었다. 암 환자들은 병 자체 때문에 혹은 치료 때문에 대개 식욕이 떨어지고 체중이 감소하게 되며, 영양 결핍이 자주 발생하게 된다. 암으로 인한 체중 감소는 마른 체중(lean body mass)은 유지되는 단순한 기아에 의한 체중 감소와는 다르다. 암 환자에서 발생하는 체중감소는 단순히 식욕부진(anorexia)이나 음식 섭취의 감소에 의해서 발생하는 것이 아니고 대개는 종양의 성장에 따른 염증 반응이 신체의 대사를 변화시켜서 발생하게 된다(표 21-1). 이것은 다시 궁극적으로 영양분의 체내 이용을 방해한다.

암과 관련된 영양 결핍의 원인은 중심과 말초의 분해작용(catabolic pathway)에 대한 억제 조절이 병적으로 상실된 것과 관련되는데, 증가된 분해작용에 대해서 중심과 말초의 합성작용(anabolic pathway)이 균형을 맞추지 못하게 된다. 이와 같은 대사의 변화에 대한 분자학적인 기전이 많이 밝혀지고 있고 최근에는 이런 기전을 이용한 새로운 치료법이 시도되고 있다.

표 21-1. 단순기아와 암에 의한 대사 반응의 차이

지 표	단순 기아	진행된 악성 질환
기초대사율	O 또는 —	O 또는 — 또는 +
매개체의 유무	O	++
간에서의 요소생성	+	++
음성 질소평형	+	++
포도당신합성	+	++
근육 단백질분해	+	++
간에서의 단백질합성	+	++
지방분해	+	++

O, 정상; —, 감소; +, 약간 증가; ++, 현저한 증가

암 환자에게 영양 공급을 하는 목적은 (1) 적극적인 암 치료를 시작하여 끝낼 수 있게 영양 상태를 유지 또는 개선시키는 것이고 (2) 비록 진행성 암인 경우라 하더라도 일상 수행 능력과 삶의 질을 향상시키는 것이다. 암 환자에서 삶의 질에 관한 문제는 최대의 관건이다. 왜냐하면 환자들은 궁극적인 그들의 사망률에 집착하는 것보다는 가능하면 정상적인 일상 수행 능력을 갖고 삶의 질을 좋게 유지하는 것에 더 관심을 갖기 때문이다. 이런 관점에서 체중의 감소 특히 마른 체중이 감소되면 환자의 삶의 질이 나빠진다. 특히 암 환자에 있어서 삶의 질 기능 점수의 50%는 영양 섭취와 몸무게의 감소에 의해 결정된다고 알려져 있다.

종양의 성장뿐만이 아니라 수술, 항암치료, 방사선 치료 등의 여러 암 치료도 환자의 미각, 섭취력, 소화력, 연하능력 등을 떨어뜨린다. 식욕부진과 음식섭취의 감소는 종양의 증상이기도 하다. 위장관을 수술하거나 위장관에 방사선 치료를 하는 것은 구강 및 장관에 점막염을 유발하여 영양분의 소화나 흡수에 영향을 끼칠 수 있다. 여러 약제들도 오심이나 설사를 유발할 수 있다. 비록 이런 증상을 없애기 위한 많은 약제가 개발되었으나 이런 증상의 빈도는 여전히 높다.

요약하여 보면 암과 관련된 영양 결핍은 식욕부진과 그에 따른 음식 섭취의 감소, 대사의 변화, 체중 감소의 악화와 이에 대한 영양 성분의 역전 등이 복합적으로 작용한 결과이다.

1. 식욕부진(Anorexia)

암 환자에게 있어서 가장 괴로움을 주는 증상 중의 하나가 점차 악화되는 식욕부진과 음식 섭취의 감소이다. 식욕부진은 음식을 먹고자 하는 의욕이 없는 것으로 정의되고 음식 냄새의 변화, 전반적인 음식 맛의 변화(dysgeusia: 이상미각)나 특정 음식에 대한 맛의 변화(예: 고기 맛에 대한 혐오감, meat aversion), 포만감, 오심, 구토에 의해 생길 수 있다. 식욕부진 자체가 치료와 무관한 암 자체의 증상일 수도 있지만 대개는 항암 치료나 방사선 치료의 부작용과 같이 암 치료와 연관되어 생기는 경우가 많다.

암과 관련된 식욕부진의 발생 기전은 국소적인 염증 반응 때문에 에너지 항상성(homeostasis)에 관여하는 신경조절력이 감소한 것과 관련된다. 이는 호르몬, 펩타이드 그리고 말초 신경 신호를 통한 정상 대사과정의 조절 장애를 초래한다. 그 결과 뇌는 지속적으로 식욕부진을 초래하는 상태로 설정되고 이것은 실제 식욕 부진을 유발한다. 이러한 상태는 에너지 저장이 고갈되어 가고 있음을 알려주는 말초 신호에 영향을 받지 않는다. 식욕부진은 특징적인 증상(맛이나 냄새의 변화, 고기 혐오증, 오심, 구토, 조기 포만감)들이 있을 경우나 전문적인 질문표에 의해서 진단할 수 있다. NCCTG(The North Central Cancer Treatment Group) 질문표나 FAACT(Functional Assessment of Anorexia Cachexia Therapy) 질문표는 식욕, 음식 섭취, 오심, 구토, 체중, 음식에 대한 관심도 등 영양문제와 관련된 질문들을 포함하고 있다. NCCTG 질문표는 식욕부진의 평가를 "예" 또는 "아니오" 로만 평가하게 되어있으나 FAACT 질문표는 보다 양적인 평가를 할 수 있게 되어있다. 식욕부진이 암 치료와 관련하여 발생한 경우에는 주로 오심, 구토, 미각이상의 증상을 유발한다. 오심과 구토는 항암치료 시에 발생하는 약제 유발 독성이지만 심리적인 요인도 강하게 작용한다고 알려져 있다. 항암치료 기간에 오심이나 구토가 발생할 것 같다는 환자의 예상이 실제로 심한 오심이 발생하는 것에 대한 강력한 예측인자이기도 하다. 그러므로 환자들의 예기 구토감을 줄여주는 중재가 필요하다. 또한 음식 혐오증이 항암치료나 방사선 치료 동안에 발생할 수 있다. 음식 혐오증은 항암치료 중에 어떤 냄새나 어떤 맛이 느껴질 때 구토를 유발할 수 있다. 이런 관점에서 식욕부진을 야기할 수 있는 암 치료를 할 경우에 평소 환자들이 좋아했던 음식에 대해 혐오증이 생기지 않도록 하기 위해 기호 음식을 먹지 않게 하는 것이 중요하다.

빈크리스틴(vincristine)과 탁센(taxane) 계열의 약제는 미각 이상을 잘 유발한다. 항암제 유발 미각 이상의 발생기전은 침을 통한 항암제의 배설이나 분비와 관련되어 이것이 음식 맛을 변화시키고 음식에 대한 혐오와 회피를 유발한다. 특정한 맛뿐만이 아니라 음식의 농도나 감촉 또한 하나의 요인이 될 수 있어서 많이 씹어야 하는 음식 같은 경우 침의 생성을 증가시키므로 증상을 악화시킬 수 있다. 아연 결핍, 설유두(lingual papillae)의 구조적인 변화, 신경병증 등의 여러 가지 다른 요인들이 미각 이상과 관련될 수 있다. 미각 이상은 암 환자의 경우에 인지되지 못한 우울증에 의해서도 야기될 수 있다.

미각 이상에 대한 여러 가지 치료법이 시도되었으나 아직까지는 그리 성공적이지 못하다. 각각 환자는 맛의 변화가 가장 적은 음식을 찾아야 한다. 단맛은 설탕, 신맛은 레몬 쥬스, 짠 맛은 소금, 쓴 맛은 아스피린이나 퀴닌을 이용해서 테스트 해볼 수 있다. 보통 많이 씹을 필요가 없어서 침이 덜 분비되는 음식이 가장 좋다. 아연이나 엽산, 알파지방산, 비타민 B 등의 보충제를 공급하는 것이 금속성 맛을 완화시킬 수도 있다고 하나 그 효과는 미미하다. 아연은 단맛에 대한 미각 이상에 가장 효과적이지만 약이 종종 금속성 맛을 더 야기하므로 미각 이상에 대한 가장 좋은 치료는 증상을 초래하는 약을 중단하는 것이다. 약을 중단하면 대개 2개월 안에 미각이 정상으로 돌아온다. 가장 효과적인 방법은 환자로 하여금 매일 필요한 단백질과 칼로리 섭취를 할 수 있게 영양 상담을 받게 하는 것이다. 이것은 환자들이 미각 이상을 극복하게 하고 체중감소와 근육 감소를 피하게 한다. 환자는 간병인과 함께 먹을 수 있는 음식을 찾아서 필요한 영양소가 공급될 수 있게 지속적으로 노력해야 한다.

2. 체중감소(weight loss)와 암 악액질(cancer cachexia)

대개의 암 환자는 질환 자체 때문에 또는 치료 때문에 체중이 감소된다. 체중 감소의 정도는 암의 종류에 따라 다르지만 췌장암에서 체중 감소가 가장 심하다. 6개월 동안에 기저 체중에서 10%이상 체중이 감소되면 심각한 체중 감소라고 정의한다.

만약 체중 감소가 식욕 부진이나 위장관계의 폐색에 의한 이차적인 것이라면 이 문제는 적절한 영양 상담이나 영양 공급으로 해결될 수도 있다. 그러나 불행히도 특히 마른 체중이 감소되는 암 환자의 경우는 종양이 초래하는 염증반응에 의해서 체중이 감소하는 것이다. 싸이토카인(cytokines)이나 여러 염증매개물질, 급성기 반응, 단백용해 등의 직접적인 영향이 있으므로 단순히 영양 공급만으로는 체중 감소를 막을 수 없다. 이런 특유한 영양결핍 증후군을 암 악액질(cancer cachexia)이라고 한다. 염증반응과 대사 과정의 변화가 암 악액질에서 부정적인 역할을 하며, 영양공급 및 항 염증제의 사용, 그리고 적혈구형성인자(erythropoietin) 등을 통합적으로 사용하는 것이 암 환자의 생존율을 향상시킨다.

비록 암 악액질에 대한 합의된 정의는 없으나 이는 충분한 영양 공급에도 불구하고 근육의 지속적인 소모 및 지방과 당 대사과정에서 해로운 이상반응에 의한 복잡한 파괴 과정으로 설명할 수 있다 (표 21-2). 악액질 진단에 필요한 일반적인 기준은 아직 정립되지 않았으나 체중 감소, 음식 섭취의 감소, C-반응 단백 증가가 있는 전신적인 염증 반응이 환자의 기능적인 면에서나 예후의 측면에서 모두 나쁜 영향을 끼친다.

종양 생성물, 호르몬, 염증 매개체 등 여러 가지 요인들이 암 악액질의 발생에 관여한다. 이런 물질들의 상호 작용이 포도당신합성(gluconeogenesis)을 증가시키고 합성대사(anabolism)를 제한하며 분해대사(catabolism)를 증가시킨다. 암 악액질의 발생 기전은 종양의 성장을 위한 염증 반응 때문이다. 암 악액질에 관여하는 많은 염증 매개 물질들이 알려져 있고 종양괴사인자-α(tumor necrosis factor-α, TNF-α), 인터루킨-1(interleukin-1, IL-1), 인터루킨-6(interleukin-6, IL-6) 그리고 인터페론-γ(interferon-γ, INF-γ)가 중요한 역할을 한다. 암 환자의 혈중에서 이런 싸이토카인이 증가되는 경우는 드물기 때문에 그 영향은 전신적인 분비(systemic production)보다는 국소분비(paracrine production)에서 기인하는 것으로 보인다.

그 외에 암 악액질을 매개하는 인자로는 종양에서 합성되어 단백과 지질 대사에 관여하는 것으로 알려진 단백분해 유도 인자(proteolysis-inducing factor)와 지방동원인자(lipid-mobilizing factor, LMF)가 있다. 단백분해 유도 인자는 유비퀴틴 단백 분해 과정(ubiquitin proteolytic pathway)을 활성화시키고 그 결과로 단백 분해를 일으킨다. 또한 지방동원인자는 지방조직을 지방산으로 분해시킨다. 숙주(환자)와 종양으로부터 유래한 여러 인자들의 시너지 효과가 근육 유비퀴틴 프로테아좀 시스템을 활성화시키는 데 이에 반해 단백 합성의 증가에 의한 상쇄는 이루어지지 않아서 그 결과로 점진적인 근육 손실이 일어나게 된다.

표 21-2. 동물과 인간에서 암 악액질의 대사 이상

기 질	임상적인 지표	상태
수 분	총체액량	증가
에 너 지	에너지 균형	음성
	에너지 저장량	감소
지 질	체지방량	감소
	지단백 리파제 활성	감소
	지방분해	증가
	혈청 지질 농도	증가
탄수화물	포도당신합성	증가
	인슐린 저항성	있음
	체내 포도당 소모	증가
	간에서의 포도당생산	증가
단 백 질	근육량	감소
	근육에서의 단백분해	증가
	근육에서의 아미노산 유리	증가
	간에서의 단백합성	증가
	간에서의 아미노산 운반	증가
	질소균형	음성

3. 체중감소와 암 악액질을 위한 영양 공급(nutriton support for weight loss and cancer cachexia)

암 환자에게 있어서 영양 중재는 사용하기 편리하고, 마른 체중을 잘 유지할 수 있고, 기능적인 면과 삶의 질을 유지시킬 수 있어야 한다. 최근 암 환자에서 마른 체중을 유지하기 위해 사용될 수 있는 보충제와 첨가제들이 보고되었다. 에너지와 단백 섭취를 증가시키려는 목적의 모든 프로그램에서 영양 상담은 가장 기본이 되어야 한다.

암 악액질에 대한 가장 도움이 되는 방안은 기저 질환을 효과적으로 치료하는 것이다. 만약 이것이 이루어지지 않는다면 염증반응의 증가에 따른 체내 대사의 부정적인 영향과 식습관의 변화에 대응하여 체중과 마른 체중을 유지할 수 있도록 전문적인 영양공급이 이루어져야 한다. 실제로 암 환자에서 마른 체중을 유지하는 것은 사망률 뿐만 아니라 삶의 질에도 큰 영향을 끼친다.

(1) 영양상담

다양한 영양 공급법의 첫 번째 단계는 암 환자에 대한 영양 상담이다. 가능한 초기에, 강도 높고 개별화된 영양 상담을 하는 것은 환자의 몸무게를 유지하고 신체적인 기능을 보존하는데 효과적이라는 것이 잘 알려져 있다. 이런 방법이 성공하려면 환자의 요구에 잘 부합해야 하고 그 결과를 잘 모니터해야 한다. 그러므로 암 환자에서 영양 상담의 효과는 잘 훈련된 전문적인 영양 상담 팀이 존재하느냐에 달려있고 이것은 특히 일일 30 kcal/kg 이하의 칼로리 섭취로 인해 몸무게가 안정화되지 못한 암 환자가 많은 경우에 더욱 중요하다.

(2) 약물요법

1) 초산 메게스트롤(megestrol acetate)

약물 요법으로는 초산 메게스트롤과 같은 약제가 식욕을 증가시키기 위해 사용되는데 이는 마른 체중보다는 지방을 증가시키다. 마찬가지로 코티코스테로이드(corticosteroid)는 식욕을 증가시키기는 하지만 특히 암환자에서는 근육

분해를 포함한 분해작용 및 골다공증, 체액 저류, 전해질 불균형을 유발하는 약제이다. 대마초계열의 약제인 드로나비놀(dronabinol)은 엔도카나비노이드계(endocannabinoid system)를 자극하는데 암 환자에서 식욕을 증가시킨다고 증명되지는 못했다.

2) 외인성 그렐린(exogenous ghrelin)

최근에 펩타이드 호르몬인 그렐린(ghrelin)의 식이촉진효과(prophagic effect)가 밝혀졌고 또한 Hypothalamic anorexigenic melanocortin system의 cancer- anorexia-cachexia에 대한 영향이 알려져서 항악액질 치료제로서 외인성 그렐린과 항멜라노코틴 펩티드(antimelanocortin peptides)를 사용하게 되었다. 몇몇의 임상과 실험 사전 보고서에 따르면 그 결과를 기대할만 하지만 실제 사용에 앞서서 대규모의 연구가 필요하다. 근육 소모를 유발하는데 단백분해 유도인자(proteolysis inducing factor)와 싸이토카인이 중요한 역할을 하는 것을 고려해보면 이것의 합성과 활성화를 억제하면 단백분해를 감소시킬 수 있다는 것을 추측할 수 있다.

3) 오메가-3 지방산(omega-3 fatty acid)

오메가-3 지방산(omega-3 fatty acid; eicosapentaenoic acid, EPA)은 항 종양효과와 항 악액질 효과를 가지고 있다고 알려져 있다. 비록 암 악액질에 대한 어유(fish oil) 캡슐 보충제의 효과는 의문스럽지만 EPA가 강화된 경구약제를 하루 2-3 g 사용하는 것은 마른 체중이 감소하는 것을 호전시킬 수 있을 것으로 보인다.

4) 필수 지방산과 특수 아미노산

필수 지방산과 특수 아미노산(분지 아미노산, branched chain amino acid, BCAA)을 보충하는 것은 암 악액질을 호전시키고 단백 합성을 자극하므로 근육과 마른 체중을 유지할 수 있게 한다. 이러한 효과는 분지사슬 아미노산 특히 류신(leucine)이 뇌세로토닌신경전달(brain serotonergic neurotransmission)에 대해 억제작용을 하여 식욕을 증가시키고 암 악액질에 관여하는 주 단백분해

체계인 유비퀴틴 프로테아좀 시스템에 대해 억제작용을 한다. 류신 보충제와 비슷하게 류신 대사물의 일종인 β-히드록시 β-메틸부티르산(β-hydroxy-β-methyl-butyrate)을 사용하면 암환자에서 마른 체중을 증가시킨다.

5) 아르기닌(arginine)

아르기닌의 혈장 농도는 암환자에서 감소되는데 이 아미노산이 암환자에서 결핍되어 있음을 시사한다. 그러나 아르기닌을 암환자에게 사용하는 것에 대한 대규모 연구는 이루어지지 않았다. 동화작용제(anabolic agent)는 암 환자에서 근육양과 몸무게를 증가시키기 위해 사용되었는데 상반되는 결과를 보여주었다. 가능성이 있는 부작용, 특히 종양의 성장을 자극할 수도 있다는 점은 동화작용제를 처방하기 전에 반드시 고려된다.

분지 아미노산, EPA, 아르기닌 등은 약리학적인 용량으로 공급되었을 시에 숙주의 흐트러진 대사 작용에 영향을 미치기 때문에 주목을 받는 영양성분들이다. 약제의 성격을 지닌 이러한 영양성분들은 영양 치료제(nutraceuticals)라고 불리우며 암 환자의 영양-대사 보충을 향상시키고 있다.

근거 중심제에 기초하여 경구 섭취가 가능한 암 악액질 환자에게 고칼로리 섭취(30-35 kcal/kg)와 분지 아미노산이 풍부한 고단백식사(10-15 g/d, 50%의 류신이 포함된), EPA(2-3 g/d)를 권유하는 것이 좋다. 이러한 영양분은 적절한 영양 상담과 함께 일상적인 일일 식사에 쉽게 포함될 수 있다. 그러나 많은 암 환자에서 유동식을 섭취하는 것이 씹어야 하는 고형식보다 더 편하다. 칼로리와 단백질, EPA, 아미노산이 포함된 쉽게 마실 수 있는 캔 종류의 상품화된 영양 보충제도 쉽게 이용한다.

4. 영양공급과 종양의 성장

암 환자에게 영양공급을 하는 것은 종양의 성장을 촉진시킬지 모른다. 하지만 항암화학요법과 함께 영양 공급을 하는 것은 항암화학치료의 효과를 증대시킨다고 가정되어왔다. 명확한 증거는 없지만 영양공급을 하는 것이 종양의 성장을 촉진시킬 위험이 있다고 가정하는 것은 어느 정도 설득력이 있다. 하지만 종양은 영양공급과 상관없이 자신의 성장을 위해 숙주가 이용할 영양분을 빼앗아 자신이 이용한다. 또한 영양 공급과 함께 종양의 대사를 방해하는 특별화된 영양-대사 공급이 중요한 임상적 효과가 있음이 주목 받고 있다.

5. 암환자의 영양상태 평가

최선의 치료를 위해 암 환자의 영양 상태를 우선 평가한다. 인체는 여러 요소들로 구성 되어 있기 때문에(마른 체중, 뼈, 지방상태) 영양 상태를 평가하는 과정은 복잡한 일이며 숙련된 전문가가 수행해야 한다. 영양 상태 평가는 자세한 병력 청취와 신체 검사로 시작하여 추가적인 검사를 통해 진단을 내려야 한다. 또한, 식욕의 변화, 맛의 변화, 음식물의 삼킴 및 소화에 문제는 없는지, 어떤 음식을 좋아하는지, 체중 감소는 없는지 등을 면밀히 확인해야 한다.

적절한 마른 체중을 유지하는 것이 암환자들에게는 매우 중요하다. 그러므로 적절한 마른 체중을 평가하는 것이 영양 상태 평가의 주요한 목적이다. 생체임피던스분석(bioimpedance analysis)을 이용하여 쉽게 근육 양을 평가 할 수 있다. 하지만 이 방법은 수분 저류에 많은 영향을 받아 믿을 만한 검사법은 아니고 이중 에너지 X-선 흡수계(dual energy x-ray absorptiometry, DXA)가 마른 체중을 평가하는데 민감한 검사법이지만 비용이 비싼 단점이 있다.

영양상태 평가를 위해 특별한 질문표가 개발되었다(The Patient-Generated Subjective Global Assessment). 이 질문표는 암 환자의 예후 요소와 영양 결핍의 위험도를 예측하는데 유용한 임상 병력 등을 포함하고 있다. 암 관련 악액질도 또한 음식 섭취 감소, 체중감소, C-반응 단백 증가와 같은 전신적인 염증 상태 등의 평가 등을 통해 쉽게 구분할 수 있다.

6. 영양 공급의 적응증

암환자에서 불량한 영양 상태는 영양 공급의 적응증이 된다. 하지만 영양공급이 비교적 좋은 환자도 또한 적절한 평가를 받아야 한다. 체중감소를 보이지 않는 위암환자에서 단백 분해가 증가 되어있다는 사실이 이와 같은 주장을 뒷받침하고 있다. 그러므로 악액질을 보이는 암 환자뿐만 아니라 모든 암 환자가 적절한 영양 대사 공급을 받아야 한다. 이러한 주장은 또한 암과 같은 만성질환으로 고통 받는 환자들이 궁극적으로는 암 자체 또는 항암치료 등에 의해 악액질이 발생한다는 역학 조사 자료를 통해서도 정당화 된다. 그러므로 항암치료와 함께 영양(예: 다량 영양소, 미량 영양소) 및 대사 지원(예. 암에 의한 대사 변화를 방해하는 기능식품)을 시행하는 것이 중요하다.

7. 암 환자에서 비경구영양

암 환자에서 위장관의 기능 및 구조상에 특별한 문제가 없는 경우 장관영양이 사용된다(표 21-3). 장관영양은 경구영양 및 튜브 식이를 포함하며 경구영양으로 적절한 영양공급을 받을 수 있는 환자는 경구영양을 시행하며 튜브를 거치시켜 놓으면 안된다. 면밀한 감독을 통해 경구 식이가 불가능한 경우 적절한 시기에 튜브 식이를 시행한다.

표 21-3. 비경구영양에 비해 경구 및 장관 영양법의 이점

장관 점막의 유지
솔가장자리(brush border) 효소의 유지
장관 면역 기능 유지
장관 점막 방어벽 기능 유지
균형된 미생물 환경 유지
항암 화학 요법 및 방사선 치료 결과의 향상

(1) 암 환자에서 완전 비경구영양(total parenteral nutrition, TPN)의 적응증

비경구 영양은 고비용이고 합병증을 초래할 수 있다는 점을 고려하여 조심스럽게 사용된다. 또한 위장관 기능이 비정상적인 환자에서만 사용된다(표 21-4). 아래와 같은 상황에서 비경구 영양이 도움이 된다.

표 21-4. 암환자에서 완전비경구영양의 적응증과 금기증

A. 입원해 있는 동안 완전비경구영양 사용의 적응증과 금기증

1. TPN의 적응증
   a. 7~10일 이상 장관영양공급을 시행받을 수 없는 항암치료에 반응하는 매우 영양결핍된 환자
2. TPN의 금기증
   a. 항암치료, 방사선치료, 수술을 받는 영양공급이 충분한 환자 혹은 영양공급이 약간 불충분한 환자
   b. 치료에 반응하지 않는 매우 빠르게 진행하는 암 환자
   c. 더 이상 항암치료를 받을 수 없는 말기 암 환자

B. 오랜기간 완전비경구영양 사용의 적응증과 금기증

1. TPN의 적응증
   a. 장관영양 공급을 할 수 없는 치료 관련 독성 치료를 받고 있는 환자. 대개 이런 환자의 경우 지속적인 항암치료를 시행받을 수 있고 대부분 치료에 반응한다.
   b. 질병의 자연경과 상 거의 정상에 가까운 일상생활을 유지 할 수 있는 선택된 영양결핍된 암환자. 이런 환자들은 대개 항암 치료에 어느 정도 반응한다. 치료받지 않은 암 환자의 경우 어느 정도 삶의 질을 유지할 수 있다고 판단되는 경우 (생존기간이 6~12 개월 이상)
2. TPN의 금기증
   a. 치료에 반응하지 않는 매우 빠르게 진행하는 암 환자

1) 장피누공(Enterocutaneous fistula)이 있는 환자

위장관 수술을 받은 암 환자들 중에 장피누공이 생기는 경우가 종종 있다. 이러한 경우 경구 영양을 할 수 없으며 TPN을 시행하여야 한다. 연구에 따르면 TPN을 시행하는 경우 장피누공이 자연적으로 폐쇄 되는 비율이 높다고 알려져 있다. 하지만 장피누공이 방사선치료나 암 자체의 피부 침범으로 인해 발생하는 경우 자연적으로 폐쇄되는 비율은 매우 낮고 초기에 수술적 치료를 시행하여야 한다.

2) 간 혹은 신부전이 있는 환자

간부전은 암 환자에서 수술 혹은 항암 화학 요법 후 때때로 발생할 수 있다. 간손상과 문맥-전신순환션트(portosystemic shunt) 때문에 이런 환자들은 아미노산을 잘 제거할 수 없게 된다. 방향족 아미노산은 적게 함유하고, 분지

사슬 아미노산을 많이 함유한 수액으로 간부전 환자를 치료하는 것이 간성 혼수를 줄일 수 있는 한 방법이다. 분지 사슬 아미노산 제재는 경구로도 또한 투여 할 수 있다.

아미노산 제재로 TPN을 하는 것이 급성 신부전 환자를 치료하는데 도움이 된다. 하지만 필수 아미노산 제재 혹은 분지 사슬 아미노산을 함유한 수액으로 일반적인 환자를 치료하는데는 비용-효과면에서 아직 논란이 있다.

3) 급성 방사선치료와 항암 화학요법에 의해 발생된 장염

복부 혹은 골반에 방사선 조사나 항암치료를 시행 받은 환자의 경우 매우 심하고 오래 지속되는 장염이 발생하여 경구 영양 공급을 시행 받을 수 없게 되는 경우가 있다. 이런 경우 TPN 요법이 많은 도움이 된다.

방사선 치료를 받는 환자의 경우 식욕부진으로 먹지 못해서 혹은 오심, 구토, 점막염, 구강건조 등과 같은 방사선치료의 부작용으로 영양 결핍이 발생하는 경우가 있다. 가능하다면 경구 영양 요법을 시행하지만, 두경부, 흉부 등에 방사선 치료를 받는 환자의 경우 조기에 식이 튜브를 거치하는 것에 대해서도 고려한다. 하지만 위장관의 심한 기능 장애가 있는 경우 TPN을 시행하여야 한다. TPN을 시행하면서 고위험 환자들이 큰 무리 없이 방사선 치료를 시행 받을 수 있게 되었다. 7~10일 정도 TPN을 시행해야 할 상황이라면 말초혈관을 통해서 TPN을 시행할 수 있다. 하지만 주사바늘을 48~72시간마다 정맥염을 예방하기 위해 교체해 준다.

4) 암환자에서 수술전후 TPN의 사용

수술 전후 TPN의 사용이 최근 많이 줄었다. 예전 연구에 따르면 심하게 영양 결핍된 환자에서 수술 혹은 골수 이식 전후에 TPN을 사용하는 것이 임상적 이득이 있다고 되어 있지만 삶의 질 저하, 고비용, 부작용 등 TPN의 단점을 고려할 때 조심스럽게 사용 된다.

위장관 기능이 정상인 영양 결핍 암 환자의 경우 수술 전후에 경구 영양 공급을 시행하면 임상적 이득이 있는 것으로 알려져 있다. 특히 수술 후 조기에 경구 영양 공급을 시행하는 것이 비경구 영양 공급보다 더 나은 것 같다. 흥미롭게 최근 임상 연구는 아르기닌, 핵산, 오메가-3 지방산 등을 함유한 특별한 대사-영양 공급을 시행하면 영양 공급이 충분한 암 환자들에서도 수술 후 합병증이 줄어든다고 한다. 이는 특별한 기능식품을 이용하여 성장하는 암에 의한 대사 변화뿐만 아니라 동반된 염증 반응을 감소시킬 수 있다는 점을 강조하고 있다.

5) 단장증후군 환자(short bowel syndrome)

단장증후군은 여러 차례에 걸쳐서 장을 수술 한다든지, 궤사된 장의 절제를 시행한 경우 발생힌다. 이런 환자의 경우, 만약 암이 완치 된다면 집에서 TPN을 시행하면서 오랜 기간 생존할 수 있다. 치료기간이 길어지면서 미량 원소 결핍, 뼈 광물제거(bone demineralization), 도관 패혈증(catheter sepsis) 등이 발생할 수 있다. 장 재활 치료가 지속되어야 하고 성장호르몬, 글루타민, 적정식이 등을 통해 TPN 의존성을 감소시켜야 한다.

(2) TPN의 구성

TPN 제제는 쇄골하 정맥에 삽입되어 있는 중심 정맥 도관을 통해 투여 된다. TPN 제제는 고삼투성이고 아미노산, 포도당, 지질로 구성 되어 있다. 일반적으로 총 비단백 칼로리의 65%는 포도당으로 공급되고 나머지 35%는 지질로 공급된다. 염증을 감소시키는 오메가-3 지방산의 역할을 고려할 때 오메가-3 지방산이 풍부한 지질 수액이 선호되지만 아직 임상 자료는 부족한 실정이다. 단백질은 1~1.5 g/kg(체중)의 용량으로 공급되지만 간 혹은 신부전이 있는 경우 감소되어 투여되어야 한다. 미량 원소, 비타민, 전해질을 첨가하면 TPN 제제가 완성된다. TPN 제제는 멸균 상태에서 조제되어야 한다. 또한 TPN 제제는 고삼투성의 성질을 가지고 있으므로 중심 정맥을 통해 투여되어 혈전 반응 등이 발생하지 않도록 한다.

(3) TPN의 잠재적 합병증

환자 감시, 도관 관리 등의 기술이 발전하면서 TPN과 관련된 합병증의 발생이 많이 감소하였다. 여러 분야의 사람들이(의사, 영양사, 간호사, 약사) 한 팀을 이루어 환자를 관리하는 것이 TPN 관련 합병증 발생을 줄이는 아주 중요한 부분으로 암환자에서 발생하는 TPN 합병증은 4가지 형태로 분류된다.: (1)

물리적(기흉, 쇄골하 정맥 손상, 공기색전증, 도관색전증), (2) 대사적(고혈당, 전해질 이상, 간수치 이상), (3) 감염(도관 패혈증), (4) 혈전증(도관 막힘, 상대정맥혈전증). 도관 패혈증은 열성 중성구 감소증의 중요한 원인 중 하나로 이러한 환자들에서는 꼭 배제해야 할 합병증이다.

TPN을 투여받는 환자들은 정기적으로 혈당검사(처음에는 6시간마다, 안정화되면 매일), 전해질 검사(매일~매주), 중성지방 검사, 간기능 검사(매주~매달) 등을 시행 받아야 한다. TPN을 투여하는 동안 심한 저칼륨혈증이나 저인산혈증이 발생할 수 있으므로 정기적인 검사는 필수적이다. 저인산혈증은 포도당을 투여받는 만성적으로 영양 결핍된 암 환자에서 발생할 수 있다. ATP (adenosine triphosphate)를 만드는데 인이 사용되면서 이런 저인산혈증이 발생하고 이러한 현상을 영양재개증후군(refeeding syndrome)이라 한다. 영양재개증후군은 원래 굶주린 난민이 갑자기 고칼로리 음식을 섭취하였을 때 관찰된다. 이와 같은 전해질 불균형은 갑자기 발생할 수 있고 저나트륨혈증이나 고혈당보다 더 생명을 위협한다.

(4) TPN이 위장관에 미치는 영향

TPN을 하면서 위장관으로 영양 섭취를 하지 않는 것은 장내세균총의 변화, 장면역기능의 손상, 점막 방어막 손상 등 많은 생리학적 손상을 일으킨다. 이러한 현상이 세균의 이동 때문인지 혹은 내독소나 싸이토카인의 흡수 때문인지 아직 논란이다. 기전과는 상관없이 암 환자에서 장관 기능을 유지하는 것이 장기 손상이나 패혈성 합병증을 최소화하는데 필수이다. 결과적으로 경구 영양 공급이 최우선적으로 선택되어져야 하고 경구 영양 공급을 할 수 없는 경우만 TPN을 시행한다.

8. 영양공급의 효과를 증대시키는 법

(1) 보행의 효과

어떤 암 환자들은 침대에 누워서만 지내지만 되도록 보행하도록 격려되어야 하며 보행할 수 없는 경우 등척성(isometric) 운동이라도 가능하면 시행한다. 운동은 TPN을 투여 받는 환자의 경우라 하더라도 수의근이 아미노산을 이용할 수 있도록 촉진하고 단백분해가 일어나지 않도록 한다. 또한 운동을 하는 것은 삶의 질 향상에도 긍정적인 영향을 준다.

(2) 약물 및 호르몬 치료

진행된 암 환자에서 영양 공급과 함께 항염증제와 적혈구형성인자를 사용하는 것이 사망률을 줄일 수 있다. 재조합 인간 성장 호르몬은 동화 작용을 일으키고 암 악액질 환자에 유용할 수 있다. 하지만 종양의 성장을 촉진시킬 위험이 있다. 이러한 위험을 최소화하기 위해 유전자 치료를 이용하여 성장 호르몬을 근육에 직접 전달시킬 수 있는 새로운 방법이 개발되었다. 초산 메게스트롤과 같은 황체호르몬제는 식욕 촉진과 몸무게 증가를 시킬 수 있다. 현재 초산 메게스트롤의 추천 용량은 480 mg/day 이다.

(3) 글루타민과 아르기닌의 사용

정상적인 상황에서는 충분한 양의 글루타민이 신체의 요구에 맞추어서 생성된다. 하지만 스트레스 상황에서는 충분한 양의 글루타민이 생성되지 않고 글루타민 결핍이 발생한다. 그러므로 글루타민은 조건에 따른 필수 아미노산이다. 글루타민은 골수나 위장관 점막처럼 빨리 분열하는 세포에 필수적으로 필요하다. 그러므로 점막염이 발생한 고용량 항암치료를 받는 환자들에게 글루타민을 공급하는 것은 매우 유용하다. 임상연구에 따르면 골수 이식을 받을 환자들에게 경구 혹은 비경구적으로 글루타민을 공급하는 것은 질소 균형을 향상시키고 합병증을 줄인다.

아르기닌은 암 환자들에게 이로운 면역 조절 기능을 가지고 있다. 오메가-3 지방산과 함께 아르기닌을 투여하면 수술 합병증을 줄인다.

9. 영양공급을 하는 여러 가지 방법

(1) 비위관 식이(nasogastric tube feeding), 비십이지장관 식이 (nasoduodenal tube feeding)

비위 도관을 사용하여 장관영양 공급을 시행하는 방법은 매우 널리 이용되고 있다. 부드러운 식이 튜브가 위까지 쉽게 들어 갈 수 있다(8 French nasogastric tube). 위내식이(intragastric feeding) 방법은 몇 가지 이점이 있다. 위내식이는 한꺼번에 많은 양(bolus feeding)을 투여할 수 있어 하루 세끼 식사하는 일반적이 식이 패턴과 비슷하다. 또한 담도, 췌장 등을 자극하여 담즙 및 췌장 효소 분비를 촉진한다. 위내식이의 가장 큰 단점은 음식물 역류가 발생하여 음식물이 기도로 흡인 될 수 있다는 사실이다. 의식이 없는 환자나 마비가 동반된 환자의 경우 흡인의 위험도가 높다. 십이지장 4번째 부위에 식이 튜브를 거치시키는 경우 흡인의 위험이 현저히 줄어든다. 위내식이는 식염수를 일정량 투여하는 것으로 시작한다. 일정량의 식염수를 투여한 후 30분간 튜브를 막아놓는다. 30분후 위내 잔류 식염수를 흡인하여 투여한 양의 50% 미만이 흡인된 경우 투여된 양이 적절한 것으로 평가한다. 십이지장 식이인 경우 일주일 정도 금식한 경우가 아니라면 최고농도로 30~50 ml/hr로 식이를 시작한다. 일주일 정도 금식했다면 저농도로 좀 더 천천히 투여한다. 그 후 어느 정도 환자가 적응한다면 투여 속도를 올리고 그 후 농도를 점차 올린다. 이렇게 주의를 기울여도 10~20%의 환자에서는 흡수장애와, 고삼투압성 식이로 인해 설사가 발생한다. 설사가 발생하면 식이를 중단하는 것보다는 투여 속도를 50% 정도 감량하고 환자가 회복하면 점차적으로 속도를 올린다.

(2) 위루관 식이(gastrostomy tube feeding)

절제 불가능한 두경부암 환자나 식도암 환자의 경우 지속적인 장관영양 공급을 위해 위창냄술을 고려한다. 위창냄술은 수술적인 방법과 내시경적인 방법으로 시행할 수 있으며 내시경을 이용하여 시행하는 경피적 내시경적 위창냄술(percutaneous endoscopic gastrostomy)은 수술과 마취를 피하는 장점이 있다.

(3) 공장루관 식이

위나 췌장 등 상부 위장관 암 수술을 하면서 장기간 장관영양 공급을 해야 할 상황이 예상된다면 수술을 마치면서 공장루술을 시행 할 것을 고려한다. 수술 후 더 이상 필요 없어지면 즉시 제거한다. 경구 식이가 불가능한 암 환자의 경우에도 수술적 공장루술을 이용하여 장관영양 공급을 시행할 수 있다. 이런 경우 수술 후 즉시 공장루술을 이용하여 식이를 시작할 수 있다. 위루술과 공장루술은 최근에는 대개 복강경을 이용하여 시행되고 있다.

(4) 중심정맥도관을 통한 완전비경구영양법(Total parenteral nutrition)

상대정맥 도관의 삽입은 대개 쇄골하 정맥을 이용하지만 때로는 내외경정맥을 이용하여 상대정맥으로 접근할 수도 있다. 경정맥을 이용하는 방법은 멸균적 도관관리가 용이하지 않아 오랜 기간 도관을 사용하고자 할 때는 가슴부위 흉벽을 통해 tunneled catheter나 피부하 port을 삽입한다.

말초 정맥을 통해 중심정맥도관이 삽입될 수도 있다(PICC, peripherally inserted central catheter). PICC는 도관 삽입 후 도관이 삽입된 팔을 사용하는데 제한이 있을 수 있고 혈전이 발생하기도 한다. 이러한 이유로 3개월 이상 PICC 사용은 피한다. 3개월 이상 중심 정맥 도관이 필요한 경우 tunneled catheter나 피부하 port를 삽입한다.

오랜 기간 중심 정맥 도관을 사용하면서 발생 할 수 있는 합병증은 정맥 혈전증과 도관 관련 감염이다. 중심 정맥 도관을 내경정맥을 통해 삽입하는 빈도가 많아지면서 정맥 혈전증이 생기면 상대 정맥 증후군과 비슷한 증상이(얼굴, 목, 팔의 부종) 발생할 수 있다.

암 환자 특히 중성구 감소증이 동반된 경우에 열이 나는 경우는 아주 흔하다. 혈액 배양을 하더라도 세균이 검출되지 않을 수 있다. 만약 정맥 도관 관련 패혈증이 의심 되는 경우라면 지체 없이 도관을 제거한다. 도관의 끝 부위는 배양되어야 하며 한 쌍의 원위부 혈액도 함께 배양한다. 적절한 항생제 사용 후 반복적으로 시행된 혈액 배양에서 균이 더 이상 자라지 않으면 다시 도관을 삽입한다. 환자가 tunneled catheter나 피부하 port를 가지고 있는 경우 항생제 잠금 치료(antibiotic lock therapy)를 시도해 볼 수도 있다.

10. 영양요법의 윤리적 법적인 측면

암 환자의 영양요법에 참여할 때는 영양 공급을 하는 것이 항상 해로운 점보다 이점이 많다는 것을 고려해야 한다. 고식적인 치료를 시행하는 도중 영양 공급을 하는 것이 더 이상 필요 없거나 환자가 거부하는 시점이 올 수 있다. 영양공급을 시작하거나 중단하는 것은 항상 같은 법률을 적용하여야 하며 환자 및 환자 가족과 상의를 통해 이루어져야 한다.

참고문헌

1. 전남대학교병원 영양지원팀: 최신 임상 영양학. 전남대학교출판부, 2003
2. David L Katz: Nutrition in clinical practice. 2nd ed. Lippincott Williams & Wilkins, 2008
3. Lisa Hark, Gail Morrison: Medical nutrition & disease-a case-based approach. 4th ed. Wiley-Blackwell, 2009

패혈증, 화상 및 외과질환의 영양

제22장

자동차 사고나 총격, 창상, 추락, 화상으로 인한 외상은 죽음과 장애의 주요 원인이다. 의도치 않은 교통사고는 사망의 원인에서 5위를 차지하고 있다(심장병, 악성종양, 뇌혈관질환, 만성호흡기질환을 이어서). 손상으로 인해 발생되는 대사학적 변화는 손상이 완전히 치유될 때까지 지속된다. 그것이 패혈증(또는 감염), 외상(화상을 포함하는), 수술 일지라도 일단 한 번 전신적인 반응이 촉진되면 그에 따르는 생리학적, 대사학적 변화는 비슷하며 이는 쇼크나 다른 나쁜 결과를 초래할 수 있다. 다양한 이와 같은 반응들은 환자의 나이, 그전의 건강 상태, 전에 있던 다른 질병, 감염의 종류, 다발성장기부전증이 있는가에 관련되어 있다.

1. 스트레스(stress)로 인한 대사학적 반응

심각한 질환이나 외상, 패혈증, 화상, 중증수술에 대한 대사학적 반응은 복잡하며 많은 대사 과정들을 거친다. 이 상태는 근육의 가속화된 이화작용 또는 골격의 임상학적으로 부(-)의 질소 평형, 근육 위축으로 특징지어진다. 심각한 질환이나, 외상, 패혈증 등에 대한 이 반응은 썰물기(ebb phase)와 밀물기(flow phase)를 포함한다. 손상 후 곧바로 일어나는 썰물기는 혈량저하증, 쇼크, 조직의 저산소증과 관련이 있다. 특히 이 시기에서는 심박출량, 산소소비, 체온 저하가 특징적이다. 글루카곤의 증가에 의한 즉각적인 인슐린 수치의 저하로 간의 포도당 합성의 증가가 일어난다.

심박출량, 산소 소비량, 체온, 에너지 소비량의 증가와 총 신체 단백의 이화작용은 밀물기의 특징인데, 이는 체액 소생과 산소 운반 기능의 회복이 뒤따른다. 생리학적으로 포도당의 생산, 자유 지방산의 유리, 순환하는 인슐린, 카테콜아민, 글루카곤, 코티솔에서 의미있는 증가가 일어난다. 호르몬 반응의 정도는 손상의 심각성과 비례하여 나타난다.

2. 호르몬과 세포의 반응

대사 스트레스는 물질들의 흐름을 증가시키는 호르몬 상태의 변화와 관련이 있다. 그러나 손상이나 패혈증 시에 올라가는 호르몬과 탄수화물, 지방, 단백의 불충분한 소비는 단백용해를 가속화한다. 글루카곤은 당신생(gluconeogenesis), 아미노산 흡수, 요소생산(ureagenesis), 단백 이화작용을 촉진시킨다. 뇌하수체 전엽에서 분비된 부신피질자극호르몬에 의해 부신 피질이 자극 되어 분비되는 코티솔은 골격근의 이화작용를 강화하고, 당신생, 글리코겐분해, 급성기 단백 합성을 촉진한다.

손상이나 패혈증 뒤 에너지 합성은 단백질에 의존하여 증가한다. 측쇄 아미노산(류신, 이소류신, 발린)은 골격근에서 산화되어 근육의 에너지원으로 쓰이고, 포도당-알리닌 회로에서 탄소 골격으로 쓰이며, 근육 글루타민의 합성에 쓰인다.

손상이나 감염의 반응으로 간에서 분비되는 급성기 단백질의 동원은 스트레스가 끝날 때까지 음의 질소균형을 증가시키며 근육을 급속히 손실되게 한다. 단백 조직의 붕괴는 또한 소변을 통한 칼륨, 인, 마그네슘의 소실을 일으킨다. C-단백질은 항상성을 통해 감염으로부터 신체를 보호하는 역할을 하는데, C-단백질 수치의 저하는 패혈증 환자에게서 이환율과 사망률에서 표지자 역할을 한다.

지방 대사 또한 스트레스나 패혈증 상황에서 변한다. 카테콜아민과 코티솔의 작용으로 지방 분해가 이루어져 지방산의 순환이 증가하는 것은 인슐린에 대한 글루카곤의 비율이 증가한 결과이다. 유리 지방산은 산화되거나 케톤을 생성하는데 쓰인다.

가장 두드러지는 점은 스트레스(stress) 기간 중 관찰되는 고혈당이다. 이점은 보통 포도당 생산의 증가나 당신생의 이차적 산물, 또는 인슐린 분비를 줄이는 에피네프린과 같은 호르몬들의 수치가 상승하기 때문이다. 스트레스는 나트륨 농도를 저류시키는 알도스테론이나 코티코스테로이드와 세뇨관에서 물을 재흡수하는 바소프레신의 농도를 증가시킨다. 이 호르몬들의 결과로 순환하는 혈액량에서 물과 염분을 보전하게 된다.

손상에 대한 반응은 또한 인터류킨-1, 인터류킨-6, 종양괴사인자와 같은 대사학적으로 활동적인 싸이토카인(cytokine)에 의해 조절된다. 이 싸이토카인들은 조직의 손상이나 감염, 염증, 또는 약물이나 화학물질들에 의한 반응에 의해 탐식세포에서 분비된다. 싸이토카인은 간의 아미노산의 흡수나 단백의 합성, 근육 분해 가속, 당신생을 유발시킨다. 인터류킨-1(IL-1)은 급성기 반응을 자극시키는데 중요한 역할을 한다. 미주신경은 니코틴성 아세틸콜린 수용체(nicotinic acetylcholine receptor) 알파-7의 유리와 함께 콜린성 항염증 경로를 통해서 조절을 받는다.

급성기 반응의 일부로써, 세룰로플라스민(ceruloplasmin)의 농도가 올라가며 혈장 철의 농도와 아연의 농도는 떨어진다. 이 경우 아연은 소변으로 배출되는 양이 증가하여 혈중농도가 떨어진다.

심각한 질병에 대한 대사학적 반응은 신체를 보호하기 위한 반응으로 근육의 퇴축이 훨씬 느린 단순한 굶주림과는 매우 다르다. 초기 굶주린 상태에서 쓰이는 저장된 글리코겐은 24시간 이내에 다 소비된다. 글리코겐의 소모가 다 끝 난 후, 단백질을 아미노산으로 분해시킴으로써 생성되는 포도당을 쓴다. 낮은 포도당 농도는 인슐린 분비를 저하시키고, 글루카곤의 생성을 증가시킨다. 굶주림에 적응된 상태에서는 단백 이화작용은 줄어들며 간의 당신생도 감소한다. 지방 이화 작용 역시 굶주림 상태와 스트레스 상태에 따라 달라지게 된다. 음식이 일주일 가량 들어가지 않는 경우, 케톤증 상태에 들어서게 된다. 케톤증이란 케톤이 많은 양의 에너지를 공급하게 되고 그로 인한 단백질 손실이 줄고, 당신생의 필요가 줄어들게 된다. 스트레스 상태와 같은 후기 굶주림 상태에서는 포도당을 주에너지원으로 쓰는 뇌, 신경계, 적혈구를 제외하고는 지방산이 주 에너지원이 되고, 케톤체의 생성은 증가한다.

굶주림의 특징은 에너지 지출을 줄이고, 당신생을 줄이며, 케톤체의 생산이 증가되고, 요소생산을 줄인다. 역으로 스트레스 상태에서는 에너지 지출은 증가되며, 단백질분해, 요소생산, 당신생을 증가시킨다. 스트레스 반응은 호르몬들과 세포 매개체에 의해 활성화된다. 이러한 활성을 위한 매개반응은 굶주림 상태에서는 일어나지 않는다.

3. 전신성염증반응증후군(systemic inflammatory response syndrome, SIRS)과 다발성장기부전증(multiple organ dysfunction syndrome, MODS)

(1) 병태생리

패혈증(sepsis)과 전신성염증반응증후군(systemic inflammatory response syndrome, SIRS)은 종종 중증 환자의 경과를 더 복잡하게 만든다. 패혈증이라는 용어는 환자가 감염된 사실이 입증되고, 감염 기관이 확인될 때 사용된다. 세균과 그 독성물질은 더 강력한 염증반응을 일으킨다. 염증반응을 일으키는 다른 미생물로는 바이러스, 곰팡이, 기생충 등이 있다.

전신성염증반응증후군은 감염, 췌장염, 허혈, 화상, 다발성 외상, 출혈성쇼크, 면역매개성 기관손상 같은 광범위한 염증을 나타내는 용어이다. 염증은 손상의 원발 부위에서 멀리 떨어진 곳에서도 자주 일어날 뿐만 아니라 건강한 조직에도 영향을 미친다. 각각의 상황은 사이토카인, 단백분해효소, 독성산소물질(자유라디칼)의 분비를 일으키고, 보체반응을 활성화 시킨다.

SIRS의 일반적인 합병증은 다발성장기부전증(multiple organ dysfunction

syndrome, MODS)이다. MODS는 일반적으로 폐기능 상실으로 시작되어 간, 위장관, 신장 같은 기관의 기능의 상실로 이어진다. 혈액학적 그리고 심근의 기능 상실은 일반적으로 좀 더 뒤에 일어나지만 중추신경계 변화는 언제나 일어날 수 있다. MODS는 외상에 의한 기관의 손상에 의해서 바로 일어날 수 있다. 일차성 MODS의 예로는 폐의 좌상, 횡문근융해에 의한 신부전 또는 수혈에 의한 응고장애 등이 있다. 이차성 MODS는 초기 손상부위에서 떨어진 곳의 기관의 감염이나 염증으로 일어난다.

SIRS와 MODS 환자는 임상적으로 대사가 항진되어있고, 심박출량의 증가, 낮은 산소 소모, 높은 정맥혈 산소 포화도, 젖산혈증을 보인다. 환자들은 일반적으로 심한 부종, 단백질 농도 감소와 관련되어서 강한 양성 체액 평형을 갖는다.

SIRS와 MODS의 발병기전에 대해서는 여러 가지 가설이 있다. 몇 몇 동물실험과 임상연구에서 MODS를 일으키는 SIRS는 면역매개 사이토카인 또는 다른 면역매개물질의 과도한 생산과 관련이 있을 것으로 추정한다. 소화관 가설은 손상이나 소화관의 방어기전의 붕괴에 의해서 장내 세균이 장간막의 림프절, 간 또는 다른 기관으로 침범하게 되어 발병한다. 간문맥이 아닌 소화관에서만 유래된 인자들은 급성 손상유발성 SIRS나 급성 쇼크 유발성 SIRS, MODS를 일으킨다.

쇼크와 소화관의 저관류(hypoperfusion)는 다음의 현상을 일으킨다. 저관류된 소화관은 염증매개물질의 근원이 되고, 이른 소화관 저관류는 장폐색이나 위와 소장의 연동운동의 저하를 야기한다. 이후의 감염은 이런 소화관 기능저하를 더욱 악화시킨다. 경구영양은 소화관 기능의 회복과 이런 임상 경과에 영향을 준다. 영양실조에 관련된 위장관 방어기능의 변화는 체중감소와 융모위축을 통해서 일어난다. 구강영양은 융모 길이와 브러쉬 보더 효소의 유지를 촉진하기 때문에 흡수부위가 남아있을 동안에 영양공급이 바로 시작되면 구강영양이 더 견딜 만하다.

위장관 방어기능이 면역과 영양공급 경로, 유형에 관련이 있다는 측면에서 활발한 연구가 이루어지고 있는 영역이다. 실험적이고 임상적인 자료는 위장관과 연관된 림프조직에서 처리된 세포들은 위장관의 바깥쪽, 호흡기, 그리고 면역반응을 촉진하는 다른 점막으로 이동할 수 있다. 위장의 자극이 부족한 것은 점막의 위축과 위장관 흡수의 감소와 관련이 있고, 이것은 패혈증 환자에서 위장관의 독성물질, 세균에 대한 환자의 방어기전에 악영향을 미친다.

(2) 영양 평가

중증의 환자는 보통 심장과 폐의 진단, 수술 중 혹은 수술 후 합병증, 다발성외상, 화상 또는 패혈증 때문에 집중치료실(intensive care unit, ICU)에 입원한다. 환자들은 자주 정맥으로 수액을 주고 침습적으로 혈류역학적인 수치(심박출량, 혈류량 등과 관련된 수치)를 측정하고 또 체액을 뽑아낼 관으로 여러 카테터를 삽입한다.

영양상태를 평가하는 일반적인 방법은 중증의 상황에서는 제한적이다. 심한 손상을 받은 환자는 대부분 무엇을 먹었는지 알기 어렵다. 몸무게는 수액으로 생명유지를 하는 경우에는 그 값이 부정확하고, 인체치수를 측정하는 것은 쉽지 않고 또한 그런 방법들은 급격한 변화에 민감하게 반응하지 못한다. 비정상적인 혈청 알부민은 영양부족 그리고 심한 질병이나 원래 가지고 있던 질병의 영향으로 나타난다. 트랜사이레틴, 트랜스페린 같은 다른 혈청 단백질들도 영양 상태와 관계없이 염증으로 인한 간에서의 합성 저하, 구획에서의 체액변화 등의 원인으로 종종 급격히 떨어진다. 이것은 급성기 반응의 일부로 염증이나 상처에 대해서 분비 단백질과 순환단백질에서 일어나는 반응이다. 중증의 환자에서 영양평가를 시행하기 어렵기 때문에 영양을 보충해 줄 때에는 임상적인 판단이 주된 역할을 한다.

일반적으로 평가는 다음의 몇 가지를 고려한다. 먼저 입원 전 상태, 수술 전 상태 또는 상처를 입기 전 상태 같은 예전의 상태를 보고, 기능을 못하는 기관이 있는지, 이른 영양보충이 필요한지, 또 현재 영양을 섭취하는 방법이 위장관을 통해서 인지 아니면 비경구 섭취를 하는지 정도를 고려한다. 중증의 환자를 관찰할 때에는 검사 데이터에 집중해야 되며 영양 상태를 결정해버려서는 안되고 환자의 영양도 처방을 내려야 한다.

하루에 소변으로 요소와 질소가 배출되는 양은 대사항진을 평가하는 지표로 쓰인다. 이 값이 0에서 5 사이이면 스트레스가 없는 것이고, 5에서 10 사이이면 경도의 대사항진상태 혹은 1단계 스트레스, 10에서 15 사이이면 중등도의 대사항진상태 혹은 2단계 스트레스, 15보다 큰 값이면 중증의 대사항진상태 혹은 3단계 스트레스이다.

(3) 영양 보충의 목표

패혈증 환자, 그리고 외상 후 환자에서 영양 보충의 목표는 기아를 최소화하고, 특정 영양소의 부족을 예방하거나 교정하고, 필요한 에너지에 적절한 칼로리를 제공하면서 반면에 대사 합병증은 최소화 하고, 항상성 유지와, 적절한 소변 배출량에 필요한 수액과 전해질을 조절하는 것들을 포함한다. 치료에서 첫 번째로 강조할 점은 수액을 보충해주는 것과, 상처 치유, 농양 배액, 화상 상처에서 괴사조직을 제거하고 조직이식을 하는 것, 또는 감염을 관리하는 등에서 받는 스트레스를 없애주는 것이다. 영양보충은 환자가 혈역학적으로 안정할 때 (안정적인 활력징후, 수액, 전해질, 산-염기 평형이 잘 맞을때, 조직으로 산소와 영양소를 전달해 줄 적절한 혈류가 존재) 즉시 시작한다.

외상, 패혈증, 수술 후 대사항진, 음성 질소균형과 관련되어 있다. 영양 보충을 해주는 것만으로는 대사항진 반응을 없앨 수 없다. 중증의 외상환자, 패혈증환자, 침상에 누워있는 중증 환자들은 대사항진의 원인이 치료되거나 교정되고 물리치료나 운동이 시작되기 전까지 몸무게, 제지방량 등이 늘어나기 어렵다. 이것은 환자의 질병 과정에서 언제 동화기로 넘어가느냐가 관건이다.

(4) 영양학적 요구

1) 에너지

중증의 환자는 25~30 kcal/kg 정도의 칼로리를 섭취해야 한다. 충분한 에너지가 대사적으로 스트레스 받은 환자에게 필수적이지만, 과도한 칼로리는 과혈당증, 지방간을 일으키고 과도한 이산화탄소 생성으로 호흡 부전을 악화시키거나 기계호흡 기간을 연장시킨다.

지속적인 과혈당증은 고삼투압 비케톤성 혼수상태를 유발하고, 고혈당으로 인한 이뇨로 인하여 체액과 전해질 관리에 문제를 일으킨다. 중증 환자에서 인슐린 저항에 의한 고혈당은 또한 심각한 감염의 위험성을 높이고, 합병증을 일으킨다. 한 획기적인 연구결과에 의하면 흉부외과 집중치료실 환자에서 집중적인 인슐린 치료로 혈당을 110 mg/dL 이하로 유지시켜 주는 것이 환자의 이환율과 사망률을 낮춘다. 또한 혈당을 엄격하게 조절하는 것이 내과집중치료실과 외과집중치료실 둘 다의 환자에서 상처 감염, 장기 손상, 사망률을 낮춰주는 효과가 있다.

중증 환자와 스트레스를 받는 환자에서 과영양섭취를 피하는 것은 중요하다. 에너지 소모량을 측정할 때 키와 몸무게에 의한 통계적 수치보다 심부체온과 분당 호흡량 같은 생리학적인 수치에 기초한 공식을 사용하는 방식은 단순히 키와 에너지 소모량을 측정몸무게를 이용하는 것보다 질병의 생리적인 영향과 임상적 상태를 좀 더 잘 반영한다.

환자가 혈역학적으로 안정되고 보행 가능하거나 재활치료 도중이면 칼로리 섭취는 더 높은 범위에서 가능하고 에너지 요구량은 30 kcal/kg 이상으로 추정된다. 하지만 기계호흡을 하는 환자나 진정제를 투여 받은 환자에서는 칼로리 요구량을 과대평가하지 않는 것이 중요하다. 신경근의 마비는 에너지 요구량을 감소시키고, 특히 패혈증 환자에서는 30%까지 감소한다.

중증의 비만환자에서 공급해줘야 할 에너지 양은 현재 많은 관심을 받는 분야이다. 이상적인 몸무게에 맞추어서 22 kcal/kg의 칼로리와 고단백질의 영양공급을 동시에 받은 비만 환자에서 혈당이 더 잘 조절되고 임상양상이 호전된다. 에너지 요구량은 중증의 비만환자에서는 중증의 질병에 의한 대사 반응과 스트레스의 정도 때문에 예측하기 어렵다. 간접 열량측정법은 에너지 소모량을 추정할 수 있는 좋은 방법이다. 하지만 이 추정치는 체질량지수가 50이 넘는 경우에는 정확하지 않다.

지금도 몸무게에 어떤 값을 사용해야 하는 지에 대한 논란이 있다. 비만 환자에서 이상적인 몸무게를 사용하는 것보다 실제 몸무게를 사용하는 것이 더 에너지 소모량을 측정하는데 좋다고 한다.

중증의 비만 환자에서 저칼로리, 고단백질 영양 또는 허용 가능한 저영양공급은 과영양공급에 의한 부작용을 최소화하고, 순수 단백질 동화작용을 일으킨다고 한다. 저칼로리 영양공급은 18~20 kcal/kg/day 정도이다.

간접 칼로리 측정은 중증의 환자에서 산소 소비량 측정에 선호된다. 산소

소비량은 에너지 소비량의 결정에 필수적인 요소이다. 많은 연구자들은 에너지 소비량의 변화는 심한 질병과 관련되어있고, 특히 패혈증과 외상환자에서 상당히 상승되어 있다. 간접 칼로리 측정은 환자의 임상적 상태 변화에 따라서 연속적으로 측정이 가능하다. 이것은 집중치료실에서 환자의 병기에 따른 에너지 요구량을 좀 더 정확하게 평가할 수 있게 해준다.

간접 칼로리 측정은 모든 환자에게 적절한 방법은 아니다. 하지만 임상의들은 반드시 측정해보고 그 결과를 해석해야 한다. 높은 산소 요구량, 흉부 삽관, 산증, 보조 산소 사용 등은 측정치에 영향을 주는 요소이다.

포도당은 비경구 영양 유동식의 주된 열량 물질이다. 포도당은 최대 5~7 mg/kg/min 또는 7.2 g/kg/day의 속도로 산화된다. 산화되는 포도당의 일부분은 신체 내부에서 당신생 과정을 통해서 생성된다. 탄수화물은 에너지 섭취 목표량의 60~70%를 차지한다. 비경구 영양은 낮은 덱스트로스 비율에서 시작되어야 하고, 당뇨병 환자나 이전에 고혈당이 있었던 환자 또는 포도당에 과민증이 있는 환자에서는 혈당 수치는 정확하게 관찰되어야 한다. 인슐린은 혈당 수치를 잘 조절하기 위해서는 꼭 투여해야 한다. 어떤 경우에는 인슐린을 지속적으로 주입하는 것도 유용할 수 있다. 정확하게 이상적인 혈당수치는 각 환자마다 다르고, 특발성 저혈당은 꼭 피해야 한다.

지방은 에너지 섭취의 15~40% 정도여야 한다. 지방은 필수지방산의 부족을 예방할 뿐만 아니라 상승된 에너지 소비량을 충족시켜주고 특히 포도당에 과민증을 가진 환자에게 유용하다. 스트레스상태의 환자, 외상 환자에게 정맥으로 지방용액을 사용하는 것은 지방산이 면역반응을 일으킬 수 있기 때문에 조심히 관찰되어야 한다.

2) 단백질

방어와 회복에 필요한 단백질 합성을 돕기 위해서 그리고 제지방량을 할애하기 위해서 그리고 당신생을 위한 내인성 단백질 이화작용을 위해서 총 영양치료의 일부로써 심각한 질병의 환자에게 아미노산을 제공한다. 스트레스없는 장기기능이 정상인 성인에게 제공되는 단백질의 양은 0.8 g/kg/day가 적당하지만 대사요구량에 따라 2 g/kg/day까지 상승한다. 외인성 아미노산 제공은 이화상태로 변하지 않는다. 하지만 단백 합성을 위한 기질을 간에 제공함으로써 특징적인 음의 질소평형을 감소시키고, 나중에는 말초조직에서 내인성 단백요구를 감소시킨다.

3) 비타민, 미네랄, 미량원소

대사적으로 어려움을 겪는 사람에게 제공되는 비타민, 미네랄, 미량원소에 대한 어떠한 가이드라인도 존재하지 않는다. 미량영양소의 요구량은 급성질병상태에서 증가하는데, 그 이유는 증가된 요량과 피부의 손실 그리고 위장관의 흡수감소, 분포의 변화, 운반단백 농도 변화 때문이다. 열량섭취의 증가는 비타민 B, 특히 티아민과 나이아신의 요구를 증가시킨다. 이화작용과 제지방 신체 조직의 손실은 칼륨, 마그네슘, 인, 그리고 아연의 손실을 증가시킨다. 위장관과 비뇨기의 손실, 장기기능장애, 그리고 산-염기 불균형은 미네랄과 전해질 요구가 결정되고 개인적으로 조정할 필요가 있다. 수액과 전해질은 적합한 소변 배출량과 정상 혈청 전해질량을 유지하게 공급한다.

4) 식이 전략

영양의 섭취경로로 선호되는 곳은 입이다. 그러나 치명적인 질병의 환자들은 때때로 입으로 먹는 것이 불가능하다. 그 이유는 기관내삽관술과 인공호흡기 의존 때문이다. 뿐만 아니라, 구강섭취는 씹기, 삼키기, 또는 통증완화약제나 외상후 쇼크와 우울증에 의한 거식증에 의해서 연기된다. 먹는 것이 가능한 환자는 대사 스트레스와 회복에 관련된 에너지와 영양소 필요량을 증가 시킬 수 있고, 때때로 경구영양보충과 장관영양, 그리고 비경구영양의 혼합이 필요할 수 있다. 영양 요구량을 충족시키기 위해 장관영양 공급이 실패했을 때 비경구영양 공급은 선행되어야 한다.

5) 시기선택과 식이 경로

감염 합병증을 줄이고, 더 생리적이므로 영양공급방법으로 경구가 더 선호된다. 수술환자나 스트레스 받는 환자를 위한 성공적인 장관영양은 소장으로의 접근을 요구한다. 치명적인 질병의 환자는 호흡기계 부전, 장의 운동장애, 혹은 근신경계 마비 때문에 흡인의 고위험군임이 당연하게 여겨진다. 비록 소장을 통한 급식은 위영양공급의 흡인, 역류를 가진 환자들을 위해 유용할 수 있더라도, 환자가 위로 영양공급 받을 때 흡인률과 소장으로 영양공급 받을 때의 흡인률 차이가 많이 다르지 않다.

개복술 후 12시간에서 24시간 동안 위의 운동성이 떨어지고, 반면에 결장의 마비는 5일 동안 이어질 수도 있다. 일반적으로 소장의 운동성은 수술 후 4~6시간 안에 돌아온다. 입으로 음식을 섭취 불가능한 기간이 길어진다면 경구 영양공급 튜브가 필요하다. 튜브는 X-ray 지시, 내시경적으로 또는 수술 도중에 위나 소장에 위치시킬 수 있다.

다발성 장 손상, 소장폐색, 고출력 장누공, 또는 다른 심각한 장의 손상을 가진 환자는 초기에 비경구영양을 필요로 한다. 그러나 장관으로 튜브 영양제공은 총 비경구영양과 동시에 소화관 통합성을 유지하기 위해 낮은 비율로 관리될 수 있다. 이것은 적합한 영양공급을 허락함과 동시에 장의 점막을 보존하는 것을 돕는다.

비록 초기 장관 영양공급이 이득이 있었다곤 하지만, 시작하기 전 환자가 혈역동학적으로 안정될 때까지 기다리는 것은 여전히 중요하다. 쇼크와 소생술 후 혐기성 대사는 다르다, 그리고 장이 저관류상태에 있을 때 공격적인 장관 영양공급 하는 것은 장의 허혈과 괴사의 위험을 높일 수 있다.

6) 급식처방의 선택

장관영양의 제품을 선택하는 것은 위장관 기능에 대하여 체액, 에너지, 그리고 영양 요구량에 기초해야 한다. 가장 기본적인 중합의 관급식은 심각한 질병의 환자를 위한 급식으로 사용될 수 있다. 일부 심각한 질병의 환자는 유동식의 지방함유량 때문에 표준 식습관을 하기 어려움을 보여주고, 임시적으로 저지방식이 또는 높은 비율의 중쇄 트리글리세리드를 포함하는 제품을 요구한다. 일부 상업적인 제품은 특히 외상과 대사스트레스 환자에게 판매된다. 이러한 제품은 보통 높은 단백 함유와 고비율의 측쇄아미노산 또는 부가적인 글루타민 혹은 아르기닌을 포함한다.

전문적으로 면역계를 고양시키기 위해 고안된 장관 유동식은 환자의 결과를 좋게 하기 위한 그들의 역할을 조사하고 있다. 아르기닌, 글루타민, 그리고 오메가-3지방산을 포함하는 혼합 영양 유동식은 병원 입원시간의 단축, 감염 발생의 저하, 그리고 선택된 환자그룹에게 병원비의 감소가 증명되었다. 특히, 영양실조일 때 화상, 큰 수술을 포함하는 심각한 외상 환자에서 그 효과가 가장 크다. 그러나 패혈증에 걸린 사람의 경우 전문적인 장관 유동식은 해로운 효과를 가질 수 있다.

글루타민은 심각한 질병과 손상에 의해 장투과성을 감소하게 할 수 있고 장에서 유발되는 전신 염증반응을 감소시킬 수 있다. 비경구영양 유동식은 전통적으로 글루타민을 포함하지 않는데, 그 이유는 용액의 불안정성이다. 그러므로 총비경구영양은 이러한 결핍에 기여한다. 식이섬유 섭취는 결장에서 섬유소와 다른 소화되지 않는 단쇄지방산(SCFA)은 프로프리오네이트, 아세테이트, 그리고 뷰티레이트를 생산한다. 이러한 물질들은 쉽게 흡수되고, 결장세포에 영양원이 되고, 물과 나트륨의 흡수를 촉진하며, 중요한 에너지원이 된다.

7) 동화작용의 호르몬

동화작용의 호르몬과 성장인자, 그리고 특정한 영양소의 조합은 외상과 심각한 질병에대한 대사적 반응을 변화시키고, 영양소제공을 높이는 데에 사용되어 왔다. 성장호르몬(GH)은 성장을 촉진하고, 인슐린의 작용을 방해하며, 그리고 지질분해작용을 한다. 낮은 호르몬 수준을 가진 외상환자의 경우, 인간 성장 인자의 적용은 단백질과 지방 대사를 향상시킨다. 소아 화상환자에 대한 성장호르몬의 적용은 특히 무지방 신체 질량과 성장에서 좋은 효과를 보인다.

4. 두부손상(head injury)

(1) 병태생리

외상성 뇌손상 환자에서는 심각한 과대사와 이화작용이 있다. 두부 손상이 심각 할수록 노르에피네프린과 에피네프린같은 카테콜아민 그리고 코티솔의 분비가 많아지고 과도한 대사반응을 보인다. 비록 대부분의 뇌손상 환자가 영양상태가 좋지 않지만, 적극적인 영양공급 없이 급속한 제지방 신체질량의 손실이나 면역저하가 발생할 수 있다. 신경재생이 가능하다는 증거에서, 치료에 좋은 환경을 제공하는 것이 중요하다. 글라스고우 혼수 계수는 환자의 의식 상태를 정량적으로 평가할 때 좋은 수단이다. 14~15점은 작은 손상을 의미하고, 9~13점은 중등도의 손상에 해당하며, 8점 이하는 심각한 손상을 의미한다.

(2) 영양치료

1) 에너지 요구

뇌의 에너지대사는 약간의 무산소성의 해당과정과 제한된 조직 당 저장을 포함하는 고도의 유산소성 과정이다. 꾸준한 산소와 포도당의 제공은 필수적이다. 사립체 호흡의 산화 인산화와 칼슘 수송은 외상성 뇌손상을 악화시킨다. 외상성 뇌손상 환자에서 에너지 소비는 정상보다 40% 더 많다. 글라스고우 혼수 계수(Glasgow coma scale, GCS) 4~5점인 환자는 높은 에너지 소비를 갖는다. 반면에 뇌사환자나 안정제, 바비튜레이트, 또는 근골격계 억제제 사용 환자는 예상되는 에너지 소비량보다 평균 약 14%보다 적게 소비한다. 과열량식이나 저열량 식이는 모두 해롭기 때문에 간접적 열량측정 사용은 이러한 환자들의 열량 요구량을 결정하는 데에 도움이 된다.

2) 단백질 요구

초기에 질소평형을 이루는 것은 어렵기 때문에, 이화작용을 최소화 하는 것이 중요하다. 단백질 요구량은 일반적으로 1.5~2.2 g/kg로 측정된다. 비단백질 열량의 적합한 양은 단백질이 아닌 것으로부터 에너지를 얻는 과정에 필수적이다; 그러므로 지방과 특히 오메가-3로부터 얻은 열량의 30~40%를 포함시키는 것이 중요하다.

3) 비타민, 미네랄, 그리고 수액

비록 비타민과 미네랄 요구량이 뇌손상환자를 위해서 정해져 있으나 비타민 B와 비타민 C의 혈장 내 수준이 감소함을 보인다. 요중 아연 배출은 스트레스 받는 과정 중 증가하고, 혈청 아연 양은 종종 낮다. 뇌 손상환자에서 염분 소모가 자주 발생하므로, 치료방법으로는 수분제한, 추가 염분 제공, 또는 두 가지를 병행하는 방법이 있다.

4) 영양공급 방법

일부 뇌손상 환자는 구강영양섭취가 가능하지 않고, 많은 연하곤란 경험이 있다. 장애는 선천적일 수도 있고, 생리적인 것일 수도 있다. 이러한 사람들은 삼킴반사가 지연되거나 없을 수도 있고, 혀의 조절을 저하시키고, 구강통과시간을 연장시키고, 인두의 연하운동을 감소시키며, 후두의 기능장애를 가져올 수 있다. 환자는 쉽게 산만해진다. 이것은 환자의 식사시간을 연장시키고 그 결과 부적절한 섭취를 가져온다. 역으로 일부 뇌손상환자는 식사를 빠르게 하거나, 엄청난 양의 음식을 섭취, 혹은 먹을 수 없는 것을 먹기도 한다.

초기 영양제공은 필수적이고 독성에 대한 장의 투과성을 감소시키도록 도와준다. 뿐만 아니라 장의 즉각적인 사용은 장의 흡수 구역을 유지시켜야 한다. 환자는 코에서 위를 통한 식이, 위루술 튜브를 통한 식이에서 위 배출 불능을 경험한다. 소장에 접근하는 것은 많은 예에서 성공적인 장관급식이 가능하고, 비경구와 경구영양공급이 혼합된다.

5. 중증화상(severe burn)

(1) 병태생리

중증화상은 심각한 외상을 낳는다. 에너지 요구량은 손상의 깊이와 너비에 따라서, 휴식기 에너지 소비량보다 100% 증가한다. 과장된 단백질 이화작용과 증가된 요중 질소분비는 이러한 과다대사를 동반한다. 또한 단백질은 화상 상처 삼출액을 통해서 손실된다. 화상 환자는 부분적으로 감염의 위험성이 높고, 이것은 에너지와 단백질 요구량 모두를 증가시킨다. 중증화상환자는 장폐색을 증가시키고, 신경성식욕부진을 일으키며, 영양 공급을 어렵게 한다.

(2) 의학적 관리

1) 수액과 전해질 충만

화상환자를 치료하는 첫 24~48시간에 수액과 전해질 보충에 힘을 기울이게 한다. 다양한 공식이 필요한 소생 수액의 양을 계산하기 위해서 발전하고 있다. 대부분 첫 24시간 동안에 계산된 양의 절반을 첫 8시간 동안 줘야한다. 왜냐하면 이 8시간이 가장 많은 혈관 내 손실이 일어나는 시기이기 때문이다.

필요한 수액의 양은 나이와 환자의 체중, 그리고 화상의 크기에 근거된다. 룬트 · 브라우더 차트(Lund and Browder chart)는 화상을 입은 총신체표면범위(total body surface area, TBSA)의 백분율을 결정하는 데에 사용된다. 일단 소생이 완료되면, 유지용량과 상처를 통해 지속적으로 증발 소실된 양을 보충해 주려면 증가된 수액량을 공급해줘야 한다. 증발수분소실은 화상의 총신체표면범위 백분율당 24시간당 체중의 2~3.1 ml/kg에서 측정되어질 수 있다. 혈청 나트륨, 삼투성 농도, 그리고 체중이 수액상태를 모니터링하기 위해서 사용된다. 손상 후 적당한 수액과 전해질을 가능한 빨리 제공하는 것은 순환 볼륨을 유지하기 위해서 그리고 허혈을 예방하기 위해서 중요하다.

2) 창상 관리

창상 관리는 화상의 깊이와 범위에 따라서 결정된다. 현재 외과적 관리는 창상절제, 절제, 그리고 조직이식이 좋다. 에너지 소비는 감염예방과 열과 질소의 증발소실을 줄이기 위해서 가능한 빨리 상처를 덮음으로서 감소된다.

3) 보조적인 수단

신체 치료는 근육 소비와 위축을 방지하도록 돕는다. 따뜻한 환경은 열 손실과 체온유지를 위한 에너지 소비를 최소화 한다. 온포, 열램프, 그리고 개인 열 방패는 자주 주위 온도가 30℃ 근처로 유지하기 위해서 사용한다. 의료진으로부터 위안을 받거나 적합한 통증약을 사용하여 통증과 공포를 최소화하는 것은 카테콜아민 자극감소를 할 수 있고, 에너지소비 증가를 피할 수 있다. 마지막으로, 제산제는 위와 십이지장의 점액에서 스트레스궤양(curling's ulcer) 형성을 예방하기 위해서 중증화상 환자에게 주어진다.

참고문헌

1. 전남대학교병원 영양지원팀: 최신 임상 영양학. 전남대학교출판부, 2003

2. L. Katleen Mahan, Sylvia Escott-Stump: Krause's Food & Nutrition Therapy. 12th ed. Saunders, 2008
3. David L. Katz: Nutrition in clinical practice. 2nd ed. Lippincott Williams & Wilkins, 2008
4. Lisa Hark, Gail Morrison: medical nutrition & disease-a case-based approach. 4th ed. Wiley-Blackwell, 2009

제23장 영양지원

PART 05

영양지원

영양지원

제23장

영양 지원(nutritional support)이란 영양 상태를 회복하고 유지하기 위한 목적으로 계산된 양의 영양제품을 장관 또는 비경구로 환자에 알맞게 전달해 주는 것을 말한다. 장관영양(enteral nutrition) 공급은 경구섭취가 적절하지 못할 때 위장관계에 관(tube)이나 카테터(catheter)를 통해 주입하는 것이다. 비경구 영양(parenteral nutrition) 공급은 정맥내로 영양을 공급하는 것을 말한다.

1. 적절한 영양지원의 기준

역사적으로 급성 질환, 술후, 외상후 환자의 장관영양 공급의 사용은 장운동음(bowel sound)과 가스에 의해 알 수 있는 장기능의 증거에 의해 결정되어 왔다. 이러한 신호들은 대장운동에 따라 다양해 질 수 있다. 하지만 소장은 그 운동성이 수술 후나 외상 후 훨씬 더 빨리 회복 되고, 또 이곳은 영양흡수의 첫 장소라는 점이다. Abbott와 Rawson에 의해 처음 기술된 영양공급법은 대장과 위의 운동성을 요구하는 것이 아니라 소장의 운동성을 요구한다. 이 방법을 사용하기 위해서는 위장관압박요법이 필요하며, 이는 비위관으로 인해 생긴 음압(negative pressure)이 발생해 위장관이 팽창하는 것을 예방하기 위함이다. 장관 영양 공급은 이전에 비경구로 영양지원을 받았던 환자들에게 제공하는데, 이는 이들의 위장관 기능이 회복되고 있기 때문이다. 장관영양이 비경구영양보다 위험이 적고 장점이 많다. 비경구영양은 소장이 그 기능을 발휘하지 못하거나 현저히 짧은 환자들에게 한다.

장관영양 공급과 비교해서 비경구영양 공급은 급성 혹은 치명적 질환에서, 위장관 점막 장벽을 붕괴시키고 박테리아와 내독소의 통과율을 올리며 그로 인해 패혈증과 다장기부전증후군을 흔히 유발한다.

장관임파조직(gut associated lymphoid tissue, GALT)은 신체의 전체 면역의 절반을 포함한다. 면역글로불린은 병원균 감염으로부터 위장관의 보호를 위해 위장관 점막에서 분비되는 물질이다. 장관영양 공급이 중증질환에서 점막 면역을 보호 유지할 뿐만 아니라 박테리아와 바이러스로부터 감염을 막아 폐의 면역을 유지한다. 이로써 감염질환의 중증환자, 그 중에서 폐 감염과 관련된 중증환자에서 비경구영양 공급이 장관영양 공급보다 위험성이 증가한다.

안정적인 환자에서 비경구영양이 그 자체적으로 패혈증을 일으키고 장기부전에 빠지게 하지는 않는다. 이 환자들은 보통 60~100cm의 기능을 하는 위장관을 가지고 있어 영양분을 흡수한다. 위장관 기능을 못하는 사람들을 위한 비경구영양은 생명유지 치료가 된다.

영양지원 요법을 위한 범위는 정확히 적용되어야 한다. 장관영양 공급은 적어도 60~100 cm의 기능을 하는 위장관을 가진 환자에게 사용되어야 하고, 또 영양실조가 되거나, 장관섭취가 부적절해 적정 영양상태가 유지되기 힘든 사람이어야 한다.

비경구영양 공급은 앞으로 영양실조가 될 것이고 또 충분한 위장관 기능을 갖지 못하는 사람이 대상이 된다. 특이한 형태의 소장이 장관영양이 적용하지 않는다면 비경구영양 공급이 현실적인 방법이 된다. 종종 비경구영양 공급은 장관영양 공급이나 장관 섭취가 가능하게 되는 적절한 위장관 기능이 회복될 때까지 임시적으로 사용한다. 이러한 상황에서는 혼합 영양지원 요법이 사용되기도 한다.

영양 지원의 방법이 어떤 질병의 상태나 치료의 과정으로 정형화될 수 있어도, 환자에 따라서는 개인적인 어려움이 있고 영양지원은 종종 예상치 못한 일이나 부작용이 나타날 수 있다. 그러므로 최선의 치료계획은 원칙과 전반적인 환자 치유상태에 따라 서로 유기적으로 협력해야 한다. 영양지원은 가능하지만 예후나, 예상할 수 없는 위험, 환자의 자기결정권 등으로 시행하지 못하는 경우가 많이 있다.

2. 장관영양(enteral nutrition, EN)

장관(enteral)은 '위장관계의 경로 또는 그 안'을 의미한다. 하지만 여기에서는 장관의 의미는 '관을 통한 공급'이다. 환자가 장관영양을 원할 때 관의 삽입을 위한 적절한 경로가 선택된다. 장관내로의 접근에 대한 선택은 여러 인자에 의해 결정 된다. 즉 (1) 장관영양공급이 요구되는 예상되는 시간 (2) 흡입이나 관이 이탈했을 때 예상되는 위험의 정도 (3) 정상 소화와 흡수의 존재나 결손 (4) 수술적 중재법의 계획 여부 (5) 계산되는 점도나 부피의 허용 정도이다.

(1) 접근방법(access)

1) 비위관(nasogastric tube)

약 3~4주의 단기간 장관내 영양을 할 때는 위와 코를 연결하는 비위관이 적당하다. 정상 위장관 기능을 가진 환자는 이 방법을 견뎌낼 수 있고, 이것은 위의 정상 소화, 호르몬, 항균 과정에 이익이 크다. 영양공급은 주사를 통한 투여나 간헐적 혹은 지속적 투입을 통해 이루어진다. 부드럽고, 유연하고, 잘 견딜 수 있게 만들어진 다양한 직경과 길이를 가진 폴리우레탄 혹은 실리콘 관이 사용된다. 관의 위치는 위장관 흡입물의 조합과 양에 따라 다양해질 수 있어 청음과 방사선 상의 확인이 필요하다.

2) 비십이지장관(nasoduodenal tube) 또는 비공장관(nasojejunal tube)

장운동 장애, 식도 역류 혹은 지속적인 오심과 구토를 가진 환자에서 약 3~4주의 단기간 장관내 영양을 위해서 비십이지장관은 유문부 뒷쪽이 적합하다. 비장관은 코에서부터 식도를 지나 위에 삽입된다. 이 관의 끝은 연동운동을 통해 소장으로 들어간다. 중환자 같은 경우는 관의 이동이 며칠 걸릴 수 있어 영양공급이 지연될 수 있다. 관의 위치를 확인하는 것은 방사선촬영을 통하여 확인하는 것이 안전하고 선호된다. 또한 내시경이나 형광학적으로 확인한다.

3) 경피적 내시경적 위루술 또는 공장루술(percutaneous endoscopic gastrostomy, PEG or jejunostomy)

경피적 내시경적 위루술은 관을 코와 식도를 통과하지 않고, 직접적으로 위에 자리 잡는 비수술적 방법인데, 복벽을 통해 내시경과 국소마취하에 시행한다. 관은 입에서부터 위나 공장까지 내시경으로 안내되나, 장관 영양공급을 위한 관이 위나 공장으로부터 복벽을 통해 피부로 나오게 된다. PEG는 3~4주 이상 관 수유가 필요로 하는 환자의 접근 통로로 선호되는데 간편함과 환자의 적은 불안감, 자신감 등의 이유로 선호한다. 삽입을 위한 짧은 시간과 마취의 한정된 요구, 최소의 상처와 합병증으로 의사도 이를 선호한다. 또한 PEG는 위공장연결술로 바꿀 수 있는데, 작은 관을 넣어서 실로 꿰메고 PEG 관을 공장에 넣는데 여기에는 형광투시법이나 내시경이 사용된다.

초기 PEG관이 성공적으로 사용되고, 복벽의 기공 부위가 치료되고 나면, 이것은 환자가 꽉 조이는 옷을 입는 것과 같은 자유롭게 움직이고 편리할 수 있게 하는 "low-profile" 장비로 대체 될 수 있다.

4) 최소침습 위루술 또는 공장루술(other minimally invasive techniques)

고해상도의 비디오 카메라는 경피적 방사선이나 복강경하 위루술과 공장루술을 가능하게 하여 장관 접근에 대한 내시경적 접근이 불가능한 환자들에게 선택의 폭을 넓혀주는 역할을 한다. 형광 투시법, 방사선적 기술을 사용하면 관은 시각적으로 안내되어 위나 공장에 도달하고 또 복벽을 통해 나와 장관 영양공급의 접근경로를 제공하게 만들어 준다. 복강경이나 형광투시법은 장관 접근의 또 다른 대체기술로 사용된다.

5) 수술적 위루술 혹은 장루술(surgically placed gastrostomy or enterostomy)

수술적 위루술과 공장루술은 수술을 받고난 환자나 내시경이나 방사능적 접근이 불가능한 환자의 장관 영양 공급을 필요로 하는 경우 쓰인다. 수술적 위루술을 통한 관은 실제적으로 PEG와 같게 사용된다. Witzel 공장루술과 needle-catheter 공장루술은 단기간 소장에 대한 접근 방법이다. 그들은 수술 후 위감압술과 함께 쉽게 사용된다. Needle-catheter 공장루술의 작은 직경의 내강은 문제의 소지가 될 수 있는데 왜냐면 이것은 쉽게 움직이고 또 항상 정확한 양을 주는 것이 아니기 때문이다. 외과적 공장루술도 같은 문제를 가지고 있다.

6) 다내강관술(multiple lumen tubes)

위공장 양쪽 관은 내시경 혹은 외과적 시술부 모두에 쓰인다. 이 관들은 위장관 감압술이 길어질 것으로 예상되는 환자를 위해 고안되었다. 그 관은 감압을 위한 하나의 내강을 가지고 있고 다른 내강은 소장에 영양을 공급한다. 이 관들은 또한 수술 후 영양공급을 위해 쉽게 하는데 사용한다.

(2) 장관급식 시술(enteral feeding procedure)

1) 필요물품

경장튜브급식에 필요한 기구는 (1) 10-Fr feeding tube with stylet, 43 inch, nonweighted (2) 60-ml syringe with luer lock (3) silk tape (4) cup with warm water (5) towel and gloves (6) stethoscope이다.

2) 시술(procedure)

이 시술은 10~45분 가량 소요된다.

1. 30도 이상의 경사로 침대 머리를 기울인 후, 환자를 눕히나 가능한 경우에는 앉아 있게 한다. 그리고 환자의 흉부에 수건(towel)을 두른다.
2. 메토클로프로미드(metoclopramide) 10 mg IV를 이미 잡힌 기존의 IV line에 투여한다.
3. tube를 이용하여 환자의 위의 위치를 측정한다(보통 50~65 cm).
4. 필요한 만큼 튜브에 윤활제를 바른 후, 튜브를 환자의 코나 입을 통하여 삽입한다. 예정된 길이만큼 튜브를 전진시킨다. 만일 환자가 의식이 있거나 깨어 있다면, 튜브가 전진되는 동안 환자가 긴장을 풀고 튜브를 삼

키게 한다.

5. 주사기로 15~20 ml의 공기를 주입한 후 청진기로 상복부를 청진하여 위에 위치했는지 확인한다. 또 위가 아닌 폐에 위치했는지 확인하기 위해 흉부에도 청진을 반복한다.
6. 이미 경비위관이 설치되어 있는 경우, 위에 위치함을 확인하고 즉시 경비위관을 제거한다.
7. 3~5분마다 영양관을 시계방향으로 돌리며 5~10 cm씩 전진시킨다. 매 전진 시, 튜브를 테이프로 고정시킨다.
8. 튜브 이동의 방향과 위치를 파악하기 위해 매 전진 때마다 20 ml의 공기를 주입하고 좌복부, 우복부, 복부 중심을 청진한다. 가능한 경우에는 주사기를 뒤로 당겨 흡입하여, 흡입물의 색과 농도를 기록한다. 매 전진과 함께 20 ml의 따뜻한 물을 주입한다.
9. 최종의 90~100 cm라고 튜브에 마킹된 곳까지 전진시킨다. 그리고 영양관을 테이프로 단단하게 고정시키고 소장에 위치했는지 여부를 확인하기 위해 복부 방사선 촬영을 실시한다.
10. 경비위관의 재삽입이 필요한 경우에는 방사선 촬영을 하여 즉시 실시한다.
11. 영양관으로부터 stylet wire를 제거하고 표준영양투여(standard feeding administration)와 튜브관리절차(tube care procedure)를 실시한다.

(3) 영양액

영양액(feeding formula)의 적합성은 다음과 같은 특성에 의하여 평가된다. (1) 환자의 위장관의 기능 상태 (2) 오스몰농도(osmolarity)와 점도와 같은 영양액(formula)의 물리적 특성 (3) 에너지와 영양소 함유량 (4) 환자의 소화, 흡수 능력 (5) 체액과 전해질 상태, 장기, 계통의 기능과 같은 환자의 임상적 상태 (6) 비용 효과. 소장 튜브 급식을 위한 영양액은 소장의 흡수 기능과 오스몰 농도에 대한 민감성 때문에 매우 신중히 선택한다.

영양액은 여러 가지 방법에 따라 분류되나, 보통 단백질이나 대량 영양소 구성에 근거하여 분류한다. 여러 가지 임상조건에 있는 많은 환자들은 일반 환자를 위한 영양 요구량에 맞춘 표준영양액을 사용하고 있다. 이 영양액은

락토스는 없으며 에너지는 1 kcal/ml를 함유하고 영양액전 없이 사용할 수 있는 경구 보충물과 튜브급식 영양액(tube feeding formula)으로 사용된다. 심폐부전, 신장부전, 간부전 환자가 수분제한 상태인 경우에는 표준 영양액이 1.5~2 kcal/ml로 농축되어 종종 사용된다. 장관 식이를 위한 보충물로 의도된 영양액은 혼합이 되어 있으며, 기호를 위한 단당류를 함유하고 있다. 드문 경우이긴 하지만 상품으로 가공된 식품이나 자연 식품으로 구성된 혼합 영양액을 표준 영양액의 대용품으로 사용하지만, 무균조작의 유지가 병원균 오염을 방지하기 위해 필수적이다.

다량의 질소를 함유한 영양액은 화상, 누공, 폐혈증, 외상과 같이 단백질 요구량이 증가된 환자에게 사용된다. 화학적으로 특정된 영양액(chemically defined formula)은 단당류와 펩티드나 아미노산을 함유한 특정된 영양액이다. 이것은 소화불량이나 흡수불량 상태의 환자를 위해 쓰인다. 화학적으로 특정된 영양액은 간문 순환으로 쉽게 흡수되는 중쇄 트리글리세라이드를 종종 보충한다. 이 영양액 의 지나친 단독 사용은 필수 지방산의 부족을 유발한다. 이에 단백질 단편(다이펩티드, 트리펩티드, 올리고펩티드)을 첨가하기도 한다. 화학적으로 특정한 영양액은 췌장염(pancreatitis), 단장증후군(short bowel syndrome)과 같은 소화불량과 흡수 불량에 대해 영양액을 급여할 때 특수질환 영양액(disease-specific formula)으로 사용된다. 이들 특수질환 영양액은 신장, 간, 심폐 질환, 면역저하, 내당능장애, 상처 치유와 같은 특별한 필요성이 있는 사람에게 유용하다. 이 영양액들은 일반적으로 표준 영양액보다 더 고가이다.

탄수화물, 단백질, 지방, 섬유, 미량 영양소는 장관영양액(enteral formula)에 보충함으로서 더 고급의 영양액이 될 수 있다. 새로운 장관영양액은 급원에서부터 특이적인 영양소 요구량을 제공할 수 있도록 구성된다. 그러나 이는 더 많은 노력과 병원에서 미생물 오염이 증가된다.

1) 단백질

표준 영양액은 카세인염, 락트알부민, 소고기, 분리된 콩 단백질을 사용하여 생물학적으로 완전 단백질이 되도록 한다. 펩티드와 아미노산들을 함유하는 영양액은 카세인염, 락트알부민으로부터 얻는다.

장관으로 소화되고 흡수되기에 가장 효율적인 단백질의 형태는 논란이 많다. 다량의 단백질 영양액은 신장을 통한 질소의 배출을 증가시키고 특히 갈증을 호소할 수 없는 환자에게 적당한 수액을 공급하는 것이 요구된다.

표준 장관영양액에 함유된 글루타민과 아르기닌은 외상과 치명적 질병을 가진 환자에게 조건적 필수 아미노산일 수 있다. 글루타민은 골격근에 많은 아미노산으로 장세포와 백혈구에게 에너지를 공급한다. 이것은 장관의 회복과 면역을 보전하는 작용이 있어 장관영양액에 첨가된다. 아르기닌은 콜라겐 합성과 상처 치유를 하는 역할과 면역능력을 강화를 한다.

2) 탄수화물

장관영양액에서 탄수화물로부터 공급되는 총 칼로리에서의 비율은 제품에 따라 30%에서부터 90%까지 다양하다. 탄수화물 함유량이 많은 화학적으로 특정된 영양액에 비하여 호흡기계, 당뇨를 위한 제품은 보통 탄수화물 비율이 낮다. 탄수화물은 과일과 채소, 콘 시럽, 콘과 트로피카 당 수화물, 말토덱스트린, 과당, 포도당, 설탕 등이 사용된다.

유당은 대부분의 영양액에서 탄수화물의 원료로 사용되지 않는다. 왜냐하면 급성 질환자에게 유당분해효소(lactase)가 결핍되어 있기 때문이다. 소화되지 못하는 섬유소나 탄수화물이 장관영양액에 자주 추가된다. 섬유소는 수용성(펙틴과 검)과 불수용성(셀룰로오스나 헤미셀룰로오스)으로 분류되는데 수용성 섬유소는 장관세균에 의하여 단쇄지방산으로 분해된다.

3) 지방

지방은 장관영양액의 총 칼로리에서 15~55%까지 제공한다. 그러나 대부분의 영양액에서 옥수수기름, 콩기름, 해바라기 기름, 잇꽃 기름, 카놀라 기름을 사용하고, 보통 지방으로 총 칼로리의 30~40%를 제공한다. 화학적으로 특정된 영양액은 보통 지방의 최소량을 함유하고 있다.

리놀레산의 형태로 하루 칼로리의 대략 2~4%가 필수 지방산 부족을 예방하기 위해 필요하다. 단쇄 포화지방산, 중쇄 포화 지방산, 오메가-3 불포화 지방산은 영양액에서 리놀레산을 많이 함유한 식물성 기름의 대체로서 특수 질환 영양액에 포함되고 있다. 오메가-3 지방산은 면역 기능을 조절하기 때문에 특수 질환 영양액에 포함된다.

4) 비타민, 미네랄, 그리고 전해질

자주 사용하는 대부분의 영양액은 충분한 양을 섭취하면 비타민과 미네랄의 영양 권장 섭취량(dietary reference intake, DRI)를 맞추도록 되어 있다. 그러나 DRI는 급성 질환자나 만성 질환 인구가 아닌 건강한 인구를 기준으로 만들어졌고, 신부전이나 간부전에 사용되는 영양액은 특이 비타민, 미네랄, 전해질이 적게 구성된다. 반대로, 특수 질환 영양액은 면역기능을 증가시키고 상처 치유를 촉진하기 위해 항산화 비타민과 미네랄을 함유한다. 전해질은 장관 섭취에 비해 상대적으로 많은 양이 함유되고 있고 설사나 배액(drainage)으로 인해 소실되는 양을 보충한다.

5) 수분

성인의 수분 필요량은 1 kcal당 1 ml 또는 체중의 30~35 ml/kg으로 추산된다. 수분의 추가적 보충 없이는 튜브 급식을 하는 환자는 그들이 필요한 만큼의 물을 충분히 얻을 수 없다. 특히 농축 영양액이 사용되는 경우이다. 표준(1 kcal/ml) 영양액은 총 양의 85%가 물이 있지만, 농축(2 kcal/ml) 영양액은 총 양의 70%가 물이다. 장관영양을 받고 있는 환자에게 공급되는 물의 양은 튜브를 통한 공급, 약 영양액, 정맥내 수액 등 모든 섭취량을 측정하고 계산해야 한다.

6) 오스몰농도

오스몰농도란 용액의 1 리터당 영양소 입자의 수로 정의된다. 보통의 영양액의 오스몰 농도는 혈액과 체액의 오스몰과 비슷한 300~400 mOsm이다. 농축 영양액의 오스몰농도는 더 높아 400~700 mOsm 정도이다. 오스몰농도는 용매 1L 당 용질의 Osm의 숫자이며, 이것은 영양액의 농도를 의미하지는 않는다. 화학적으로 특정된 영양액은 900 mOsm/ℓ이다. 장관영양액을 고를 때 고려해야할 요소들을 표 23-1에 정리하였다.

표 23-1. 장관영양액을 선택할 때 고려해야 할 요소들

· 위장관 기능
· 환자의 소화, 흡수 능력과 관계된 영양액에 포함된 단백질, 지방, 탄수화물, 섬유소의 종류
· 영양액의 칼로리와 단백질 밀도 (예, kcal/ml, g protein/ml, kcal/nitrogen ratio)
· 환자의 영양 요구량을 만족시키고 환자가 수용할 수 있는 영양액의 양
· 신장, 심폐, 간 부전 환자를 위한 영양액의 나트륨, 포타슘, 마그네슘, 인 함유량
· 튜브 크기와 급식 방법과 관련된 영양액의 점도

(4) 투여 방법

튜브 급식 투여의 흔히 사용되는 세 가지 방법은 볼루스 주입(bolus feeding), 간헐적 주입(intermittent feeding), 지속주입(continuous feeding)이 있다. 환자의 임상 상태와 삶의 질을 고려하여 방법을 선택한다. 환자의 상태 변화에 따라 다른 방법으로 바꾸어도 된다.

1) 볼루스 주입(bolus feeding)

위가 기능하고 임상적 상태가 안정한 환자의 경우에 선택하는 주사기 볼루스 주입법이다. 5~20분이 소요되는 주사기 볼루스 주입법은 주입이 용이하고 시간소요가 적으며 피딩백(feeding bag)이나 피딩펌프(feeding pump) 등이 필요치 않아 펌프나 백에 비해 비용이 적게 들고, 적응을 잘하는 경우에 사용되도록 추천된다. 60 ml 주사기가 영양액을 투여하는데 사용된다. 환자가 배가 부르거나 복부 불편감을 느끼면, 남은 영양액을 주입하기 전에 10~15분가량 기다리도록 한다. 정상 위 기능을 가진 환자는 각각의 급식에 500 ml를 섭취하는데 적응할 수 있다. 하루에 3~4 차례에 걸쳐 영양액을 주입한다.

2) 간헐적 주입(intermittent feeding)

간헐적 주입은 삶의 질이 중요시되면서 시작되었으며, 지속 주입에 비해 환자의 행동이 보다 자유롭고 자율적이다. 이 급식은 펌프나 중력을 이용하여 주입한다. 하루 4~6회로 나누어 1회당 20~60분 간 주입한다. 영양액 투입은 첫 회에 100~150 ml로 시작하여 견딜 수 있는 한 점점 증가시킨다. 이

급식 방법의 성공은 움직일 수 있는 정도와 환자의 의식 상태, 견디고자 하는 의지에 달려있다. 간헐적 주입은 볼루스 주입법과 마찬가지로 흡인(inspiration)의 위험이 높은 환자에게는 쓰지 않는다.

3) 지속주입(continuous feeding)

지속주입은 중력을 이용하거나 주입펌프를 이용한다. 이 방법은 볼루스 주입이나 간헐적 주입의 많은 양의 주입에 적응하지 못하는 환자의 경우 적합하다. 질환으로 인하여 위장관 기능이 저하된 환자, 수술, 항암 치료, 다른 생리적 장애가 있는 경우 사용한다. 소장으로 접근된 환자의 경우 지속적 주입으로 급식한다. 급식 속도의 목표는 한 시간당 milliter 단위이며 20-24시간에 걸쳐 천천히 하루 총량의 영양액을 주입하는 방법이다. 시작은 목표 속도의 1/4~1/2에서 시작하여 8~12시간마다 증가시켜 최종 부피에 도달한다. 300~500 mOsm의 영양액의 경우 목표 속도로 시작해도 된다. 고농도 영양액은 견딜 수 있는 지 확인하며 조심스럽게 증속해야한다. 영양액의 희석은 필요하지 않다.

현대의 장관 펌프는 작고 다루기 쉽다. 많은 펌프들이 8시간까지 배터리로 작동하며 추가로 전기적 충전이 필요하고, 환자의 유연성과 이동성을 보장한다. 대부분의 펌프는 펌프 작동 중에 영양백과 관을 교환하며 사용할 수 있다.

(5) 합병증과 모니터링

1) 합병증

위루술 부위에서 위내용물의 복부 누출이 되면 피부 미란이 생기고 피부가 약해지게 되고 감염과 복막염을 유발하게 된다. 그러나 심각한 합병증을 겪는 환자는 10% 미만에 불과하다. 다른 합병증은 주의깊은 환자 모니터링으로 관리하고 예방한다.

흡인(inspiration)은 장관영양을 받는 환자에게 주의해야할 점이다. 흡인의 위험을 최소하기 위해 급식 중과 급식을 마친 후 얼마 동안 환자의 머리와 어깨를 흉부보다 높게 위치시킨다.

위의 잔량 측정의 효용성에 대해서는 그 절차가 표준화되어 있지 않고 측정하는 동안 환자의 흡인을 보호 할 수 없기 때문에 논란이 있다. 장기간 동안 경관 급식을 하는 안정된 환자의 경우 정기적으로 잔량을 확인할 필요가 없다. 또한 위 내용물을 흡입해내기 어렵고, 잔량에는 영양액보다 분비물과 위액을 더 많이 함유하고 있다. 치명적인 환자의 경우 흡인의 위험을 줄이기 위한 최고의 방법은 침대의 머리맡을 올리고 지속적 성문하흡입(continuous subglottic suction)과 구강 제염(decontamination)이다.

청색염료(Blue dye)가 몇 년간 영양액의 흡인을 감지하기 위하여 장관영양액에 첨가되었으나, 청색염료를 섭취한 후 피부, 소변, 혈청, 다른 체액이 변색되고, 또 일부는 사망하는 일이 있어 이의 사용을 중단하였다.

설사(diarrhea)는 장관영양의 가장 흔한 합병증이다. 그러나 장관 급식 환자들의 설사의 가장 큰 원인은 장관영양이 그 자체가 아니라 세균 과성장(bacterial overgrowth), 항생제 치료, 그리고 급성, 만성 질환과 관련된 위장관 운동 장애이다. 마그네슘 함유 항생제, 소비톨 함유 영양액, 그리고 전해질 보충물이 설사에 도움을 준다. 콩 다당류, 펙틴 등의 섬유소, 팽화제, 프로바이오틱스, 프리바이오틱스, 그리고 지사제 또한 유용하다.

장관영양을 하는 안정된 환자들에게 변비(constipation)도 문제가 될 수 있다. 섬유질 함유 영양액 또는 변 팽화제(stool-bulking medication)는 도움이 되며, 충분한 수분 또한 공급되어야 한다. 변비와 동반하는 설사가 있을 수 있고, 보통 분변박힘(impaction)이 있을 수 있으므로 위장관 운동을 평가해야 한다.

2) 모니터링

합병증을 예방하고 교정하기 위하여 장관영양을 받는 환자들을 모니터한다. 추가로 환자의 실제적 섭취량과 내성(tolerance)을 확인하는 것이 영양 목표를 달성하고 유지하는데 필요하다. 일상 환자 보호와 실제 급식 시간은 처방된 영양 스케줄에 비해 짧아지게 된다. 그 이유는 (1) 제자리를 벗어난 튜브 (2) 위장관 불내성 (3) 급식의 중단을 요구하는 의학적 시술 (4) 급식 튜브 설치의 어려움 때문이다.

대사, 위장관 내성, 함수(hydration) 상태, 영양 상태를 모니터하는 것은 튜브 급식을 하는 환자에게 매우 중요하다. 가이드라인의 실천, 기관 프로토콜, 그

표 23-2. 장관영양을 받는 환자의 모니터링

- 체중(최소 매 주 3번)
- 부종의 증상과 징후(매일)
- 탈수의 증상과 징후(매일)
- 수분의 섭취와 배출(매일)
- 장관 섭취의 적절성(최소 매 주 2번)
- 복부 팽창과 불편함
- 위 잔류물(4시간마다)
- 혈청 전해질, BUN, creatinine(매 주 2~3회)
- 혈당, 혈청 칼슘, 마그네슘, 인(처방에 따라 또는 매 주)
- 배변과 그 농도(매일)

리고 표준화된 지시 절차가 최상의 안전한 장관영양 보충의 제공을 보장한다.

3. 비경구영양(parenteral nutrition, PN)

비경구영양은 영양소을 정맥으로 들어가는 혈류에 직접 공급하는 것이다. 환자가 비경구영양이 적절하여 이를 시행한다면 중추적 접근과 말초적 접근 사이에서의 선택이 필요하다. 중추적 접근은 상대정맥처럼 크고 혈류가 풍부한 정맥에 도관 말단부를 삽입하는 방법이다.

말초적 접근은 일반적으로 팔에 있는 것과 같은 작은 정맥에 도관 말단부를 삽입하는 방법으로, 일반적으로 이를 잘 사용하지 않는다. 이는 단기간에서만 사용하고, 장관영양시 영양의 추가적인 공급이나, 과도기에 사용한다. 새로운 말초적 방법은 하나의 도관을 가지고 한달 정도까지 사용할 수도 있다.

말초 정맥은 농축 용액을 견딜 수 없기 때문에 영양상의 요구를 위해서는 희석된 대용량의 주입이 필요하다. 용량에 민감한 환자들-심폐, 콩팥, 간과 같은 문제를 가진 환자들은 말초적 접근이 적절하지 않아 일반적으로는 중추 비경구영양(central parenteral nutrition, CPN)을 선호한다. 적절한 접근 선택을 위한 추가의 도움이 되는 정보들은 이전의 접근 이력, 접근 위치에서의 부종, 피부 손상, 병력, 약물 치료 기록, 응고시간, 기능상태, 생활 습관이다.

(1) 접근

1) 말초적 접근(peripheral parenteral nutrition)

500~700 mOsm/kg이 넘지 않는 용액은 좋은 상태의 정맥에 놓여있는 정맥으로 들어가는 도관을 통해 주입될 수 있다. 위치의 교환은 말초 도관의 중요한 합병증-혈전정맥염을 예방하기 위해 사용된다.

말초적 도관 기술의 최근의 발달은 내재 도관으로 확장되었다. 이러한 도관들은 때로 그들의 위치에 따라 정중, 정중쇄골 도관으로 불려진다. 확장된 내재 도관은 정맥 속에서 5~7인치로 증가할 만큼 충분히 큰 정맥을 요구한다. 이러한 도관은 3~6주 동안 원래의 장소에 그대로 남을 수 있고 환자의 정맥이 도관을 견딜 수 있을 만큼 충분히 큰 상태가 되게 함으로써 말초 비경구영양(peripheral parenteral nutrition, PPN)이 더욱 실현가능하도록 한다.

2) 단기적인 중추적 접근(short-term central parenteral nutrition, short-term CPN)

CPN에 사용되어진 도관은 이상적으로 단일의 내강으로 이루어진다. 중추적 접근은 혈류역학 모니터링, 혈액 표본 추출, 약물 투여와 같은 다른 이유로 인해 필요하며 다수의 내강 도관은 유효하다. 감염의 위험을 줄이기 위해서 CPN을 주입하기 위해 사용되어지는 도관 내강은 오직 영양을 위해서만 보존되어져야 한다. 관은 대부분 일반적으로 빗장 밑 동맥으로 주입되어 관의 끝이 상대정맥에 닿을 때까지 무균 기술을 사용하면서 나아간다. 또는 내경정맥이나 외경정맥에 도관을 삽입하여 사용한다. 목의 움직임은 드레싱의 위치를 유지하는 것을 어렵게 한다. 영양액의 주입이 시작되기 전에 도관 끝의 위치를 방사선학 상으로 확인한다. 대퇴부를 통한 삽입도 가능하다. 엄격한 감염예방계획이 도관의 삽입과 유지를 위해 필요하다.

3) 장기적인 중추적 접근(long-term central parenteral nutrition, long-term CPN)

보통 사용되어지는 장기적인 도관은 뚫린 도관이다. 이러한 단일의 또는 복수의 내강 도관은 머리, 빗장 밑 또는 내경정맥에 놓이며 상대정맥으로 공급된다. 피하의 터널이 생성됨으로써 도관은 그것의 정맥 입구 위치로부터 몇 인치 떨어져 있다. 또 다른 종류의 장기적인 도관은 삽입 장비이다. 이 장비는 도관이 일반적으로 존재하는 피부 터널의 끝인 피부 밑에 이식되어진다. 특수 바늘이 입구 포트에 접근한다. 포트는 하나 또는 복수가 될 수 있는데 개별적인 포트는 내강과 동일하다.

4) 말초에 삽입된 중심카테타(peripherally inserted central catheter, PICC)

가장 최근의 도관 기술 발달은 PICC이다. 이 도관은 팔의 오금부위에 있는 정맥으로 주입되고 도관의 끝이 상대정맥에 놓여진 상태에서 쇄골정맥으로 끼워진다. 일반의사도 PICC를 주입할 수 있다. 그러나 뚫린 도관의 삽입은 수술과정이다.

뚫어진 도관과 PICC는 모두 병원에서 장기간의 입원이 필요한 치료에 사용될 수 있으며 집에서의 주입 치료를 위해서도 자주 사용된다. 이의 뛰어난 장점은 환자에게 있어서 이동성과 주입 시간의 단축에 있다. 그들은 또한 감염의 위험을 최소화할 수 있다. 그 이유는 그 터널이 피부 속으로 도관이 들어가는 것과 정맥으로 들어가는 것 사이에 벽을 형성하기 때문이다. 장기적으로 도관을 관리하는 것은 숙련된 기술과 광범위한 환자 교육이 필요하다.

(2) 영양 용액

1) 단백질

통상적으로 이용 가능한 표준 용액은 모든 필수 아미노산과 비필수 아미노산으로 이루어진다. 비필수 아미노산은 주로 알라닌과 글리신이다. 주로 아스파테이트, 시스테인, 티우린이 없는 특별한 영양액은 소아과 환자와 신장, 간 질환 환자에게 사용된다.

이들 영양액에 있어 아미노산의 농도는 3~20%이다. 10%의 아미노산 용액은 리터당 100 g의 단백질에 상당하다. 용액의 백분율은 대개 다른 영양 방법과 희석된 후에 최종적인 농도로 표시된다. 아미노산의 칼로리 함유량은 대략 제공되어지는 단백질의 g당 4 kcal이다. 대략 전체 에너지의 15~20%가 단백질로부터 제공된다.

2) 탄수화물

탄수화물은 주로 5~40% 농도의 포도당으로 제공된다. 포도당은 g당 3.4 칼로리를 생산한다. 아미노산처럼 10%의 용액은 1리터당 탄수화물 100 g에 상당하다. 탄수화물의 쓰임은 일반적인 신진대사 중에 에너지 생산을 위하여 단백질이 분해되지 않게 한다.

탄수화물 투여의 최대 비율은 5 mg/kg/min을 초과해서는 안 된다. 이를 초과하면 고혈당증, 간의 비정상, 그리고 숨가쁨을 초래한다. 비경구 영양액의 삼투압 농도 조절은 정맥의 내성을 유지하는데 도움이 된다.

3) 지질

지질 유화액(10%와 20%의 농도에서 유효한)은 콩기름과 잇꽃 기름의 현탁액으로 이루어진다. 유화제로서 난황의 인지질과 함께, 오스몰 농도를 제공하는 글리세롤을 물에 녹인다. 지질은 산화되어 g당 9 kcal를 생산한다. 지방 유화액으로부터 하루 칼로리의 10% 정도의 칼로리를 제공한다. 콩기름과 잇꽃 기름은 리놀렌산이 많다. 리놀렌산은 프로스타글란딘을 생산하고 염증을 일으키고, 면역을 억제하므로, 24시간 동안 kg당 최대 1g의 지질이 넘지 않게 투여한다.

4) 영양액양

비경구영양과 장관 영양에서 영양액의 요구량은 비슷하게 계산된다. CPN의 최대량은 거의 3 L를 넘지 않는다. 전형적인 처방은 날마다 1.5 L에서 3 L이다. 매우 아픈 환자의 CPN 처방 용량은 총체적인 치료 계획과 함께 조정된다. 수용액의 투입을 요구하는 다른 의학적인 치료, 예를 들면 정맥으로 들어가는 약물이나 혈액제제는 세심한 모니터링이 필요하다. 심폐, 신장, 간의 문제가 있는 환자들은 특별히 액체의 투입에 있어서 주의해야 한다.

(3) 조제법

비경구영양액은 무균 기술을 사용하는 능숙한 약사가 처방에 따라 준비하고 혼합한다. 영양액 조제는 두 가지 순서로 구성된다. 처음은 지방 유화액을 제외한 구성물을 혼합한다. 용액은 주로 한 백에서 포도당과 아미노산이 1:1의 비율로 섞는다. 다음은 지방 유화액을 포도당과 아미노산 1:1 용액과 혼합한다. 이것이 완전한 영양 혼합물 또는 3-in-1이다.

병원에서 제약사에서 제조된 표준화된 용액을 많이 사용한다. 그러나 병원에서도 개별적인 혼합을 할 수 있어 필요에 따라 처방된 영양액을 사용할 수 있어야 한다.

많은 치료 약물, 항생제, 바소프레신, 진통제, 이뇨제 그리고 많은 다른 일반적으로 투여되는 약들이 비경구영양 용액과 함께 혼합되어질 수 있다. 흔히 고혈당을 위한 인슐린과 위십이지장의 스트레스 위궤양을 피하기 위한 히스타민-2의 약물중독이 발생한다.

(4) 투입

1) 지속적 주입

지속적인 주입은 대개 용량을 측정하는 펌프를 통한 목표 주입량이 정해지면 적은 양으로부터 시작한다. 이 후 점차적으로 목표 주입량에 도달하기까지 2일에서 3일까지 점차 증가한다. 목표량의 기준은 포도당의 양이다. 하루에 100에서 200g을 포함하고 2 또는 3일의 기간 동안 증가시켜 처방 최종 양까지 올리고, 이후 이 양으로 계속 투여한다. 높은 포도당의 농도를 유지한 채 갑작스럽게 CPN을 중지하는 것은 피한다. 특히 만약 환자의 포도당 내성이 불충분하거나 CPN이 멈춰진다면 갑작스런 중지로부터의 낮은 혈당 즉, 저혈당증을 피하기 위해서 환자의 불안정한 상태 중에 주입률을 점점 낮추는 것은 신중해야 한다.

2) 주기적 주입

주기적 중추적 비경구영양법은 8～12시간 동안, 대개 밤에, 날마다 12～16시간 동안 자유로운 시간을 갖기 위해, 그리고 삶의 질 개선을 위해 주기적으로 주입된다. 포도당 과민증 또는 유체 내성의 문제가 있으면 주기적 주입을 해서는 안 된다.

(5) 합병증과 관찰

장관영양과 마찬가지로, 비경관영양 주입을 지속적으로 관찰하는 것이 꼭 필요하다. 주입시간은 환자의 이동, 검사 또는 다른 치료들, 정맥으로 들어가는 약물 투입, 또는 다른 치료들 때문에 점점 줄어든다.

제일 흔한 합병증은 감염이다. 따라서 오한, 고열, 심박 급속증, 갑작스런 고혈당증, 또는 높은 백혈구 수 같은 감염의 신호에 대한 감시를 철저히 해야 한다.

CPN 도관의 위치는 미생물감염의 잠재적인 원천이다. 감염을 예방하는 일반적인 기준은 48~72시간 마다 도관의 드레싱을 바꾸어 주는 것이다. 안정적인 환자에게는 7일마다 드레싱을 바꾼다. 도관은 영양액의 지질 내용물에 따라서 대개 24~72시간마다 바뀐다. 감염의 증상이 나타나면 도관을 제거하고 도관의 끝을 교환한다.

신진대사의 변화에 대한 감시 또한 중요하다. 전해질, 산염기 균형, 글루코스 내성, 신장 기능 그리고 심폐와 혈류동태의 안정성은 비경구영양에 의해 영향을 받을 수 있어서 면밀히 관찰한다.

4. 영양재개증후군(refeeding syndrome)

장관 또는 비경구로 영양을 공급해야 하는 환자들은 때때로 영양을 충분히 공급받지 못할 경우가 많다. 정맥을 통한 과도한 영양공급은 영양재개증후군과 같은 합병증을 유발하고, 잠재적으로 대사적, 혈역학적, 근골격계와 신경계에 치명적인 영향을 주는 전해질 불균형을 초래할 수 있다. 영양재개증후군은 탄수화물과 같은 에너지원이 환자의 혈장에 들어갈 때 가끔 나타난다.

새로운 조직의 증식은 더 많은 포도당, 칼륨, 인, 마그네슘, 기타 성장에 여러가지 성분이 필요하다. 세포 성장을 뒷받침할 정도로 영양소를 충분히 공급받지 못한다면 혈청의 칼륨, 인, 마그네슘 농도가 낮아진다. 이러한 현상은 영양재개증후군의 중요한 특징이다. 세포에 의한 탄수화물 대사는 세포 내로 급격한 전해질의 이동이 일어나고, 이 때 포도당도 산화를 위해 세포 내로 들어간다. 탄수화물의 급격한 주입은 인슐린의 분비를 일으키며 소변의 양을 줄이므로 체액량 과다로 인한 심장과 폐와 관련된 합병증을 증가시킬 수 있다.

일정기간 동안 전혀 영향공급을 받지 못하다가 갑자기 비경구영양공급을 시작한 환자들의 전해질과 체액량을 수시로 감시해야 한다. 환자들은 보존적인 양만큼의 탄수화물을 받아야 하고 적절한 양의 전해질을 공급받아야 한다. 이 영양재개 증후군은 장관영양을 받는 환자들에게도 나타나지만 소화, 흡수 과정은 영양재개로부터 오는 급격한 효과를 줄여준다. 영양재개증후군의 초기 단계에서, 영양공급 처방은 적절한 양의 탄수화물과 인, 칼륨, 마그네슘에 대해 적절한 투여가 이루어져야 한다.

5. 과도기 영양(transitional feeding)

모든 영양공급 계획은 가능하면 장관으로 영양을 줌으로써 환자의 위장관을 이용할 수 있게 짜여져야 한다. 그러므로 환자 관리 계획은 과도기 영양이라는 개념을 포함해야 하는데 이는 동시에 여러 개의 영양공급 방법을 쓰면서 한 종류의 영양공급방법에서 다른 종류의 것으로 넘어가는 것을 말한다. 임상의사는 이러한 이행기간 동안 적절한 영양공급을 유지하는 것이다. 이것은 환자의 내성과 비경구, 장관영양섭취 양에 대한 주의깊은 감시가 필요하다.

장관 식사는 저지방, 무유당, 저탄수화물의 식사로 시작하라고 조언한다. 이러한 계획은 소화를 쉽게 하고 삼투성 설사를 줄인다. 개개인에 대한 내성과 음식 선호도에 대한 관심은 섭취량을 최대화하는 데 도움을 준다.

(1) 비경구영양에서 장관영양으로의 이행

비경구에서 위관으로 영양공급을 전환하는 과정에서, 가장 초기에 할 일은 30~40 ml/hr로 위장관 내성를 형성하면서 최소의 영양공급을 위관으로 하는 것이다. 수시간에 걸쳐 이것이 형성되기만 한다면, 비경구적인 영양공급 속도를 줄이더라도 영양상태를 적절히 유지할 수 있다. 위관영양공급속도는 시간 당 25~30 ml씩 매 8시간 또는 24시간마다 증가시킬 수 있고 비경구적인 영양처방은 그만큼 감소시킬 수 있다. 환자가 위관으로 75%의 영양공급을 하더라도 견뎌낼 수 있다면 비경구적인 영양공급은 끊어도 된다. 이러한 과정은 2~3일 정도 걸린다. 그러나 이것은 환자의 위장관 기능에 따라 달라질 수 있다. 이는 전반적인 치료계획과 위관영양에 대한 내성에 따라 달라진다.

(2) 비경구영양에서 구강영양으로 이행

이러한 이행은 장관섭취를 감시하고 비경구 주입을 감소시키면서 안정적인 영양섭취를 유지하고 75%의 영양공급이 장관으로 이루어질 수 있게 되면 비경구영양을 끊는다. 이러한 과정은 위관으로 영양공급을 바꾸는 것보다 예측하기가 좀 더 힘들고 환자의 입맛, 동기, 전반적 상태에 따라 달라진다. 환자 감시를 계속하여 적절한 장관영양섭취를 계속 하는 것이 중요하고, 한 번 비경구영양이 중단되면 다른 대체적인 영양공급을 시작하는 게 좋다.

(3) 장관영양에서 구강영양으로의 이행

단계적으로 영양공급을 줄이는 것도 또한 위관에서 장관으로 이행하는 기간 중에 사용된다. 계속적인 영양공급에서 밤중에 12시간으로, 그리고 8시간으로 점차 줄이는 것이 효과적이다. 이것은 장관섭취를 할 때의 배고픔과 포만감에 대한 신호를 낮시간 동안 재확립해준다. 임상에서 장관식사는 비위관을 제거한 후에 시도된다. 비위관으로 영양공급을 받지만 장관으로 식사를 하고 싶은 환자들에게 장관으로 영양공급을 하는 것이 금기가 아니다. 완전한 장관공급이 아니더라도 부분적으로나마 장관으로 영양을 줄 수 있다. 때때로 장관보충제가 유용하다.

6. 구강영양 보충제(oral supplements)

장관보충물의 가장 흔한 종류는 상업적인 제품으로 고형식의 섭취를 증강시키기 위한 것이다. 이들은 대략 250 kcal/8-oz 만큼을 공급하거나 240 ml에서 8~14 g 만큼의 단백질을 공급한다. 몇몇 제품들은 360, 500, 575 kcal가 한 캔에 들어있다. 다양한 질병의 상태만큼이나 다양한 영양보충제들이 있다.

지방의 원료는 보통 장쇄중성지방이나, 몇 제품들은 중쇄중성지방도 있다. 좀 더 농축된 제품도 사용가능하다. 다양한 제품의 맛, 농도 등은 다양한 질병 상태에 적합하게 제작되어 있고 몇몇 제품들은 충분한 양만 섭취된다면 영양학적으로 완벽한 식사를 제공한다.

탄수화물의 형태가 환자의 수용도와 내성에 가장 중요한 역할을 한다. 적당한 양의 단순탄수화물은 더 단 맛이 나고 높은 삼투압을 가져서 불내성을 일으킬 수 있다. 개개인의 맛에 대한 선호도는 매우 다양하며 항암요법같은 약물치료에 따라 환자의 입맛이 변할 수 있다. 농축된 형태이거나 많은 양의 영양식은 금방 맛이 질리게 한다. 따라서 장관영양섭취와 실제 처방된 양을 섭취하는지를 반드시 감시한다.

신장질환, 간질환, 흡수장애를 가진 환자를 위해 개발된 분해된 단백과 아미노산을 함유한 장관보충물은 맛이 없을 때가 있고 환자의 수용도는 때에 따라 달라진다. 제품에 따라 비타민과 미네랄이 부족한 것들도 있다.

그러나 이들 제품은 편리하고 맛이 좋다. 액상 또는 분말우유, 요거트, 두부, 단백 파우더로 시리얼, 수프, 밀크쉐이크를 만든다. 또한 이는 다양함, 감촉, 미각을 더하는데 사용되고 퓌레로 만든 식품들은 삼키는 능력이 곤란한 환자에게 사용한다. 상상력을 동반한 개인별 맞춤음식은 환자의 장관섭취를 증가시킬 수 있고 다른 복잡한 형태의 영양공급을 피하게 한다.

7. 영양소의 약리적 용도

영양은 최근 치료적인 기능을 가지는 것으로 생각된다. 치료를 위해 상업적으로 팔리는 영양보충제에 의해 제공되는 영양은 그 사용이 위관영양을 하고 있는 성인에 제한되어 있다. 미국에서는 이러한 제품들이 치료식품(nutriceutical)으로서 취급된다. 비경구영양용액은 약물로 취급되며 안전과 효과를 인정받은 후에야 임상적으로 쓰인다.

몇몇 영양제품들은 정부에 의해 영양보충제로 인정받고 있고 건강과 웰빙을 위한 요구사항들을 관리하는 비교적 유연한 규정이다. Box 20-6에서는 치료적 효과를 가지고 있을 것으로 생각되어 연구하고 있는 영양물질들이 제시되어 있다. 그들 중 몇몇은 식품보충제로 분류되어 있다.

표 23-3. 치료 효과를 가진 것으로 기대되는 식품보충제

항산화제 : 베타카로틴, 비타민C, E, A,아연, 구리, 마그네슘, 셀레늄
→ 자유라디컬을 불활성화시킴

아르기닌 : 질소저류, 창상치유, 면역기능 증진

BHMB(β -hydroxy-β methyl butyrate) : 류신으로 대사되고 암 악액질과 관련된 단백 대사를 막는다.

카르니틴 : 리신과 메티오닌에서 합성된 질소화합물
→ 긴 사슬 지방산 분해에 사용됨

콜린 : 아민으로서 인지질 합성, 저밀도 리포프로틴 합성에 사용됨
콜린결핍은 비경구영양공급을 받는 환자의 간기능 이상과 관련됨

글루타민 : 대사과정에서 중요한 역할을 하며 장과 면역세포의 연료임

중쇄지방산 : 소화되는데 담즙이 필요없고 간문맥으로 바로 흡수됨. 산화에 카르니틴이 필요없다.

오메가-3 지방산 : 프로스타글란딘의 전구물질로 면역기능을 향상시키고 심혈관질환을 줄인다.

식물화합물 : 반응성이 있는 화합물로 식물에서 발견되며 질병 예방과 치료에 중요한 역할을 한다. 몇몇 종류는 organosulfur compound, 폴리페놀, flavonoid, isoflavones, terpenes 등을 포함한다.

단쇄 지방산 : 대장에 사는 박테리아에 의해 분해되어 생긴다. 장내세포의 연료를 공급하고 건강한 위장관 점막을 유지시킨다.

타우린 : 시스테인에서 합성되는 아미노산으로 대사 스트레스에 중요하다.

참고문헌

1. L. Katleen Mahan, Sylvia Escott-Stump: Krause's Food & Nutrition Therapy. 12th ed. Saunders, 2008
2. David L. Katz: Nutrition in clinical practice. 2nd ed. Lippincott Williams & Wilkins, 2008
3. Lisa Hark, Gail Morrison: medical nutrition & disease-a case-based approach. 4th ed. Wiley-Blackwell, 2009

부록 1. 연령별 체위 기준치

[한국인 영양섭취기준 설정을 위한 체위기준]

한국영양학회, 한국인영양섭취기준위원회, 2010

연 령		신장(cm)	체중(kg)
영아(개월)	0~5	60.3	6.2
	6~11	72.2	8.9
유아(세)	1~2	86.1	12.2
	3~5	107.0	17.2
남자(세)	6~8	122.2	25.0
	9~11	139.6	35.7
	12~14	158.8	50.5
	15~18	171.4	62.1
	19~29	173	65.8
	30~49	170	63.6
	50~64	166	60.6
	65~74	164	59.2
	75이상	164	59.2
여자(세)	6~8	121.0	24.6
	9~11	140.0	34.8
	12~14	155.9	47.5
	15~18	160.0	53.4
	19~29	160	56.3
	30~49	157	54.2
	50~64	154	52.2
	65~74	151	50.2
	75이상	151	50.2

부록 2. 영양소별 영양섭취기준

한국인 영양섭취기준(KDRIs, Dietary Reference Intakes for Koreans)-다량영양소

한국영양학회, 한국인영양섭취기준위원회, 2010

성별	연령	에너지(kcal/일)				탄수화물(g/일)				지방(g/일)				n-6불포화지방산(g/일)			
		필요추정량	권장섭취량	충분섭취량	상한섭취량	평균필요량	권장섭취량	충분섭취량	상한섭취량	평균필요량	권장섭취량	충분섭취량	상한섭취량	평균필요량	권장섭취량	충분섭취량	상한섭취량
영아	0~5(개월)	600						55				25				2.0	
	6~11	730						90				25				4.5	
유아	1~2(세)	1,000															
	3~5	1,400															
남자	6~8(세)	1,600															
	9~11	1,900															
	12~14	2,400															
	15~18	2,700															
	19~29	2,600															
	30~49	2,400															
	50~64	2,200															
	65~74	2,000															
	75 이상	2,000															
여자	6~8(세)	1,500															
	9~11	1,700															
	12~14	2,000															
	15~18	2,000															
	19~29	2,100															
	30~49	1,900															
	50~64	1,800															
	65~74	1,600															
	75 이상	1,600															
임신부*		+340/ 450														9	
수유부		+320														10	

성별	연령	n-3불포화지방산(g/일)				단백질(g/일)				식이섬유(g/일)				수분(mL/일)			
		평균필요량	권장섭취량	충분섭취량	상한섭취량	평균필요량	권장섭취량	충분섭취량	상한섭취량	평균필요량	권장섭취량	충분섭취량	상한섭취량	평균필요량	권장섭취량	충분섭취량	상한섭취량
영아	0~5(개월)			0.3				9.5								700	
	6~11			0.8		9.8	13.5									800	
유아	1~2(세)					12	15					10				1,100	
	3~5					15	20					15				1,400	
남자	6~8(세)					20	25					20				1,800	
	9~11					30	35					20				2,000	
	12~14					40	50					25				2,300	
	15~18					45	55					25				2,600	
	19~29					45	55					25				2,600	
	30~49					45	55					25				2,500	
	50~64					40	50					25				2,200	
	65~74					40	50					25				2,100	
	75 이상					40	50					25				2,100	
여자	6~8(세)					20	25					15				1,700	
	9~11					30	35					15				1,800	
	12~14					40	45					20				2,000	
	15~18					40	45					20				2,100	
	19~29					40	50					20				2,100	
	30~49					35	45					20				2,000	
	50~64					35	45					20				1,900	
	65~74					35	45					20				1,800	
	75 이상					35	45					20				1,800	
임신부*				2.1		+12/ +25	+15/ +30					+5				+200	
수유부				2.4		+20	+25					+5				+700	

임산부* 에너지, 단백질: 중기와 말기 부가량

한국인 영양섭취기준(KDRIs, Dietary Reference Intakes for Koreans)-지용성비타민

한국영양학회, 한국인영양섭취기준위원회, 2010

성별	연령	비타민 A(μg RE/일)				비타민 D(μg/일)				비타민 E(mg α -TE/일)				비타민 K(μg/일)			
		평균필요량	권장섭취량	충분섭취량	상한섭취량	평균필요량	권장섭취량	충분섭취량	상한섭취량	평균필요량	권장섭취량	충분섭취량	상한섭취량*	평균필요량	권장섭취량	충분섭취량	상한섭취량
영아	0~5(개월)			300	600			5	25			3				4	
	6~11			400	600			5	25			4				7	
유아	1~2(세)	200	300		600			5	60			5	100			25	
	3~5	230	300		700			5	60			6	140			30	
남자	6~8(세)	300	400		1,100			5	60			8	200			45	
	9~11	390	550		1,500			5	60			9	280			55	
	12~14	510	700		2,100			5	60			10	380			70	
	15~18	590	850		2,400			5	60			12	430			80	
	19~29	540	750		3,000			5	60			12	540			75	
	30~49	520	750		3,000			5	60			12	540			75	
	50~64	500	700		3,000			10	60			12	540			75	
	65~74	490	700		3,000			10	60			12	540			75	
	75 이상	490	700		3,000			10	60			12	540			75	
여자	6~8(세)	280	400		1,100			5	60			7	200			45	
	9~11	370	500		1,500			5	60			8	280			55	
	12~14	470	650		2,100			5	60			9	380			65	
	15~18	440	600		2,400			5	60			10	430			65	
	19~29	460	650		3,000			5	60			10	540			65	
	30~49	450	650		3,000			5	60			10	540			65	
	50~64	430	600		3,000			10	60			10	540			65	
	65~74	410	600		3,000			10	60			10	540			65	
	75 이상	410	600		3,000			10	60			10	540			65	
임신부		+50	+70		3,000			+5	60			+0	540			+0	
수유부		+350	+490		3,000			+5	60			+3	540			+0	

* RRR-α -tocopherol

한국인 영양섭취기준(KDRIs, Dietary Reference Intakes for Koreans)-수용성비타민

한국영양학회, 한국인영양섭취기준위원회, 2010

성별	연령	비타민 C(mg/일)				티아민(mg/일)				리보플라빈(mg/일)				니아신(mg NE/일)				
		평균필요량	권장섭취량	충분섭취량	상한섭취량	평균필요량	권장섭취량	충분섭취량	상한섭취량	평균필요량	권장섭취량	충분섭취량	상한섭취량	평균필요량	권장섭취량	충분섭취량	상한섭취량[1]	상한섭취량[2]
영아	0~5(개월)			35				0.2				0.3				2		
	6~11			45				0.3				0.4				3		
유아	1~2(세)	30	40		350	0.4	0.5			0.5	0.6			5	6		10	180
	3~5	30	40		500	0.5	0.5			0.6	0.7			5	7		10	250
남자	6~8(세)	40	60		700	0.6	0.7			0.7	0.9			7	9		15	350
	9~11	55	70		1,000	0.7	0.9			0.9	1.1			9	11		20	500
	12~14	75	100		1,400	0.9	1.1			1.2	1.5			11	15		25	700
	15~18	85	110		1,600	1.1	1.3			1.4	1.7			13	17		30	800
	19~29	75	100		2,000	1.0	1.2			1.3	1.5			12	16		35	1,000
	30~49	75	100		2,000	1.0	1.2			1.3	1.5			12	16		35	1,000
	50~64	75	100		2,000	1.0	1.2			1.3	1.5			12	16		35	1,000
	65~74	75	100		2,000	1.0	1.2			1.3	1.5			12	16		35	1,000
	75 이상	75	100		2,000	1.0	1.2			1.3	1.5			12	16		35	1,000
여자	6~8(세)	50	60		700	0.6	0.7			0.6	0.7			7	9		15	350
	9~11	60	80		1,000	0.7	0.9			0.8	0.9			9	11		20	500
	12~14	75	100		1,400	0.9	1.1			1.0	1.2			11	14		25	700
	15~18	75	100		1,600	0.9	1.0			1.0	1.2			11	14		30	800
	19~29	75	100		2,000	0.9	1.1			1.0	1.2			11	14		35	1,000
	30~49	75	100		2,000	0.9	1.1			1.0	1.2			11	14		35	1,000
	50~64	75	100		2,000	0.9	1.1			1.0	1.2			11	14		35	1,000
	65~74	75	100		2,000	0.9	1.1			1.0	1.2			11	14		35	1,000
	75 이상	75	100		2,000	0.9	1.1			1.0	1.2			11	14		35	1,000
임신부		+10	+10		2,000	+0.4	+0.4			+0.3	+0.4			+3	+4		35	1,000
수유부		+35	+35		2,000	+0.3	+0.4			+0.4	+0.4			+3	+5		35	1,000

성별	연령	비타민 B6(mg/일)				엽산(μgDFE/일)[3]				비타민 B12(μg/일)				판토텐산(mg/일)				비오틴(μg/일)			
		평균필요량	권장섭취량	충분섭취량	상한섭취량	평균필요량	권장섭취량	충분섭취량	상한섭취량	평균필요량	권장섭취량	충분섭취량	상한섭취량	평균필요량	권장섭취량	충분섭취량	상한섭취량	평균필요량	권장섭취량	충분섭취량	상한섭취량
영아	0~5(개월)			0.1				65				0.3				1.7				5	
	6~11			0.3				80				0.5				1.8				7	
유아	1~2(세)	0.5	0.6		25	120	150		300	0.8	0.9					2				9	
	3~5	0.6	0.7		35	150	180		400	0.9	1.1					3				11	
남자	6~8(세)	0.7	0.9		45	180	220		500	1.1	1.3					3				15	
	9~11	0.9	1.1		60	250	300		600	1.5	1.7					4				20	
	12~14	1.3	1.5		80	320	400		800	1.9	2.3					5				25	
	15~18	1.3	1.5		90	320	400		900	2.2	2.7					6				30	
	19~29	1.3	1.5		100	320	400		1,000	2.0	2.4					5				30	
	30~49	1.3	1.5		100	320	400		1,000	2.0	2.4					5				30	
	50~64	1.3	1.5		100	320	400		1,000	2.0	2.4					5				30	
	65~74	1.3	1.5		100	320	400		1,000	2.0	2.4					5				30	
	75 이상	1.3	1.5		100	320	400		1,000	2.0	2.4					5				30	
여자	6~8(세)	0.7	0.9		45	180	220		500	1.2	1.5					3				15	
	9~11	0.9	1.1		60	250	300		600	1.6	1.9					4				20	
	12~14	1.2	1.4		80	320	400		800	2.0	2.4					5				25	
	15~18	1.2	1.4		90	320	400		900	2.0	2.4					6				30	
	19~29	1.2	1.4		100	320	400		1,000	2.0	2.4					5				30	
	30~49	1.2	1.4		100	320	400		1,000	2.0	2.4					5				30	
	50~64	1.2	1.4		100	320	400		1,000	2.0	2.4					5				30	
	65~74	1.2	1.4		100	320	400		1,000	2.0	2.4					5				30	
	75 이상	1.2	1.4		100	320	400		1,000	2.0	2.4					5				30	
임신부		+0.6	+0.8		100	+200	+200		1,000	+0.2	+0.2					+1				+0	
수유부		+0.6	+0.8		100	+130	+150		1,000	+0.3	+0.4					+2				+5	

[1] 니코틴산(mg/일), [2] 니코틴아미드(mg일) [3] Dietary Folate Equivalents, 가임기 여성의 경우 400 μgDEF/일의 엽산보충제를 권장함. 엽산의 상한섭취량은 보충제 또는 강화식품의 형태로 섭취한 μg/일에 해당됨.

한국인 영양섭취기준(KDRIs, Dietary Reference Intakes for Koreans)-다량무기질

한국영양학회, 한국인영양섭취기준위원회, 2010

성별	연령	칼슘(mg/일)				인(mg/일)				나트륨(mg/일)				
		평균필요량	권장섭취량	충분섭취량	상한섭취량	평균필요량	권장섭취량	충분섭취량	상한섭취량	평균필요량	권장섭취량	충분섭취량	상한섭취량	목표량
영아	0~5(개월)			200				100				0.12		
	6~11			300				300				0.37		
유아	1~2(세)	390	500		2,500	350	500		3,000			0.7		
	3~5	470	600		2,500	390	500		3,000			0.9		
남자	6~8(세)	580	700		2,500	550	700		3,000			1.2		–
	9~11	670	800		2,500	810	1,000		3,500			13		2.0
	12~14	800	1,000		2,500	860	1,000		3,500			1.5		2.0
	15~18	750	900		2,500	790	1,000		3,500			1.5		2.0
	19~29	620	750		2,500	580	700		3,500			1.5		2.0
	30~49	600	750		2,500	580	700		3,500			1.5		2.0
	50~64	570	700		2,500	580	700		3,500			1.4		2.0
	65~74	560	700		2,500	580	700		3,500			1.2		2.0
	75 이상	560	700		2,500	580	700		3,000			1.1		2.0
여자	6~8(세)	580	700		2,500	450	600		3,000			1.2		
	9~11	670	800		2,500	700	900		3,500			1.3		2.0
	12~14	740	900		2,500	680	900		3,500			1.5		2.0
	15~18	660	800		2,500	580	800		3,500			1.5		2.0
	19~29	530	650		2,500	580	700		3,500			1.5		2.0
	30~49	510	650		2,500	580	700		3,500			1.5		2.0
	50~64	590	700		2,500	580	700		3,500			1.4		2.0
	65~74	570	700		2,500	580	700		3,500			1.2		2.0
	75 이상	570	700		2,500	580	700		3,000			1.1		2.0
임신부		+230	+280		2,500	+0	+0		3,000			+0		2.0
수유부		+310	+370		2,500	+0	+0		3,500			+0		2.0

성별	연령	염소(g/일)				칼륨(g/일)				마그네슘(mg일)			
		평균필요량	권장섭취량	충분섭취량	상한섭취량	평균필요량	권장섭취량	충분섭취량	상한섭취량	평균필요량	권장섭취량	충분섭취량	상한*섭취량
영아	0~5(개월)			0.18				0.4				30	
	6~11			0.56				0.7				55	
유아	1~2(세)			1.1				1.7		60	75		(65)
	3~5			1.4				2.3		85	100		(90)
남자	6~8(세)			1.8				2.8		125	150		(130)
	9~11			2.0				3.2		175	210		(180)
	12~14			2.3				3.5		250	300		(250)
	15~18			2.3				3.5		335	400		(350)
	19~29			2.3				3.5		285	340		(350)
	30~49			2.3				3.5		295	350		(350)
	50~64			2.1				3.5		295	350		(350)
	65~74			1.9				3.5		295	350		(350)
	75 이상			1.6				3.5		295	350		(350)
여자	6~8(세)			1.8				2.8		125	150		(130)
	9~11			2.0				3.2		175	210		(180)
	12~14			2.3				3.5		240	290		(250)
	15~18			2.3				3.5		285	340		(350)
	19~29			2.3				3.5		235	280		(350)
	30~49			2.3				3.5		235	280		(350)
	50~64			2.1				3.5		235	280		(350)
	65~74			1.9				3.5		235	280		(350)
	75 이상			1.6				3.5		235	280		(350)
임신부				+0				+0		+33	+40		(350)
수유부				+0.4				+0.4		+0	+0		(350)

* 식품외 급원의 마그네슘에만 해당

한국인 영양섭취기준(KDRIs, Dietary Reference Intakes for Koreans)-미량무기질

한국영양학회, 한국인영양섭취기준위원회, 2010

성별	연령	철(mg/일)				아연(mg/일)				구리(μg/일)				불소(mg/일)			
		평균 필요량	권장 섭취량	충분 섭취량	상한 섭취량	평균 필요량	권장 섭취량	충분 섭취량	상한 섭취량	평균 필요량	권장 섭취량	충분 섭취량	상한 섭취량	평균 필요량	권장 섭취량	충분 섭취량	상한 섭취량
영아	0~5(개월)			0.3	40			1.7				230				0.01	0.6
	6~11	5.4	7		40	2.3	2.8					300				0.5	0.9
유아	1~2(세)	4.8	6		40	2.4	3		6	220	290		1,500			0.6	1.2
	3~5	5.4	7		40	3.2	4		9	250	330		2,000			0.8	1.7
남자	6~8(세)	6.3	8		40	4.5	5		13	330	430		3,000			1.0	2.5
	9~11	8.5	11		40	6.4	8		18	440	570		5,000			2.0	10
	12~14	11.0	14		40	6.6	8		25	570	740		7,000			2.5	10
	15~18	11.8	15		45	8.2	10		30	670	870		10,000			3.0	10
	19~29	7.7	10		45	8.1	10		35	600	800		10,000			3.5	10
	30~49	7.4	10		45	7.9	9		35	600	800		10,000			3.5	10
	50~64	7.1	9		45	7.5	9		35	600	800		10,000			3.0	10
	65~74	6.9	9		45	7.2	9		35	600	800		10,000			3.0	10
	75 이상	6.9	9		45	7.1	9		35	600	800		10,000			3.0	10
여자	6~8(세)	6.3	8		40	4.4	5		13	330	430		3,000			1.0	2.5
	9~11	8.0	10		40	6.2	7		18	440	570		5,000			2.0	10
	12~14	10.0	13		40	6.2	7		25	570	740		7,000			2.5	10
	15~18	12.9	17		45	7.2	9		30	670	870		10,000			2.5	10
	19~29	10.8	14		45	7.0	8		35	600	800		10,000			3.0	10
	30~49	10.5	14		45	6.8	8		35	600	800		10,000			2.5	10
	50~64	6.1	8		45	6.3	8		35	600	800		10,000			2.5	10
	65~74	5.8	8		45	6.0	7		35	600	800		10,000			2.5	10
	75 이상	5.8	8		45	6.0	7		35	600	800		10,000			2.5	10
임신부		+7.8	+10		45	+2.0	+2.5		35	+100	+130		10,000			+0	10
수유부		+0	+0		45	+4.0	+5.0		35	+350	+450		10,000			+0	10

성별	연령	망간(mg/일)				요오드(μg/일)				셀레늄(μg/일)				몰리브덴(μg/일)			
		평균 필요량	권장 섭취량	충분 섭취량	상한 섭취량	평균 필요량	권장 섭취량	충분 섭취량	상한 섭취량	평균 필요량	권장 섭취량	충분 섭취량	상한 섭취량	평균 필요량	권장 섭취량	충분 섭취량	상한 섭취량
영아	0~5(개월)			0.01				130	250			8.5	40				
	6~11			0.8				170	250			11	60				
유아	1~2(세)			1.2	2	55	80		300	17	20		85				100
	3~5			2.0	3	65	90		300	19	25		120				150
남자	6~8(세)			2.5	4	75	100		500	25	30		150				200
	9~11			3.0	5	85	110		500	33	40		200				300
	12~14			4.0	7	90	130		1,700	43	50		300				400
	15~18			4.0	9	95	150		1,900	50	60		300				500
	19~29			4.0	11	95	150		2,400	45	55		400				600
	30~49			4.0	11	95	150		2,400	45	55		400				600
	50~64			4.0	11	95	150		2,400	45	55		400				600
	65~74			4.0	11	95	150		2,400	45	55		400				600
	75 이상			4.0	11	95	150		2,400	45	55		400				600
여자	6~8(세)			2.5	4	75	100		500	25	30		150				200
	9~11			3.0	5	85	110		500	33	40		200				300
	12~14			3.5	7	90	130		1,700	43	50		300				400
	15~18			3.5	9	95	130		1,900	50	60		300				500
	19~29			3.5	11	95	150		2,400	45	55		400				600
	30~49			3.5	11	95	150		2,400	45	55		400				600
	50~64			3.5	11	95	150		2,400	45	55		400				600
	65~74			3.5	11	95	150		2,400	45	55		400				600
	75 이상			3.5	11	95	150		2,400	45	55		400				600
임신부					11	+65	+90			+3	+4		400				600
수유부				+0	11	+130	+180			+8	+10		400				600

부록 3. 소아 발육 표준치(체중, 신장, 체질량지수, 머리둘레)

대한소아과학회, 소아 · 청소년 신체발육표준치 제정위원회, 2007

남 아				연 령	여 아			
체중(kg)	신장(cm)	체질량지수 (kg/m^2)	머리둘레 (cm)		체중(kg)	신장(cm)	체질량지수 (kg/m^2)	머리둘레 (cm)
3.41	50.12		34.70	출생시	3.29	49.35		34.05
5.68	57.70		38.30	1~2개월[1)]	5.37	56.65		37.52
6.45	60.90		39.85	2~3개월	6.08	59.76		39.02
7.04	63.47		41.05	3~4개월	6.64	62.28		40.18
7.54	65.65		42.02	4~5개월	7.10	64.42		41.12
7.97	67.56		42.83	5~6개월	7.51	66.31		41.90
8.36	69.27		43.51	6~7개월	7.88	68.01		42.57
8.71	70.83		44.11	7~8개월	8.21	69.56		43.15
9.04	72.26		44.63	8~9개월	8.52	70.99		43.66
9.34	73.60		45.09	9~10개월	8.81	72.33		44.12
9.63	74.85		45.51	10~11개월	9.09	73.58		44.53
9.90	76.03		45.88	11~12개월	9.35	74.76		44.89
10.41	78.22		46.53	12~15개월	9.84	76.96		45.54
11.10	81.15		47.32	15~18개월	10.51	79.91		46.32
11.74	83.77		47.94	18~21개월	11.13	82.55		46.95
12.33	86.15		48.45	21~24개월	11.70	84.97		47.46
13.14	89.38	16.71	49.06	2~2.5세	12.50	88.21	16.34	48.08
14.04	93.13	16.29	49.66	2.5~3세	13.42	91.93	16.01	48.71
14.92	96.70	15.97	50.10	3~3.5세	14.32	95.56	15.76	49.18
15.91	100.30	15.75	50.43	3.5~4세	15.28	99.20	15.59	49.54
16.97	103.80	15.63	50.68	4~4.5세	16.30	102.73	15.48	49.82
18.07	107.20	15.59	50.86	4.5~5세	17.35	106.14	15.43	50.04
19.22	110.47	15.63	51.00	5~5.5세	18.44	109.40	15.44	50.21
20.39	113.62	15.72	51.10	5.5~6세	19.57	112.51	15.50	50.34
21.60	116.64	15.87	51.17	6~6.5세	20.73	115.47	15.61	50.44
22.85	119.54	16.06	51.21	6.5~7세	21.95	118.31	15.75	50.51
24.84	123.71	16.41		7~8세	23.92	122.39	16.04	
27.81	139.05	16.97		8~9세	26.93	127.76	16.51	
31.32	134.21	17.58		9~10세	30.52	133.49	17.06	
35.50	139.43	18.22		10~11세	34.69	139.90	17.65	
40.30	145.26	18.86		11~12세	39.24	146.71	18.27	
45.48	151.81	19.45		12~13세	43.79	152.67	18.88	
50.66	159.03	20.00		13~14세	47.84	156.60	19.45	
55.42	165.48	20.49		14~15세	50.93	158.52	19.97	
59.40	169.69	20.90		15~16세	52.82	159.42	20.42	
62.41	171.81	21.26		16~17세	53.64	159.98	20.77	
64.46	172.80	21.55		17~18세	53.87	160.42	21.01	
65.76	173.35	21.81		18~19세	54.12	160.74	21.13	

주: 1~2개월은 1개월부터 2개월 미만에 해당하며, 다른 연령에도 동일하게 적용됨.

부록 4. 신장 및 체중의 성장도표

남아(0~36개월)

대한소아과학회, 소아 · 청소년 신체발육표준치 제정위원회, 2007

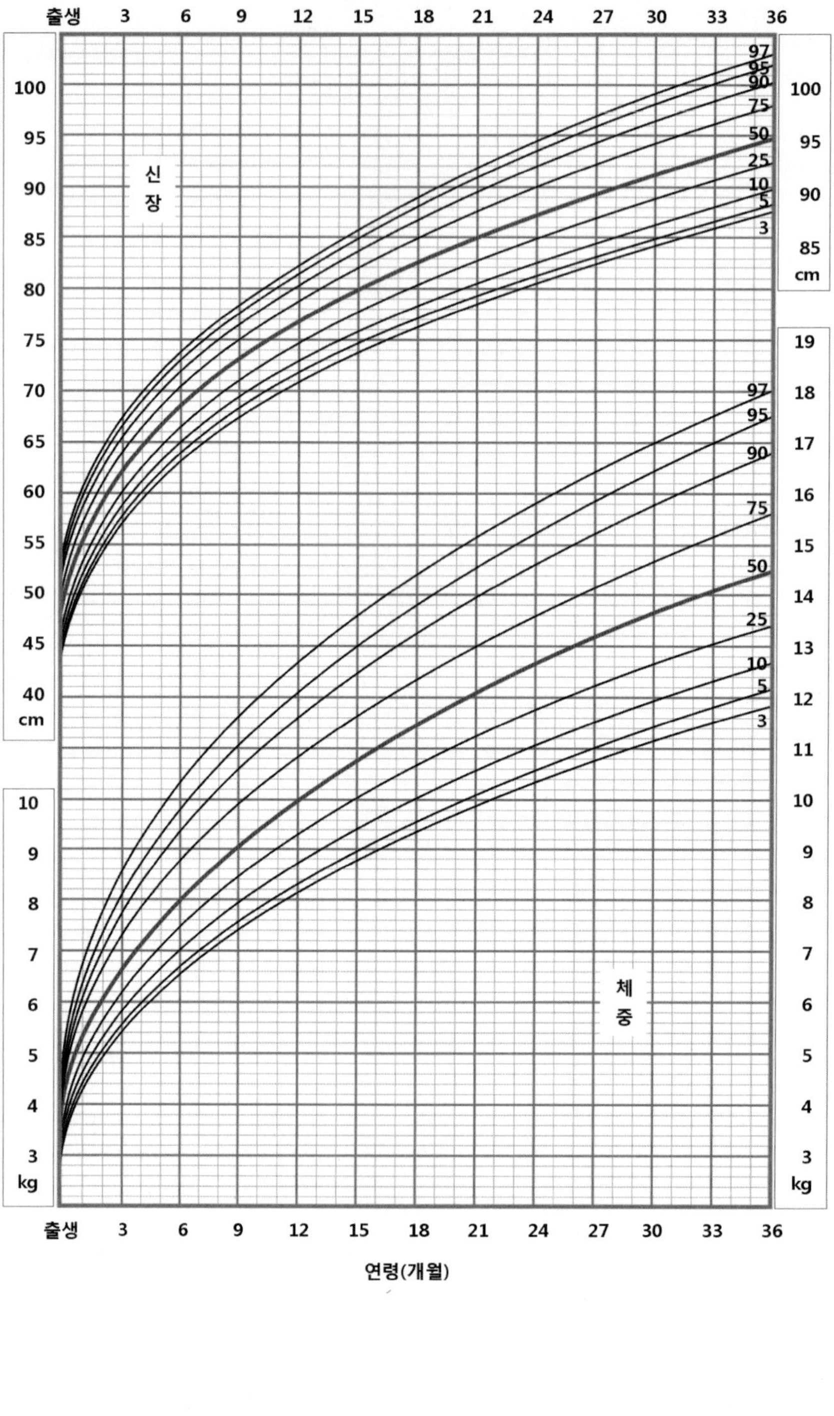

여아(0~36개월)

대한소아과학회, 소아 · 청소년 신체발육표준치 제정위원회, 2007

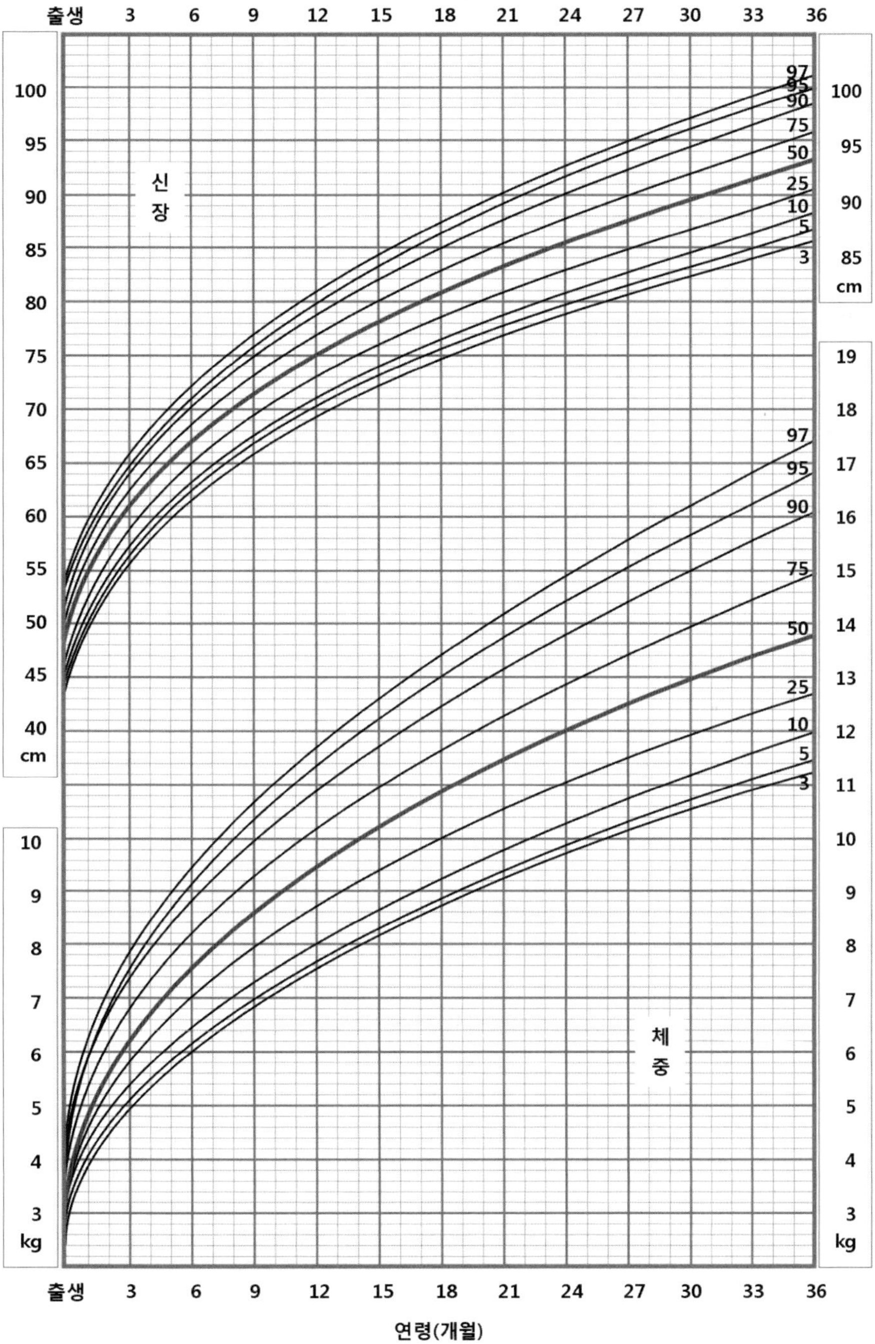

남아(2~18세)

대한소아과학회, 소아 · 청소년 신체발육표준치 제정위원회, 2007

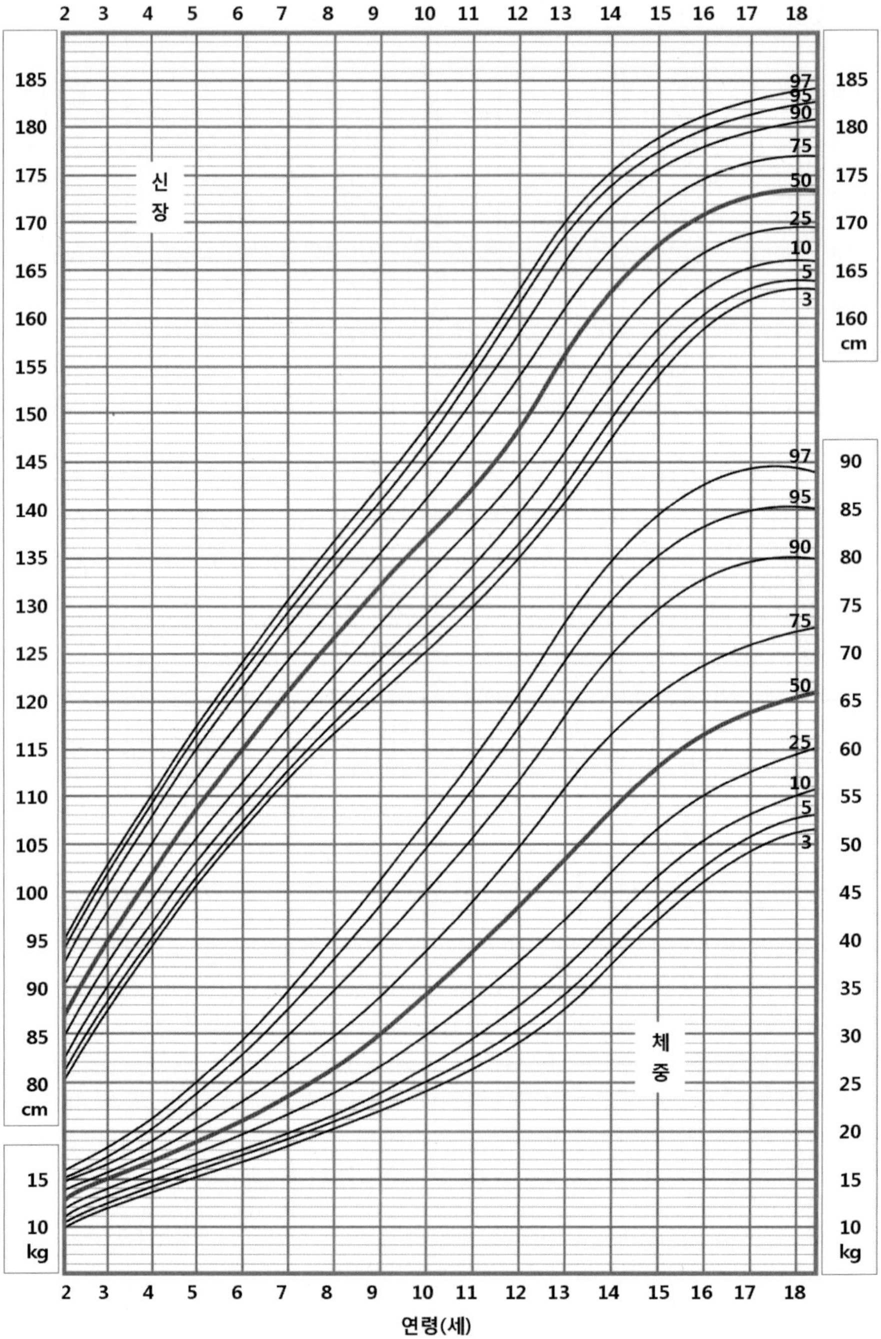

여아(2~18세)

대한소아과학회, 소아 · 청소년 신체발육표준치 제정위원회, 2007

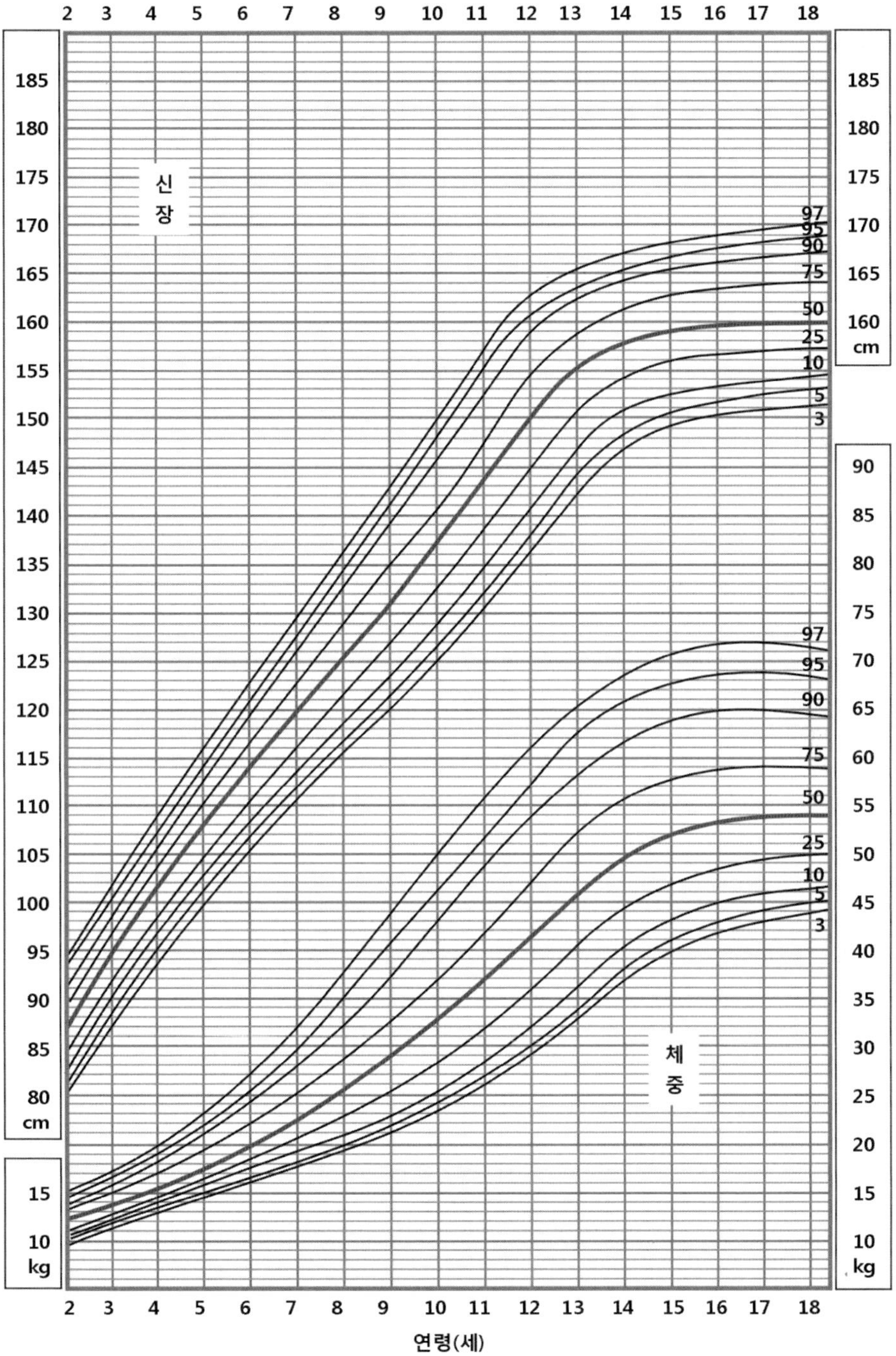

찾아보기

ㄱ

ㄴ

ㅅ

ㅇ

ㅈ

ㅊ

ㅋ

ㅌ

ㅍ

ㅎ

집필진

이기영 전남대학교 의과대학 생화학교실

박종춘 전남대학교 의과대학 내과학교실 심장내과

김남호 전남대학교 의과대학 내과학교실 신장내과

정익주 전남대학교 의과대학 내과학교실 혈액종양내과

김현수 전남대학교 의과대학 내과학교실 소화기내과

조동혁 전남대학교 의과대학 내과학교실 내분비대사내과

정상영 전남대학교 의과대학 외과학교실 소아외과

송태복 전남대학교 의과대학 산부인과학교실

김영옥 전남대학교 의과대학 소아청소년과교실

질환과 영양

인쇄 | 2011년 1월 20일
발행 | 2011년 1월 25일

저 자 | 이기영 외 8인
발행인 | 김윤수
발행처 | 전남대학교출판부

등록 | 1981. 5. 21. 第53호
주소 | 500-757 광주광역시 북구 용봉로 77
전화 | (062) 530-0571~3
팩스 | (062) 530-0579
홈페이지 | http://altair.chonnam.ac.kr/~cnup

값 15,000 원

ISBN 978-89-7598-896-7 (93590)

이 도서의 국립중앙도서관 출판시도서목록(CIP)은 e-CIP홈페이지(http://www.nl.go.kr/ecip)에서 이용하실 수 있습니다. **(CIP제어번호: CIP2011000416)**